U0153480

圖解系列

五南圖書出版公司 印行

圖解

作物生產

王慶裕 著

閱讀文字

理解內容

觀看圖表

圖解讓
作物生產
更簡單

序言

序言

　　本書作者於 2017 年完成《作物生產概論》（*Introductory Crop Production*）一書，相關內容是臺灣國內農學相關各大學院校學習作物生產之基本課程，此課程安排於大一課程，主要是讓進入農學領域之初學者了解人類如何生產農作物（作物），包括作物生產概況、作物分類、作物生長特性、作物生長過程、作物生產制度等，進一步針對作物所需之養分、病、蟲、草害之控制，及環境條件需求加以介紹。除了從栽培管理方面提高作物產量與品質外，如何經由遺傳、育種程序改變作物遺傳組成，更是作物生產過程不可或缺之重要領域。因此，希望藉由本課程將初學者引領入門，逐漸熟悉身為農藝或園藝人員如何從事作物生產工作。

　　本書作者於 1988 年進入國立中興大學農藝學系任教以來，轉眼之間已歷 34 個寒暑，已於去年（2022）八月正式退休。去年年中，經五南出版社李貴年副總編輯大力鼓勵，希望能針對高職學生對象出版《圖解作物生產》，以深入淺出配合圖解方式提供相關知識。雖然作者才疏學淺，卻也不揣淺陋繼續嘗試將原《作物生產概論》相關內容重整摘要並配合圖解彙編成冊供讀者參考，若有缺失錯誤尚請諸農學前輩先進指正。

國立中興大學農藝學系退休教授
初稿完成於 2022.12
第一次修正稿完成於 2023.03
第二次修正稿完成於 2023.06

作者個人資料

農業暨自然資源學院 農藝系 姓名：王慶裕　　職稱：退休教授 最高學位：中興大學農學博士（1993） 個人管理之網站網址： 1. 雜草及除草劑研究室 2. 茶作與製茶研究室 3. 興大農資院農藝系茶園與製茶工廠 4. 除草劑抗性雜草資料庫 （相關網頁已於退休後被興大電算中心刪除）	

簡要經歷：

省立關西高級農校 農場經營科及補校茶業科 專任教師 1986/02～1987/01（1）

原臺灣省農業試驗所 農藝系 約聘技師 1987/09～1988/01（0.5）

國立中興大學農藝學系

　助教：1988/02～1994/01（6）

　講師：1994/02～1997/01（3）

　副教授：1997/02～2003/07（6.5）

　副教授兼農場教學組 組長：2000/08～2002/07（2）

　教授：2003/08～2022/07/31（退休）

農資院農業試驗場 場長 2010/08～2012/01（1.5）／2018/08～2020/07（2.0）

專長：

作物生產、作物生理、除草劑生理、雜草管理、除草劑、除草劑抗性生理、除草劑環境監測、茶作學、製茶學

研究領域：

作物生理、除草劑抗性生理、雜草管理、除草劑環境監測、除草劑殘留分析、外來植物風險評估、茶樹栽培、製茶技術

出版書籍：

作物生產概論（2017）新學林出版社

茶作學（2018a）新學林出版社

製茶學（2018b）新學林出版社

除草劑概論（2019）新學林出版社

除草劑生理學（2020）五南出版社

除草劑抗性生理學（2021）新學林出版社

圖解作物生產（2023）五南出版社

CONTENTS 目錄

第 6 章　　作物與水

第 7 章　　土壤與植物養分

第 17 章　雜草與雜草控制

第 18 章　植物荷爾蒙與生長調節劑

第 19 章　作物產量品質與生產技術

參考文獻與書籍

第 1 章
農業之重要性與發展

農業發展

臺灣農業發展與作物

植物的用途

農業政策之調整

農業發展

　　人類最早是以狩獵維生，完全依賴天然環境，當氣候條件適當時可獲得豐富的食物，但氣候條件不利於野生動物之飼料生產，及不利於人類獲取種子、堅果與果實時，則生活標準逐漸下降，甚至遭遇饑荒。人類或許在無意中發現種子落地後可以長出植株，而且產生更多的種子。因此當人類首度學習如何蒐集作物種子時，即開始了作物生產（crop production）。

　　當人類開始馴化植物與動物時，其生存方式則由野外狩獵轉變為較正式之農業，包括農耕與畜牧兩方面。耕作農業（arable agriculture）是指馴化與栽培作物，而畜牧農業（pastoral agriculture）則指馴化與放牧（husbandry）動物。

　　在耕作農業下，人類開始選擇與繁殖好的種子與進行種植栽培。第一次種植之食用穀類作物應該是大約 8,000 年前在地中海東部地區之小麥與大麥，之後有其他作物、蔬菜與果樹等。畜牧農業之作法包括放牧動物以提供人類食物。早期農業結合耕作與畜牧，但後者傾向於移往不適合作物生產的土地，例如太過乾旱、貧瘠、嚴峻，或是距離作物田間管理太過遙遠的地方。

　　早期人類將土地利用於耕作或放牧直到其生產力喪失之後，農民再移往他處。生產期之長短則依賴土壤肥力及耕作或放牧程度，職司耕作之農民常維持 3～4 年於同一土地，而畜牧者則可能必須每天或每週移往新土地以獲取牧草。當農民逐漸獲得耕作技術與知識時，生產方式則轉向不移棲農業（sedentary agriculture）。

　　在蒐集及選擇（拔）種子之後，農民知道如果作物耕作採取輪作或依序種植（planted in a sequence）可以維持作物產量，例如禾穀類作物於豆科作物之後種植較之相同作物連作可以獲得更高產量。此後，人類相信不需要再移居生活，而可以永久定居於一地。也因為生產力提高意味著不需要人人均從事於食物生產工作，使得人類開始建立鄉村及城市進行農業貿易。

　　在此時期農業逐漸由自給自足（subsistence）轉為商業（commercial）層次。自給自足之農戶僅生產足夠自己家庭或是部落所需之食物，若有多餘之生產獲得則視為紅利。因此當逢豐收年時，同一地區其他農民也同樣有盈餘，此時若無適當道路與市場銷售獲利，則這些盈餘沒有價值；為此，需要有商業農業（commercial agriculture）（圖 1.1）配合。

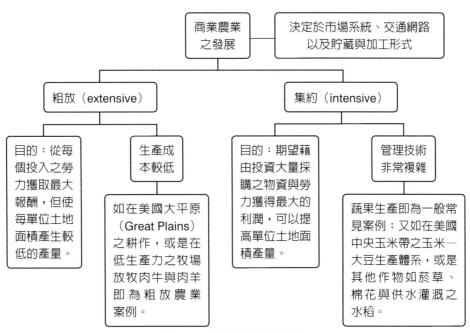

圖 1.1　商業農業之發展。

臺灣農業發展與作物

臺灣在農業發展之歷史，至少可追溯到 5,000 年前（表 1.1）。

顯然臺灣自古以來即有稻穀生產歷史，但臺灣對於農耕歷史之記載直到前荷時期才開始有相關資料（表 1.2）。

表 1.1　臺灣農業發展史

發生年代	地點	發現之作物
大約距今 5,000 年	大坌坑文化層	距今 4,800～4,200 年之稻穀。
距今 4,000 年	臺南牛稠子文化層	距今 3,800～3,300 年之稻穀。
	臺北芝山岩文化層	距今 4,000～3,000 年之稻穀。
距今約 1,500 年	臺南蔦松文化層	距今 1,400～1,000 年之稻穀。
	臺中番仔園文化層	距今 1,300 年前之稻穀。

表 1.2　臺灣自前荷時期之後才開始有農耕歷史之相關資料

發生時期	作物生產狀況
前荷時期漢人移居前	以栽培食用作物為主。
漢人移居初期	自中國南方沿海入臺耕種，秋收後再返中國大陸。
荷蘭時代	於 1624 年荷人引進中國漢人移民來臺墾殖定居，與之後的明鄭時期共 60 年，可稱為我國農業的草創時期。 殖民重點在於糖業。
	1636 年荷人號召漢人移居我國，從事種植甘蔗、稻。
	1648 年，臺灣的漢人驟然增加至二萬人，並皆從事農業。
	糧食作物：包括稻、小麥、大麥、豆類、甘薯、芋類。 蔬菜作物：包括甘藍、胡蘿蔔、南瓜、檳榔子、檸檬、柑橘。 水果作物：包括西瓜、香蕉、鳳梨、椰子、番石榴、野葡萄。 特用作物：包括甘蔗、棉、麻、菸草、蓖麻、薑黃。 藥用作物：包括土茯苓、苦蕒、羅馬蓬、三葉、牛舌草、野生郭公草、生薑、野生薄荷、木賊、茴香、錦葵、夏白菊、芸香、沉香等。
	麻豆文旦已有將近 300 年歷史，1790 年即有桶柑栽培。

發生時期	作物生產狀況
	引進臺灣的農作物尚包括：荷蘭豆、番芥藍、波羅蜜、釋迦果、檨、番薑、番柑、番蕙茹、蓮霧、羅勒、番茄、牛心梨、山藍。
	自 1641 年開始，於蕭龍（今佳里）與麻豆的原住民已陸續有米穀的收種，這是臺灣栽培水稻之開端（迄今約 380 年前）。
	1650 年荷蘭人來臺所撰寫之報告中，臺灣已有栽培鳳梨。
明鄭時代	引進臺灣的蔬菜物種有 43 種。包括韭菜、大蒜、芥菜、小白菜、結球白菜、甕菜、芹菜、茼蒿、冬瓜、茄子、扁蒲（土名匏仔）、絲瓜（土名菜瓜）等。
清國時代	1683～1795 年間，促使我國農業由原來的蔗園粗放農作，改變為以水田為主的精耕農作。米、糖成為我國的兩大產業。
	至 1894 年，可稱為茶、糖與樟腦等經濟作物的發展時期。茶、糖、樟腦取代以前之米，糖成為臺灣之出口大宗。
日本時代	1895～1911 年為糖業改良時期。 1912～1925 年為在來米（秈稻）改良時期， 1926～1936 年為蓬萊米（粳稻）發展時期。
	1934 年，轉作作物，則有棉花、黃麻、苧麻、蓖麻、甘薯、小麥、花生、鳳梨、香蕉、柑橘類、咖啡、可可亞、蔬菜類等，改變過去一直以糖、米為重心的單一作物生產體制。
	1937～1944 年稱為特用作物的發展時期。
國府時代	1945～1949 年屬於農產搜括期。 1945 年國府代表盟軍暫時接管臺灣，接收物資包括製糖、肥料等大工廠。糖、米等國內需求甚殷的農產品被強行徵收，運往上海，造成臺灣物價極端上揚。
	國共內戰失敗後，中國軍隊撤退至臺灣，1949 年開始實施三七五減租條例。於 1945～1953 年進入農業重建期，1950～1953 年，糖、米仍嚴重外流，對外輸出總值中，農產品及農產加工品所占比率，每年平均在 90 % 以上，其中糖、米二項約占 75 %。
	1954～1967 年進入農業擴張期。 此時期政府以農業支援工業發展。革新耕種技術，改善化學肥料、農藥施用方法，以及擴大水利與其他生產設施等。

發生時期	作物生產狀況
	1968 年以後進入農業衰退期。 由於工商業快速發展，農村勞動力大量外流，農業工資急遽上升，農用資材成本偏高，農產品價格不穩定，農民所得偏低，以及國外農產品大量進口等種種因素，導致農業發展面臨了前所未有的困難，農民無利可圖，被迫放棄利用間作、裡作的機會，耕作漸趨粗放，浪費不少農地資源。

（網路資料來源：種子網站 http://seed.agron.ntu.edu.tw/）

植物的用途

　　就農藝作物而言，利用植物作為人類糧食或動物飼料者稱為「食用作物」（food crops），利用作為工業原料或特殊用途者稱為「特用作物」（special or industrial crops），其餘則歸類為「雜用作物」。而園藝作物則包括蔬菜、花卉與果樹（圖 1.2）。

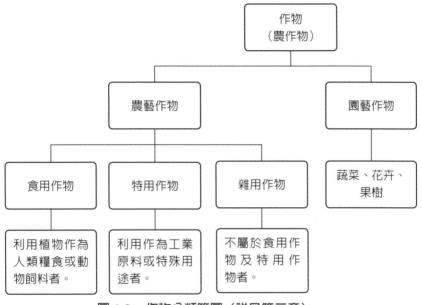

圖 1.2　作物分類簡圖（詳見第二章）。

農業政策之調整

　　臺灣本國對於農業政策之調整乃是因應時代變化，利用現代科技改善作物栽培管理技術，以增加生產效率，茲舉「精準農業」及「農業生產力 4.0」為例說明。

一、精準農業

　　精準農業（precision agriculture）是一種以資訊及技術為基礎的農業經營管理系統，針對農田及植栽環境的變異給予最適當的耕作決策與處理，以減少資材之耗費，增加收益及減輕環境衝擊的經營管理手段。精準農業又稱精準農法（precision farming），或者是定點作物管理（site-specific crop management）等，是指利用現代資訊技術進行的精耕細作。

1. 精準農業與傳統農業之區別（圖 1.3）

2. 精準農業之運作體系（圖 1.4）

(1) 農耕資料庫：建立作物栽培、逆境生理、植物營養、病蟲害及雜草管理、試驗統計及農業微氣象知識之各種資料庫，提供農場經營人員做出管理決策之依據。

(2) 土壤資料庫：每次耕作前後土壤性質會產生變化，必須建立經營農場歷年土壤變異，加以整理分析找出其規律或變異，俾利於往後農作物的栽培。

(3) 地理資訊系統：農地與作物有關資訊必須空間對位，以便精準地在座標方位上標示正確的土壤、農耕資料、地理與地形，形成多層次資料檔，此一工作可藉由地理資訊系統從事。

(4) 全球定位系統（GPS）：利用衛星定位與地理資訊系統結合，可很快定出遙測影像或其他農田主題圖層中發生問題農地的位置；同時可配合農業機械之使用，引導至待處理之問題農地位置。

(5) 遙測技術：遙感探測為一門利用感測儀器在不與被測物接觸之情形下，即能獲得測定（量）資料的技術與科學，能蒐集與傳遞遠端事件獲得即時資訊，藉以完成觀測、判讀與決策等系列過程（圖 1.5）。

(6) 自動化農機操作系統：透過遙測技術得到農地及作物即時資訊，以全球定位系統（GPS）標出方位及座標，顯示於地理資訊系統上，再由農耕及土壤資料庫組成的鑑別及決策，找出農地及作物的變（差）異性，配合具變異率功能的自動化農機操作系統實施變（差）異性處理，達成精準機械耕作的需求。

　　（資料來源：劉天成，2000）

二、農業生產力 4.0

　　近年來，臺灣國內農村面臨勞動力缺乏與農民老年化，為加速農業轉型升級、強化農業競爭力，政府推動藉由生產力 4.0（圖 1.6）關鍵技術開發，應用前瞻性、整合性科技提升農業生產力，打造優質從農環境與降低風險的新農業時代。簡言之，就是通過物聯網、網際網路、智能終端等技術，擺脫自然災害的因素。未來農業資源將會得到最大整合，生產成本進一步降低，流通環節更高效。所謂「農業 4.0」是以「土壤改良」、「零農藥殘留」等技術為基礎，以資訊物理系統（cyber physical system, CPS）、近距離通訊（near field communication, NFC）等網際網路應用系統為技術手段，綜合相關銷售平臺、物流平臺、p2p〔點對點（peer-to-peer）或是個人對個人（person-to-person）〕金融平臺，從實踐出發開展農業的第四次時代變革。

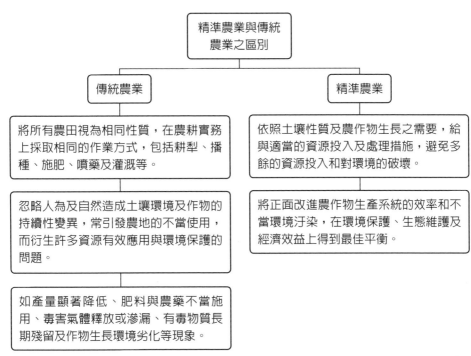

圖 1.3　精準農業與傳統農業之區別。

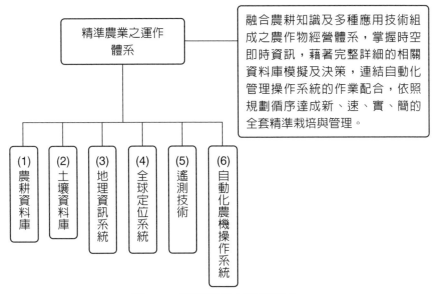

圖 1.4　精準農業之運作體系。

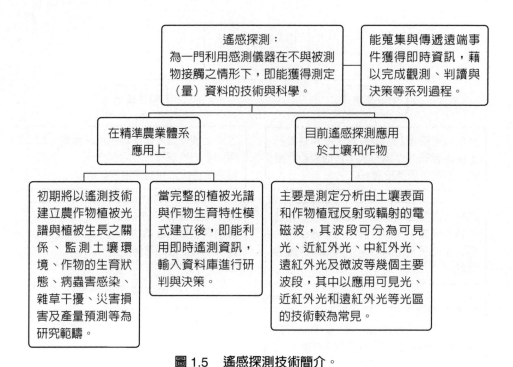

圖 1.5　遙感探測技術簡介。

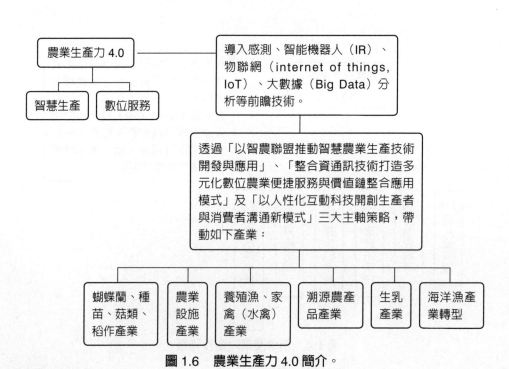

圖 1.6　農業生產力 4.0 簡介。

第 2 章
作物起源與分類

作物起源

作物分類

作物起源

迄今約 10,000 年前，於歐洲、中東及亞洲部分地區，當冰河期結束冰雪融化之後產生溼地與湖水，也衍生出魚貝類生物，有利於人類開始定居。

定居過程中，人類發現可食用之植物可能又生出其下一代，經過人為特別栽培管理後即成為作物，此為作物之起源。人類歷史上作物起源大約源自 10,000～15,000 年前之大麥與小麥，其後世界各地發展出不同作物，如水稻約 8,000～10,000 年前源自中國雲南與印度東北部，玉米則是約 8,000 年前於墨西哥地區開始栽培。

根據作物之野生近源種型態分類與地域分布、考古學研究，以及遺傳學上植物地理學研究，將栽培植物之起源劃分為八大起源中心（表 2.1），包括中國北部、中國雲南與印度北部（含東南亞）、中亞、近中東、地中海、西非與阿比西尼亞、中美洲，與南美等八大中心。

依照考古學與史學的考證，人類利用之作物較可靠的栽培始期，推測是在西元前 4,000 年以前。關於現代作物栽培的起源，研究的學者頗多，其中較受重視者包括 De Candolle（1883）、Vavilov（1951）及 Harlan（1975）之研究。各作物的起源地在地球上集中在八個地域，這些地域稱為「作物起源中心」，即作物的八大起源中心。作物的八大起源中心幾乎都是被山岳及沙漠所隔離，對於植物的生長條件而言並非理想的場所。在這種嚴厲隔離的環境下，為了要能適應環境，植物的種子及果實增大、根部及莖部的貯藏物質增多，及形質特殊化。

表 2.1　作物的八大起源中心與其主要作物

八大起源中心	主要作物
1. 中國北部	黍、大豆、赤豆、牛蒡、山葵、蓮花、慈菇、白菜、蔥、梨子、杏、栗子、核桃、枇杷、柿、漆樹、桑、人參、苧麻、竹。
2. 中國雲南、印度北部（含東南亞）	水稻、蕎麥、薏苡、茄、胡瓜、葫蘆、芋頭、山藥、薑、紫蘇、大麻、黃麻、胡椒、茶、木藍、肉桂、丁香、棗、馬尼拉麻、甘蔗、椰子、蒟蒻、甜橙、酸橙、香蕉、芒果。
3. 中亞細亞中心	蠶豆、鷹嘴豆、濱豆、芥菜、亞麻、棉花、洋蔥、大蒜、菠菜、蘿蔔、扁桃、棗、葡萄、桃。
4. 近東	小麥、大麥、黑麥、燕麥、金花菜、罌粟、茴芹、甜瓜、紅蘿蔔、萵苣、無花果、石榴、紅花、蘋果、櫻桃、核桃、紫花苜蓿、棗。
5. 地中海	豌豆、油菜、高麗菜、蕪菁、甜菜、蘆筍、香芹、芹菜、月桂、忽布、橄欖、白三月草。
6. 西非洲、阿比西尼亞	眉草、高粱、珍珠粟、咖啡、秋葵、西瓜、油棕、芝麻。
7. 中美	玉米、甘薯、菜豆、紅花菜豆、南瓜、棉花、可可、木瓜、油梨、腰果。
8. 南美	馬鈴薯、菸草、番茄、辣椒、西洋南瓜、落花生、草莓、鳳梨、木薯、橡膠。

作物分類

　　作物爲植物之一部分，因此作物之分類方式係以植物分類學爲基礎進行分類。以科學化系統進行植物分類，始於 1735 年瑞典的植物學家 Carl Linneaus (Linne) 出版的《自然的體系》（*Systema Naturae*）。之後在 1753 年出版《植物的種》（*Species Plantarum*），即所謂二名法的創始。此方法所呈現之植物名稱在國際上稱爲「學名」，係由「屬名＋種名＋命名者」組成。例如水稻 *Oryza sativa* L.、大豆 *Glycine max* (L.) Merr.。

　　作物（crops）源自植物，而植物可利用許多不同的系統加以分類，其決定於個人或團體進行分類工作時之需求與目的。可能普遍最爲大家熟悉的分類系統是植物分類系統，其根據莖、葉、花或花序在形態學上之差異分類。然而，農藝學家或農民爲了方便，則經常根據作物利用（crop use）、栽培措施（cultivation practices）、環境適應性（environmental adaptation）或生命週期（life cycle）而分類作物（圖 2.1）。在農藝分類系統上，可能不如植物分類系統精確，但對於使用者而言相當方便。

一、植物分類學的分類法（圖 2.2）

　　植物界分類法基本上從上位開始分級成門（division）、綱（class）、目（order）、科（family）、屬（genus）、種（species）等 6 階級，除各階級間尚設有輔助的階級外，在最基本單位的種中又可細分爲亞種（subspecies）、品種（或變種，variety）、型（form）。植物分類的學名採林奈（Linné）的二名法，由「屬名＋種名＋命名者」組成。依照植物學分類法，禾本科和豆科所包括的作物種類最多，也最重要，其他各科則較少。

　　以小麥爲例說明其在植物分類系統中之位置。

　　界（Kingdom）—植物界〔Plantae (plants)〕

　　門（Division）—種子植物門〔Spermatophyta (seed plants)〕

　　綱（Class）—被子植物綱〔Angiospermae (seeds in fruits)〕

　　亞綱（Subclass）—單子葉植物亞綱〔Monocotyledonae (one seed leaf)〕

　　目（Order）—禾本目〔Graminales (grasses and sedges)〕

　　科（Family）—禾本科〔Poacae (grasses)〕

　　屬（Genus）—小麥屬〔Triticum (wheats)〕

　　種（Species）—小麥〔aestivum (bread wheats)〕

　　栽培種（Cultivar）—〔Arapahoe〕

　　任何植物可由屬名與種名形成學名（scientific name），此學名是植物獨特之名稱，其有助於鑑定不同語言下不同名稱之植物身分。例如在美國稱呼玉米（*Zea mays*）爲 corn，但許多其他國家稱爲 maize。甚至更早美國稱呼 *Triticum aestivum* 爲小麥，但在其他地方稱爲 corn。栽培種（cultivar）或品種（variety）則用以指定同一物種內具有相同遺傳背景之一群植物。

　　在作物中有兩個最重要的科，即禾本科（Poaceae or grasses）與豆科（Fabaceae

or legumes）。禾本科作物包括小穀粒作物、玉米、高粱、小米、甘蔗與水稻，豆科作物包括大豆、紫花苜蓿、白花苜蓿、苕子、豌豆、豆類等。其他科尚有蓼科（Polygonaceae）如蕎麥，藜科（Chenopodiaceae）如甜菜，十字花科（Cruciferae）如芥菜，茄科（Solanaceae）如番茄與馬鈴薯，錦葵科（Malvaceae）如棉花，以及菊科（Compositae）如向日葵與紅花。

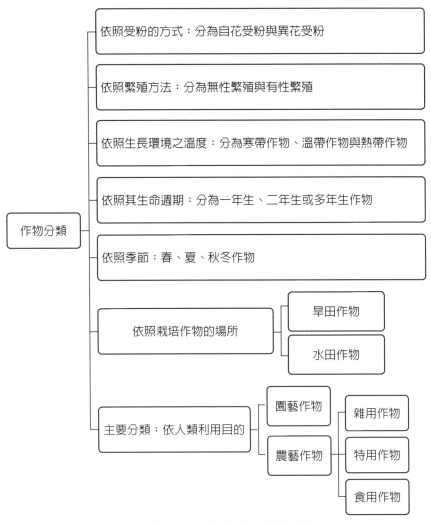

圖 2.1　作物分類之主要系統。

作物依照植物分類學的分類法

禾本科
包括所有的禾穀類作物，如小麥、大麥、燕麥、黑麥、稻、玉米（玉蜀黍）、高粱（蜀黍）、小米（粟）等，和大部分飼料作物中之禾本科牧草（禾草）。

屬於單子葉植物，鬚根自莖節基部生出。
葉為平行脈，包括葉片和葉鞘。莖部通稱為莖稈，為葉鞘所包裹。
花序稱為穗，由許多小穗組合而成，每一個小穗具有一個至數個穎花，雄蕊三枚或六枚。
果實為穎果，通稱穀粒、穀實或種實，富含澱粉，為人類重要的糧食。

豆科
包括大豆、紫花苜蓿、白花苜蓿、苕子、豌豆、豆類等。

豆科作物種子脂肪營養價值高，為人類重要的糧食；莖葉蛋白質含量亦高，為優良的飼料。

種子常有硬實存在，其種皮具有不透水性而呈休眠狀態。因此，硬實多的豆科種子在播種前需加以處理，以破壞種皮之不透水性。

根部會受到土壤中根瘤菌的侵入而形成根瘤。此根瘤菌可自豆科作物體內攝取養分，並將空氣中游離態氮還原為化合態氮（NH_4^+）供其本身及豆科作物利用，而形成互利的共生關係。

其他科別
蓼科如蕎麥，藜科如甜菜，十字花科如芥菜，茄科如番茄與馬鈴薯，錦葵科如棉花，以及菊科如向日葵與紅花。

(1) 單子葉植物
a. 莎草科：如大甲藺、三角藺。
b. 燈心草科：如燈心草、圓藺草。
c. 天南星科：如芋、蒟蒻。
d. 石蒜科：如瓊麻。
e. 芭蕉科：如馬尼拉麻。
f. 蘘荷科：如薑黃、葛鬱金。
g. 薯蕷科：如山藥（薯蕷）。
h. 美人蕉科：如食用美人蕉。
i. 棕櫚科：如油棕、可可椰子。

(2) 雙子葉植物
a. 十字花科：如油茶、蕪菁、大菜。
b. 桑科：如大麻、蛇麻（忽布）。
c. 蕁麻科：如苧麻。
d. 亞麻科：如亞麻。
e. 田麻科：如黃麻。
f. 蓼科：如蕎麥、蓼藍。
g. 藜科：如甜菜。
h. 大戟科：如篦麻、樹薯（木薯）。
i. 山茶科：如茶、油茶。
j. 瑞香科：如三椏、雁皮。
k. 旋花科：如甘藷。
l. 茄科：如馬鈴薯、菸草。
m. 唇形科：如薄荷。
n. 胡麻科：如胡麻（芝麻）。
o. 茜草科：如咖啡、茜草。
p. 錦葵科：如棉、洋麻（鐘麻）。
q. 梧桐科如可樂。

圖 2.2　植物分類學的分類法。

二、根據作物生態及生長習性的分類

1. 依氣候適應性的不同

(1) 熱帶作物（tropical crops）：熱帶作物生長於從不發生冰凍低溫之溫暖氣候下，大部分屬於長期之多年生作物，但也可能是一年生或二年生。

(2) 亞熱帶作物（subtropical crops）：亞熱帶作物生長之氣候具有長的生長季節及極少發生冰凍低溫之溫和冬季。如同熱帶作物，其大部分均屬於多年生，包括大部分柑橘屬（citrus）作物如柑橘、葡萄及檸檬。

(3) 溫帶作物（temperate crops）：溫帶作物生長之氣候有明顯冬季且冰凍低溫期間較長。大部分作物屬於溫帶作物，包括玉米、大豆與小穀粒作物。這些作物通常也可生長在熱帶與亞熱帶地區。多年生溫帶作物可更進一步分類為冷季（cool-season）或暖季（warm-season）作物。冷季作物主要在春、秋季生長，而在夏、冬季通常處於休眠狀態，例如藍草（bluegrass）、麥草（wheatgrass）、無芒雀麥（bromegrass）。暖季作物主要在夏季生長，而在其他時間保持休眠狀態，例如芒草（bluestem）、野牛草（buffalograss）、柳枝稷（switchgrass）。

(4) 寒帶植物（boreal plants）：寒帶植物之生長氣候除了很短暫的生長季節外，全年大部分均低於冰凍溫度以下。這些植物出現於靠近極地以及較低緯度之高山，僅有少數作物可以生長，但有些冷季溫帶蔬菜作物，例如甘藍在高緯度因短暫之生長季節中有極長日照故其生長良好。

2. 依耕地的不同

作物依照耕地的不同可分為：(1) 水田作物：如水稻、藺草；(2) 旱田作物：大部分作物均屬之，如陸稻、豆類、麥類、玉米、棉等；(3) 牧地作物：如各種牧野及牧場之牧草。

3. 依作物栽培季節

作物依照栽培季節可分為：

(1) 冬季作物（winter crops）：於秋、冬播種至翌年春、夏收穫的作物，如冬麥類、冬季型油菜、豌豆、蠶豆、大菜等。

(2) 夏季作物（summer crops）：於春、夏播種而於當年秋、冬收穫的作物，如春麥類、夏季型油菜、稻、大豆、落花生、麻類、棉等。

作物的栽培季節與各地區的氣候型態有密切關係，熱帶及亞熱帶地區，終年溫暖，作物栽培無季節之分；溫帶北部冬季氣候寒冷，只能栽培夏季作物；溫帶中部及南部才有冬季作物及夏季作物之分。

4. 依作物生長期長短（生命週期）

作物可根據其生命週期長短以及生長季節分群。有關作物生命週期之知識相當重要，因為作物生長季節與預期之生命週期均會影響所運用之栽培作法。在栽培特定作物時，如果雜草與作物有相同之生命週期勢必影響作物生長。作物依照生長期的長短可分為：

(1) 一年生作物（annual crops）：在一年或一年內完成其生命週期之作物稱為一年生

作物，此類作物以種子繁殖，又可區分為冬季一年生與夏季一年生。

冬季（越冬）一年生作物（winter annuals）其種子在秋季發芽，通常以休眠狀態越冬後，在晚春或初夏成熟及產生種子。大部分冬季一年生作物是小穀粒作物如冬小麥、冬黑麥、冬大麥、冬燕麥，以及冬季型油菜等。冬季一年生雜草則包括旱雀麥（downy brome）、遏藍菜（pennycress）、薺菜（shepherd's purse）、野生芥菜（wild mustards）。

夏季一年生作物（summer annuals）其種子在春天發芽，植株在夏天生長發育，於秋天下霜前成熟產生種子。大部分作物屬於夏季一年生，包括玉米、高粱、大豆、棉花、落花生、稻、大豆、棉等（在臺灣南部大豆亦可在秋冬栽培），以及一些春播小穀粒作物如春小麥、春大麥及春燕麥。夏季一年生雜草則包括馬唐（crabgrass）、狗尾草（foxtail）、豬草（pigweed）及茵蔴（velvetleaf）。

(2) 二年生作物（biennial crops）：二年生作物其生命週期需要兩年內完成，其在第一年進行營養生長，通常葉片形成蓮座叢生狀（rosette pattern）。蓮座狀葉片叢（rosette）係指一群葉片發育自沒有節間生長之緊湊莖部。在第一個生長季節，作物產生之養分貯存在大的肉質根部，第二年時自蓮座狀葉片叢中心產生花梗，且在秋季下霜前作物成熟並產生種子。相對於一年生與多年生作物，二年生作物與雜草較不重要，二年生作物有甘蔗、甜菜（sugarbeet）、胡蘿蔔（carrot）與甜苜蓿（sweetclover）等，而二年生雜草有常見的毛蕊花（mullen）與許多薊（thistles）。

(3) 多年生作物（perennial crops）：多年生作物之生命週期較不確定，包括從少數幾年至很多年。生長期在二年以上的作物均屬之，如茶、瓊蔴、香水茅、多年生牧草等。多年生作物有些具有草本莖（herbaceous stems），每年冬天死亡後回歸土壤，於春季再從冠根或主根恢復作物生長，例如牧草及紫花苜蓿。其他多年生作物如樹木與灌木，則每年從木本莖（woody stems）增加新的生長。有些作物在不同氣候下其生命週期會發生改變，例如棉花、蓖蔴及高粱。在熱帶地區這些作物可生長多年，但在溫帶地區這些作物在秋季會受霜影響死亡而成為一年生作物。

5. 依作物對生育溫度的反應

作物依照其對生育溫度的反應可分為：(1) 嚴寒性作物（hardy crops）：如麥類、蠶豆等；(2) 低溫性作物（冷季作物，cool season crops）：如甘藍、馬鈴薯等；(3) 高溫性作物（暖季作物，worm season crops）：如甘薯、甘蔗等。

6. 依作物對日長反應

作物依其對日長反應可分為：

(1) 短日作物（short-day crops）：即在短日照的條件下可促進開花，日照達一定程度的長度時不是不會開花，就是會延遲開花的作物，如稻、大豆、玉米、菸草等。

(2) 長日作物（long-day crops）：即在長日照的條件下可促進開花的作物，如甜菜、蘿蔔、菠菜等。

(3) 中性作物（day neutral crops）：花芽的分化及開花並不受日照長度影響的作物，如棉、番茄、茄、辣椒、菜豆，以及水稻、大豆、蕎麥、菸草等之早生、極早生

品種，與花卉四季開花的品種。

7. 依作物植株的性狀

作物依植株的性狀可分為：

(1) 直立性作物（erect crops）：如紅豆、水稻、玉米等。

(2) 攀緣性作物（cribling crops）：如忽布、菜豆、薯蕷等。

(3) 匍匐性作物（creeping crops）：如草莓、甘薯、三葉草等。

8. 依作物對地力的關係

作物依其對地力的關係可分為：

(1) 消耗地力作物：一般需要中耕性之禾穀類作物屬之。

(2) 維持地力作物：具有防止土壤沖蝕及增加土壤肥力的作物，如綠肥作物、覆蓋作物、豆科作物。

9. 依作物對土壤反應的適應性

作物依其對土壤反應的適應性可分為：

(1) 耐酸性作物（acid tolerance crops）：如稻、茶、黑麥、魯冰（羽扇豆）等。

(2) 耐鹼性作物（alkali tolerance crops）：如甜菜、麥、棉等。

10. 依作物的繁殖方法

作物依繁殖方法可分為：

(1) 有性繁殖（sexual reproduction）：依花的構造及雌雄性又可分為雌雄同花（一朵花中同時有雌花及雄花，如水稻、大豆）、雌雄異花同株（雄蕊與雌蕊分別在同一植株不同花器上，如玉米、胡瓜、西瓜、南瓜）、雌雄異株（雄花與雌花在不同的植株，如忽布、蘆筍）等。

(2) 無性繁殖（營養繁殖，asexual reproduction）：包括利用肥大塊根（如甘薯、木薯、葛鬱金）、地下塊莖（如馬鈴薯、仙客來）、球莖（如香雪蘭、唐菖蒲）、鱗莖（如鬱金香、風信子、大蒜）、地下匍匐莖（如結縷草、狗芽根），及地上匍匐莖（如六月禾、格蘭馬草）等繁殖。

11. 依作物的受粉方式

作物依受粉方式可分為：

(1) 自花受粉（self fertilization）：如水稻、大豆、大麥、小麥、茄、番茄等作物，其自然雜交率一般在 4% 以下，稱為自花或自交作物。

(2) 異花受粉（cross fertilization）：如玉米、黑麥、蕎麥、向日葵、甜菜，稱為異花或異交作物，其自交程度在 5% 以下。

(3) 異交頻率較高的作物：如棉、黍稱為常異交作物，其雜交率約 5～25%。

三、根據作物的利用方式（用途）或收穫部位的分類

一般而言，野生植物由於其經濟價值、經過長期栽培、馴化、改良之後，所獲得之品質優良或高產的植物，稱為「農作物」（簡稱作物），包括農藝作物及園藝作物二大類。前者主要包括食用作物、特用作物及雜用作物，後者則以蔬菜、花卉及果樹為主。

(一) 農藝作物（圖 2.3）

　　農藝作物（agricultural crops）中，凡生產人類及家畜食糧與飼料者，稱「食用（普通）作物」（food crops）。凡生產各種工業原料，或特殊用途者，稱「工藝（特用）作物」。後者必須有加工設備以取得所需成分，例如茶工廠、菸葉廠、咖啡工廠等。常見之部分發酵茶製茶流程包括日光凋萎、室內凋萎（攪拌、靜置）、殺菁、揉捻、布球揉捻、初乾、再揉、乾燥等步驟（圖 2.4）〔請參考《製茶學》（2018）〕。

1. 食用作物

　　依形態及用途可分：

(1) 禾穀類作物或穀粒作物：收穫穀實或種實（grain）為目的而栽培之禾本科作物，稱為禾穀類作物（cereal crops）或禾穀類穀粒（cereal grains）作物，如小麥（wheat）、大麥（barley）、燕麥（oat）、黑麥（rye）、稻（rice）、玉米（maize, Indian corn）、高粱（sorghum）、小米（millets）等，為人類重要的糧食。有時候一些作物如亞麻及大豆也稱為穀粒作物。禾穀類作物泛指任何能提供果實或穀粒供為食用之草類（grass）植物，此名詞可視為整個植物或指穀粒本身。蓼科作物蕎麥（buckwheat）雖然不是屬於禾本科，但因果實類似，習慣上亦將其列入禾穀類作物中。

小穀粒作物（small grain）也是共同名詞，所指包括小麥、黑（裸）麥、燕麥及大麥。與其他穀粒作物如玉米、高粱相比，這些作物之株高較矮且種子較小。小穀粒作物可依照生命週期進一步分類為秋播型小穀粒作物（fall-seeded small grains），如（越）冬小麥、冬大麥、冬燕麥或是黑麥，以及春播型小穀粒作物（spring-seeded small grains），如春小麥、春大麥或春燕麥等。

飼料穀粒作物（feed grains）則是利用其種子或果實飼養家畜之禾穀類作物，有時候在商品市場這些作物也稱為粗穀粒作物（coarse grains）。在美國最普遍的飼料穀粒是玉米，其次是穀粒高粱；其他常見之飼料穀粒則為燕麥、大麥、黑麥、蕎麥及小米（粟）。其實，只要是餵養家畜之任何穀粒作物均可歸類在飼料穀粒作物。

食用穀粒作物（food grains）則是利用其種子或果實供人類消費之禾穀類作物。在美國最為常見之食用穀粒作物是小麥，其他則為水稻、黑麥、玉米及燕麥。這些作物在全球之利用方式不同，全球之食用穀粒作物以小麥占最大量，但水稻則種植在最多的耕地而且是全球許多地方最普遍的作物，尤其東方及亞洲。在拉丁美洲最普遍的則是玉米，另外在非洲某些地區則以高粱與小米為主。

(2) 豆類作物：以收穫乾燥籽實（pulses）為目的而栽培之豆科作物（收穫嫩莢或未成熟籽實者則屬於園藝作物之蔬菜），如大豆（soybean）、落花生（花生，peanut, groundnut）（圖 2.5）、穀實豌豆（field pea）、穀實菜豆（field bean）、豇豆（cowpea）、綠豆（mung bean, green gram）、紅豆（adzukibean）、蠶豆（broad bean, faba bean）、蔾豆（回回豆，chickpea）、膠豆（guar）等，均屬於豆類作物（legumes, leguminous crops, pulse crops）。

豆類作物係指取其蛋白質供人類或家畜食用之大種子豆科作物（large-seeded legumes），亦稱為種子豆科作物（seed legumes）。此類作物不同於小種子豆科作物（small-seeded legumes），例如紫花苜蓿（alfalfa）與白花苜蓿（clovers）主要作為飼料作物。在美國最普遍之豆類作物是大豆，其次是落花生，其他尚有田間豆類（field beans；種子外型接近橢圓形，植株缺乏卷鬚支撐，莖部較為充實），包括斑豆（pinto beans）、利馬豆（lima beans）、大北豆（great northern beans）、四季豆（敏豆，kidney beans）、綠豆、蠶豆，以及田間豆類（field peas；種子外型接近正圓形，植株具有卷鬚支撐，莖部中空），包括鷹嘴豆（chickpeas）、樹豆（pigeon peas）及扁豆（lentils）。

(3) 根及塊莖類（薯類）作物：以收穫地下肥大根部（enlarged root, fleshy root）、塊莖（tuber）、球莖（corm）、地下莖（rhizome）等為目的而栽培之作物，為重要的糧食及飼料，亦為提煉澱粉之原料。包括：

　　a. 收穫肥大塊根者：如甘薯（sweet potato）、樹薯（木薯，cassava）、葛鬱金

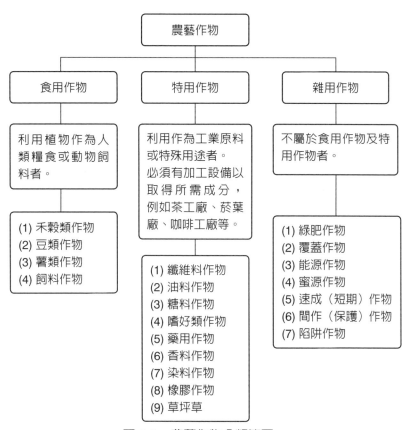

圖 2.3　農藝作物分類簡圖。

日光凋萎

室內凋萎（攪拌、靜置）

殺菁

揉捻

解塊

以蓮花機包布球

可利用甲種乾燥機完成乾燥步驟，即可完成毛茶製作

圖 2.4　特用作物之生產必須有加工之工廠配合，例如茶工廠。

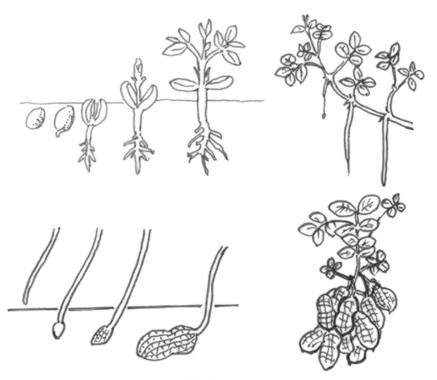

圖 2.5　落花生生長階段。

（arrot root）、蕪菁（turnip）、甜菜（beet）。

b. 收穫塊莖者：如馬鈴薯（potato）、菊薯（菊芋，Jerusalem artichoke）。

c. 收穫球莖者：如芋（taro）。

d. 收穫地下莖者：如食用美人蕉（藕薯，edible canna）。

根部作物（root crops）係指根部可供作人類食物或家畜飼料之作物，包括可食用之根部蔬菜如蘿蔔（radish）、胡蘿蔔（carrot）、白蘿蔔（turnip）、食用甜菜、甘薯及大頭菜（rutabaga）。甜菜根部含有高糖，是農藝上重要的根部作物，其他尚有飼料甜菜（fodder beet, mangel）與木薯（cassava）。

塊莖作物（tuber crops）係指利用其地下部塊莖之作物，塊莖並非真的根部，而是位於地下之增厚莖部，大部分供人類消費但也可供家畜食用。最常見的塊莖作物是馬鈴薯（Irish potato），其他還有菊芋。

以上兩種合稱為薯類作物（root and tuber crops）。

(4) 飼料作物：以收穫作物之營養器官（根、莖、葉）直接作為飼料，或乾燥發酵等處理後再作為飼料作物（forage crops），如禾本科牧草（禾草）、豆科牧草（豆草）、飼料用根及莖類作物，及牧草等。此作物不同於前述之飼料穀粒作物，前者僅收穫其穀粒或種子供為飼料。

所謂牧草作物（pasture crop）係指可經由家畜放牧吃草而直接收穫的飼料作物。此種作物通常限於已播種於土地之作物，如一年生之作物蘇丹草（sudangrass），或多年生作物如扁雀稗（smooth bromegrass）。禾穀類作物或豆科作物均可作為牧草作物，甚至混合兩種作物如紫花苜蓿與扁雀稗作為牧草。此外，牧場作物（range crop）也類似牧草作物，但其限於自然界經常存在之原生多年生植物。

乾草作物（hay crop）是指飼料作物仍青綠時於田間切下，俟乾燥後加工、貯存及餵給家畜。加工過程包括將乾草打包成圓形或方形乾草包，或是以鬆散方式直接蒐集存放成堆。方形乾草包通常堆疊存放以防腐敗。乾草通常須將水分降至 10% 以下，以保持品質及阻止發霉。當蒐集及加工乾草時，也要盡可能保留較多的葉片以維持營養價值。

青貯飼料（silage crop）乃是飼料作物在青綠多汁時採收，然後貯存在厭氧（anaerobic）狀況下控制其發酵反應之作物。為了進行無氧發酵，在作物採收後貯存期間必須排除氧氣，其操作方式可將材料放在氣閉式筒倉（silo），或藉由打包去除空氣。此種飼料經過適當加工與貯存可以成為動物極佳之飼料。

青貯飼料作物依照採收後處理方式可分為兩種，第一種是收穫後直接以高水分含量之青貯飼料作物（high moisture silage）貯藏；第二種則是切下後俟其部分乾燥後再行剉切，並以低水分含量之青貯飼料作物方式貯藏。前者通常含水量 60～70%，而後者約含 40% 水分。任何飼料作物均可作為青貯料，但以玉米最為常見，其次是紫花苜蓿。

鮮飼作物（soiling crop）又稱綠斬（green chop），是指飼料作物於青綠多汁狀況下收穫而直接餵食家畜，此種作物很像青貯飼料作物，但不經發酵及貯藏。任何可作為青貯飼料的作物均可製作成為鮮飼作物。

2. 特用作物

(1) 纖維料作物：採收纖維作為紡織、編織、製索、漁具等為目的而栽培之作物，稱為纖維料作物（fiber crops）。採纖部位因作物而不同，包括：

　　a. 採自種子：如棉（cotton）。

　　b. 採自莖之韌皮部：如黃麻（jute）、洋麻（鐘麻，kenaf）、苧麻（ramie）、亞麻（纖維亞麻，fiber flax）、大麻（hemp）、岡麻（Chinese jute）等。

　　c. 採自莖之全部：如蘭草（rush）、馬尼拉麻（Manila hemp）等。

　　d. 採自葉部：如瓊麻（sisal hemp）。

　　纖維作物係指可利用其果實或莖部纖維之作物，其可供紡織、繩索或袋子。在美國最常見之纖維作物是棉花，利用其附著於種子上之纖維。另一個重要之纖維作物是亞麻，可利用莖部纖維製作麻布。此外，尚有大麻、龍舌蘭（henequen）、劍麻（sisal）、黃麻、苧麻、洋麻與掃帚高粱（broomcorn），以及紙料用鳳梨、構樹，填充料用木棉、棕櫚等。

(2) 油料作物：油料作物（oil crops）是取其油分（oil）供為利用之作物。此植物中之油分主要用於食品加工，或是作為植物油（vegetable oils）與起酥油（shortening）。其他也可用於潤滑油（lubricants）與工業加工之用。某些植物油與傳統來自石油之潤滑油相比，前者之發煙點（smoke point）與燃點（flash point）較高，故更適合應用於某些工業上。種子含有豐富油分可供製油之作物，如向日葵（sunflower）、油菜（rapeseed）、胡麻（sesame）、可可椰子（coconut）、油棕（oilpalm）、紅花（saffower）、篦麻（castorbean）、亞麻（種子亞麻，seed flax）、橄欖（olive）等。大豆、落花生及棉籽亦含有豐富的油分，亦為重要的食用油來源。

(3) 糖料作物：糖料作物（sugar crops）指供製糖之作物，以甘蔗（sugar cane）及甜菜為主。甘蔗係利用其地上莖部，甜菜則利用其肥大的根部提煉蔗糖（sucrose），其他作物如甜高粱（sweet sorghum, sorgo）、糖槭（maple），則可提煉糖蜜。糖料作物通常從其萃取精煉之蔗糖（sucrose）中取得甜汁，在美國最常見的的是甜菜，從其大的新鮮主根中萃取糖分。在全球其他重要的糖料作物還有甘蔗（sugarcane），如早期臺灣也曾有大面積栽培成為出口重要農產品。甘蔗與甜高粱之糖分取自莖稈（stalk or stem），而玉米或高粱之果糖（fructose, corn sugar）則萃取自穀粒部位。

(4) 嗜好類作物：嗜好類作物（recreation crops）係利用作物的某些部位（根、莖、葉、花、果實、種子）含有植物鹼（如咖啡鹼、尼古丁等）或其他成分，其具有刺激、興奮、鎮靜等作用，常用會上癮；包括飲料類作物（beverage crops），即指取其種子或葉片經加工後用於製作飲料之作物，如咖啡（coffee）、茶（tea）、可可（cacao）、可樂（cola）、沙士（smilax, sarsaparilla）等，及某些可兼供藥用作物者，如菸草（tobacco）、罌粟（opium poppy）、大麻（hemp, marijuana）等。此外，檳榔（betelnut）和荖花（betelpepper）亦屬於本類。

(5) 藥用作物：藥用作物（medicinal crops）係利用作物的某些部位（根、莖、葉、

花、果實、種子）含有特殊成分，對人類具有治病、強身、滋補等功能，或具有驅蟲、殺蟲等效果者。臺灣國內民間通稱之藥用作物（medicinal crops, medical crops）則專指供人治病、強身、滋補之中藥（Chinese medicine）作物，如人參（gingseng）、當歸（ligusticum）、金雞納樹（cinchona）、薄荷（mint）等。供驅蟲及殺蟲者有除蟲菊（pyrethrum）、毒魚藤（derris）等。藥用作物係利用其所含成分或可產生之成分於製藥，在美國唯一的藥用作物是菸草，取其尼古丁（nicotine）於藥用。在全球其他地方種植之藥用作物尚有顛茄（belladonna）、洋地黃（digitalis）、罌粟、大麻與黃樟（sassafras）。

(6) 香料作物：香料作物（aromatic crops）係利用作物之根、莖、葉、花、果等器官含有芳香成分或揮發性精油（essential oil），供提煉香料者。包括 a. 辛香料作物（spice crops）：如茴香（Illicium）、香蘭（香草，vanilla）、胡椒（pepper）、豆蔻（nutmeg）、肉桂（cinamon）、蛇麻（忽布，hop）、丁香（clove）、山葵（wasabi）、八角等；b. 香水作物（perfumery crops）：如香水茅（citronella）、茉莉（white jasmine）、玉蘭或含笑（magnolia, Michelia）等。

(7) 染料作物：染料作物（dye crops）係因作物之某一部位含有色素，可調製染料之作物，如薑黃（carcuma）、莧菜（amaranthus）、蓼藍（Indigofera）、紅花（safflower）、木藍（true indigo, *Indigofera tinctoria*）等。

(8) 橡膠作物：橡膠作物（rubber crops）係利用其所產生之乳膠製造天然橡膠產品，例如橡膠樹、銀膠菊（guayule）與俄羅斯蒲公英（koksagyz, Russian dandelion）。銀膠菊對臺灣而言屬於外來入侵植物，其腺毛、短柔毛及花粉易造成人體過敏性反應，屬於有毒植物。

(9) 草坪草：草坪草（turfgrass）係栽培用以建立美觀的草坪（turf），作為休閒、娛樂及運動之場所，如公園、庭院、高爾夫球場、滑草場等之作物。常用的草坪草有百慕達草（bermudagrass）、高麗芝（mascarenegrass）、小糠草（creeping bentgrass）、類地毯草（carpetgrass）等。

3. 雜用作物

(1) 綠肥作物：綠肥作物（green manure crops）係指生長期中利用作物之植株翻埋土中，以改善土壤理化性質及增加土壤肥力者，如田菁（sesbania）、太陽麻（crotalaria）、紫雲英（astragalus）與油菜等。油菜具生產量大，適合冬季生長，亦可作蜜源等優點，但油菜之缺點係不能固氮又非菌根植物，且易滋生紋白蝶危害後作物。

綠肥作物係在其仍屬青綠多汁狀況下翻埋入土以改善土壤之作物，其可提供額外的有機質改善土壤結構，亦可藉由固定土壤養分而增加土壤養分利用性。此外，若是以豆科作物當作綠肥也可增加土壤中的氮素。綠肥作物通常是短期之豆科作物，例如甜苜蓿、紅苜蓿（red clover）、豇豆與野豌豆（vetch），但也可以用非豆科之小穀粒作物或蘇丹草。有時候在秋季主作物收穫後可播種綠肥作物，再於次年春季翻耕入土，在此案例中綠肥作物也兼作覆蓋作物。

(2) 覆蓋作物：覆蓋作物（cover crops）栽培目的在利用作物之植株覆蓋地面，防止

土壤沖蝕者，如百喜草（bahiagrass）即為優良的護坡草，梨山果園則多種植一年生黑麥草（annual ryegrass）。覆蓋作物之主要功能是保護土壤避免受到風或水侵蝕，因此當土壤沒有生長中之作物保護時，可種植覆蓋作物。

(3) 能源作物：能源作物（energy crops）係利用作物之生質（biomass）以調製能源者。生質柴油（biodiesel）係利用各種植物或動物油脂作為生產原料，主要之能源作物用途有兩大類，包括利用發酵製作酒精之澱粉類作物如甘薯，或糖料作物如甘蔗，以及製作生質柴油之油料作物，如大豆油（黃豆油）、玉米油、棕櫚油等，或是配合醇類（甲醇、乙醇）經轉酯化反應（transesterification reaction）生成直鏈酯類以製造生質柴油。

(4) 蜜源作物：蜜源作物（nectariferous plant）栽培目的在提供蜜蜂採蜜。例如興大農業試驗場（北溝）農場生產有機蜂蜜時，上半年有荔枝及龍眼提供花粉，而下半年缺乏花粉時可以大白花咸豐草之花粉取代。

(5) 速成（短期）作物：通常在正規作物種植失敗或是其播種延後太久以致來不及成熟時，此時可利用短期作物（catch crop）或救荒作物（emergency crop）以「填充」方式播種其間。例如小麥在蒙受冰雹摧毀之後播種小米或高粱，或是因春雨過多以致玉米無法播種時可播種大豆補救。雖然短期作物之產量潛力不如正規作物，但其可讓生產者多少獲得一些補償。因此也稱為「代用作物」（alternative crops），如蕎麥、馬鈴薯、粟等。

(6) 間作作物或保護作物：間作作物（companion crop）或保護作物（nurse crop）係指同一土地上栽植兩種以上作物，其中一種作物可保護另一種作物，免受風雨、低溫甚至病蟲害等逆境為害者；如禾本科和豆類間作、林木間作咖啡、萬壽菊可驅除根腐線蟲，防治粉蝨、天蛾幼蟲；迷迭香可驅除紋白蝶、蠅類、夜盜蛾。溫帶牧草之一的克育草其根部分泌物含有剋他物質可抑制雜草生長，均可用以保護作物。

(7) 陷阱作物：陷阱作物（trap crop）主要用以吸引某些昆蟲或寄生雜草再予以銷毀以利控制害蟲（pest），此種作物並不一定運作良好，一般須配合使用農藥。例如在小麥田旁邊種植陷阱作物高粱條帶可吸引麥椿象（chinch bug）。

（二）園藝作物（圖 2.6）

與田間作物相較之下，園藝作物通常需要非常集約式的栽培措施。這些作物可提供根部、莖部、葉部，或是新鮮果實作為食用，以及作為觀賞植物或花卉。在大部分地區，園藝作物（horticultural crops）與農藝作物有所區別。

四、根據作物栽培作法之分類

依照栽培作法分類之主要是根據作物播種時之行距（row spacing），此行距大小對於水土保持（soil conservation）作法影響很大。寬行播種較窄行播種容易發生土壤侵蝕，因此在土壤表面必須留有較多的植物殘株，或是採用特殊作法例如梯田（terracing）或等高耕作（contour farming）。

1. 條播作物

條播作物（row crops）係採行播種子方式，使行距空間足以容許行間耕作、除草與管理土壤。行距大小將隨著作物生長與所使用之農機具而變，但通常為 50～100 cm（20～40 inches）範圍，常見之行距寬度則為 78～100 cm（30～40 inches）。條播作物之案例有玉米、高粱、大豆、棉花、甜菜及許多蔬菜作物。

2. 密植作物

密植作物（close-seeded crops）又稱點播作物（drilled crops），其所播種之行距極窄而無法進行耕作，因此有時候這些作物以撒播方式，分散播種於整個土壤表面，並配合淺耕方式種植。點播作物之行距範圍 18～50 cm（7～20 inches），小穀粒作物、小米及蕎麥常以點播方式種植。大豆與高粱也可點播，但通常採用條播。

3. 牧草或乾草作物

牧草或乾草作物（pasture or hay crops）通常是多年生密植作物，其在最初苗床準備之後即不再進行任何耕作。由於這種作物全年保護土壤，對於土壤侵蝕嚴重之地相當有利。

五、根據生長習性與葉片維持時間之分類

1. 草本植物

草本植物（herbaceous plants）具有柔軟之肉質莖部，而缺少形成層產生之二次組織。形成層是莖部靠近外側之一圈細胞，可產生側向生長，雖然也存在於草本植物中但不具功能。草本植物可能是一年生、二年生或多年生，幾乎包括所有農藝作物。所有一年生與二年生作物均為草本植物。例外：紫花苜蓿則為多年生草本植物。

2. 木本植物

木本植物（woody plants）具有活力旺盛之形成層，可以產生大量的二次組織及充足的木質部（xylem），其含有高量之纖維素（cellulose）、纖維（fiber）、木質素

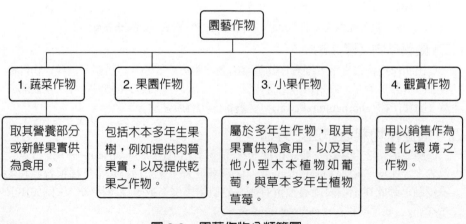

圖 2.6　園藝作物分類簡圖。

（lignin）與難消化的化合物。大的植株必須有木質化組織支撐，大部分木本植物為多年生，可進一步分為常綠性（evergreen）與落葉性（deciduous）兩種。常綠性植物如松樹（pine）與雲杉（spruce），其葉片在全年均能維持住。落葉性植物則每年均會落葉，通常在秋季發生，大部分木本果樹如蘋果、梨及柑橘均為落葉性木本植物。

六、根據水分需求或適應性之分類

1. 水生植物

水生植物（hydrophytes）是指適應在水中或有飽和水分之土壤中生存之植物，這些植物在其生長發育過程中常使用大量水分。被歸類為水生植物之唯一主要作物是水稻（paddy or lowland rice），其他生長於沼澤、池塘及排水不良地區之植物均屬水生植物。

2. 中生植物

中生植物（mesophytes）在水分利用與需求上屬於中間型，其僅可在短時間內耐受水分飽和之土壤，以及對於極度乾旱之土壤非常敏感。中生植物喜愛溼潤與排水良好之土壤，大部分作物均屬之。

3. 旱生植物

旱生植物（xerophytes）可在長期乾旱之土壤下存活，這些植物通常具有一些特性可以貯存或保留水分，例如葉片肉質或是氣孔只在夜間開啟。其他旱生植物有些具有極短暫之生命週期，於土壤乾旱之前即可產生種子。一般作物中沒有旱生植物。

4. 鹽生植物

鹽生植物（halophytes）生長之土壤具有高濃度鹽分。高鹽分使得大部分植物無法吸收水分而死亡。除有些大麥品種屬於鹽生植物外，其他植物少有鹽生植物。

NOTE

第 3 章
作物分布與生產狀況

作物分布

全球作物生產

作物分布

一、影響全球作物分布之因素

　　作物生長必須仰賴大自然環境，即便隨著科技發展而有人工控制之植物生長環境，如植物生長箱、人工氣候室、溫室、網室等，但大規模之作物生產仍然需要天候與氣象條件以及土壤環境條件配合，因此作物在各地區之分布受到限制。影響作物分布之兩大因素如圖3.1。

二、臺灣的自然環境

1. 位置、地勢與面積

　　臺灣本國包括臺灣本島與澎湖群島、蘭嶼、綠島、小琉球、金門、馬祖等諸島。自東經119度18分至124度34分，北緯21度45分至25度56分。縱貫亞熱帶及熱帶，東臨太平洋，西接臺灣海峽，南濱巴士海峽。臺灣本島因山高，地勢極為陡峻，中央山脈橫貫南北，為河流的分水嶺。臺灣土地總面積3,601,423公頃，

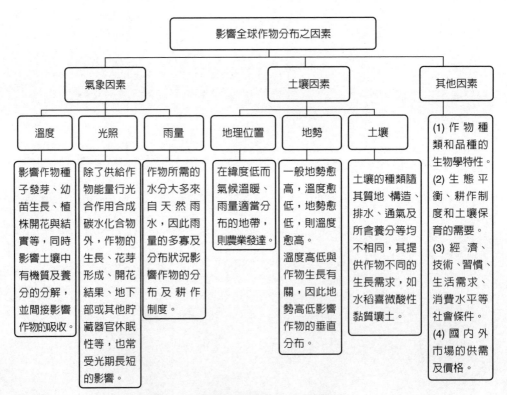

圖3.1　影響全球作物分布之因素

其平原地區 961,767 公頃（占 26.7%），山坡地區 983,138 公頃（27.3%），高山地區 1,656,520 公頃（占 46.0%）。1996 年全島耕地總面積 872,159 公頃，其中水田 456,167 公頃，旱田 415,992 公頃，耕地占總面積的 24.2%。

2. 氣候與土壤

臺灣跨於北回歸線之上，南部屬熱帶，北部屬亞熱帶。終年溫暖，6～9 月溫度最高，約 28℃ 以上，11 月至翌年 3 月，氣溫較低，約 10℃ 左右，而北部多季陰雨連綿或寒流來襲偶有低於 10℃ 以下者，但爲時甚短。平均年雨量 2,582 mm，分布至爲不均，一般夏季多雨，春冬乾燥，夏秋之交爲颱風季節，並帶來豪雨，影響農業生產至鉅。以年平均日照量而言，南部較東北部爲多，臺中、高雄、恆春約 2,400 小時，基隆僅 1,241 小時。

臺灣土壤可依海拔高低垂直分爲四個區域，即高山石礫土、坡地灰化土、紅壤臺地及平地沖積土。由於氣候及土壤母質的關係，臺灣耕地土壤的一般特性是：(1) 有機物含量低；(2) 陽離子交換能力低；(3) 多酸性。此特性顯示臺灣水田土壤肥力偏低而保肥力弱，再加上長期集約耕作制度，土壤肥力的維持及改進，成爲臺灣農業上極爲重要的一環。

三、全球作物之分布

全球由於氣候、地理環境與人文的關係，有些地區的作物栽培生產相當發達，成爲全球作物的生產中心，各區的主要糧食作物簡介如表 3.1。

地球上已發現的高等植物大約有 24 萬種顯花植物，先後至少有 3,000 種利用供作食物。當今每年僅有 30 種作物的生產超過 1,000 萬噸。其中小麥、水稻、玉米、大麥、馬鈴薯、甘薯、木薯及大豆等 8 種作物目前廣泛種植，每種作物的總產量超過 1 億公噸。

表 3.1　全球作物之分布

編號	生產中心	主要糧食作物
1	美國與加拿大	小麥、大麥、玉米、燕麥、黑麥、馬鈴薯、大豆、花生，水稻等。
2	阿根廷北部與巴西南部	小麥、玉米、燕麥、大麥、黑麥、馬鈴薯、木薯、大豆、水稻等。
3	南非共和國及其附近	玉米、小麥、燕麥、粟、黑麥、大麥、高粱等。
4	北非	埃及：玉米、小麥、大麥、稻、粟、菜豆等。 阿爾及利亞：小麥、大麥、燕麥、馬鈴薯、菜豆、豌豆、高粱、粟。 摩洛哥：大麥、小麥。 （主要為尼羅河下游肥沃土壤，和阿爾及利亞與摩洛哥的部分肥沃土地為中心。）
5	歐洲	小麥、黑麥、大麥、玉米、馬鈴薯等。 義大利北部有稻。
6	印度	主要有稻、高粱、豆類、小麥、粟、大麥、玉米。
7	澳洲	小麥、燕麥、玉米、大麥、馬鈴薯、豌豆、稻等。 （海岸附近雨量較豐，農業發達，內陸因雨量稀少，只有旱地農業。）
8	中亞（亞歐大陸中部）	小麥、燕麥、大麥、玉米、馬鈴薯、稻等。
9	中國	華北：小麥、粟、大豆為主。 華中、華南以南：稻、玉米、小麥、大麥、甘薯為主。

全球作物生產

　　水稻、小麥與玉米是全球主要作物（表 3.2），根據聯合國糧食及農業組織（FAO）統計全球作物生產其中小麥、水稻、玉米、高粱、小米與大豆約占半數。

　　從全球貿易立場而言，雖然稻米、小麥及玉米是主要作物，但在許多國家高粱、小米、黑麥（裸麥）、燕麥、大麥與馬鈴薯是重要的食用與飼料用作物。在亞洲與非洲，高粱與小米是重要的穀粒作物。高粱也是印度、奈及利亞（Nigeria）、尼日（Niger）、馬利（Mali）及蘇丹（Sudan）之主要食用作物，也廣泛種植於美國、阿根廷與墨西哥。小米則屬於短季（short season）耐旱作物，種植於印度、中國、及許多非洲國家較乾旱地區。至於大麥可種植於全球半溼潤（subhumid）與半乾旱（semiarid）地區中較乾旱的地方，包括北非、俄羅斯及中國，但在美國則栽培面積有限。

　　燕麥是最適應冷涼潮溼地區的作物，俄羅斯大約有 40% 栽培面積種植燕麥，而其次是美國、加拿大、波蘭、中國與德國。在美國有超過 60% 之燕麥種植於南達科他州（Dakota）、明尼蘇達州（Minnesota）、愛俄華州（Iowa）與北達科他州等中北部各州，主要作為馬匹、豬、家禽與牛隻飼料，僅少量作為食用且主要用作早餐。馬鈴薯通常適應之氣候環境與燕麥相同，在許多北歐國家作為重要的食物來源。除了馬鈴薯外，甘薯、山藥與木薯（樹薯）可栽培於非洲、亞洲及南美洲等熱帶與亞熱帶地區作為食物來源。

　　特用作物方面，油籽（oilseed）、油用堅果（oil nut）、糖料作物、棉花與菸草對許多地區農業經濟相當重要，對全球貿易形成重要區塊。來自於油籽與油用堅果作物之脂肪（fats）與油分（oils）占全球半量。目前全球對於脂肪與油分之需求穩定地增加，而植物油慢慢取代動物油脂，其中大豆、落花生、棉籽及棕櫚油是主要來源。然而在某些地區向日葵、芝麻、油菜、亞麻、蓖麻與椰子油對於當地相當重要。油籽工業於榨油後之副產品含高量蛋白質，也可作為家畜與人類食物。

　　糖料作物主要包括甘蔗、甜菜及甜高粱。甘蔗生長於熱帶與亞熱帶氣候，供應全球大部分的糖料。在美國路易士安納州（Louisiana）與佛羅里達州（Florida）生產的甘蔗約占全美 80%。甜菜則在溫帶的北半部最具生產力，由於其需水性高所以需要灌溉供水。

　　棉花是全球最重要的纖維作物，因其生長期長所以生長氣候受限於亞熱帶與熱帶。俄羅斯與中國為主要生產國，美國排名第三。印度雖然栽培面積大但產量低所以列名第四。至於菸草全球產量以美國及中國各生產 20%，其中南卡羅來納州（South Carolina）產量占美國 44%。

表 3.2　全球主要作物

作物	說明
稻米（rice）	是重要的食用穀物，也是全球大多數人口之主食，尤其在南亞、東亞及東南亞。稻米消費者比例高於小麥與玉米消費者總和。中國生產之稻米占全球總量 1/3，與印度合計則占 1/2，亞洲生產之稻米約占 75%。
小麥（wheat）	廣泛種植於溫帶區域，且占生產禾穀類穀粒（cereal grains）土地面積之首位。據評估全球每年每月均有收穫小麥。雖然在俄羅斯土地約有 1/4 播種小麥，但通常低產且僅足夠國內所需。 美國則為排名第二之小麥生產國，而中國、加拿大、印度及阿根廷也貢獻大部分耕地種植小麥。
玉米（corn）	於北美、南美、南歐以及非洲與亞洲某些地區均有栽培玉米。雖然此作物在美國主要作為家畜之飼料，在全球許多地方則作為重要的食用穀粒。 美國之玉米生產約占全球半量，其生產以特殊化企業經營管理方式獲致高產，中國與巴西則排名第二與第三。至於阿根廷、南非及歐洲巴爾幹國家玉米也是重要作物。

第 4 章
農業生態

植物相互作用

農業生態系統對天然生態系統

　　生態學（Ecology）是研究生物與其環境之關係，以及生物彼此間關係之科學；農業生態學（Agroecology, Agro-ecology）則是研究作物及農場動物與其環境之關係，以及作物與動物彼此間之關係。所謂生態系統（Ecosystem）係指在同一土地上生存之所有生物彼此間與其所處環境之整個相互作用。一座池塘、森林或牧場均有其自己的生態系。農業生態系統（agroecosystem）則指在耕作或放牧操作中農場作物及動物與其環境之整個相互作用（圖 4.1）。

　　存在於農業生態學背後之觀念是農民所控制之物種，如作物與家畜，會受到農場內其他生物直接或間接影響，包括其他植物（雜草）、土壤微生物、其他動物，以及鄰近地區之天氣與氣候。有些農業生態系統之研究也包括會影響農民選擇作物與家畜之社會與經濟因素，本章節姑且不談。

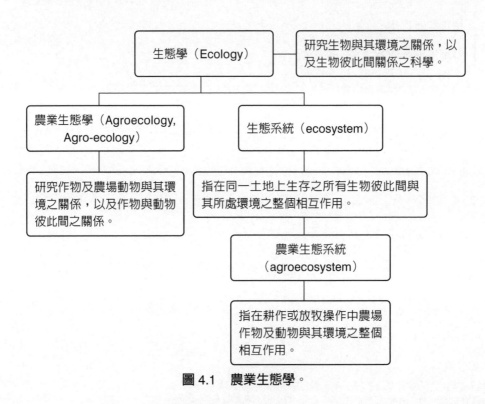

圖 4.1　**農業生態學。**

植物相互作用

植物會與生長在同一地區之其他植物或生物相互影響，此種相互作用（interaction）可能有益、有害或是沒有影響。在作物生產上，改變栽培密度、作物類型或雜草壓力，或是管理會影響作物生長發育之土壤因子，均會大大影響上述之相互作用。若能了解植物相互作用及創造出適當的植物組合，相信可以提高產量。生物之間之相互作用有三種，包括（圖 4.2）：

1. 共生

最常見之案例即為豆科作物與固氮根瘤菌（*Rhizobium* sp.）之互利共生。此細菌可以固定空氣中之氮素給豆科作物，而豆科作物可以提供食物與住所給固氮菌。

2. 競爭

若能妥善管理耕作制度（cropping system）可以提高作物競爭力，以及減少作物彼此之競爭。例如在適當時間播種可以讓作物快速發芽（germinate）與出土（emerge），使其競爭力高於晚發芽出土之雜草。適當之播種量（seeding rate）也可減少作物間之競爭，即增加對於雜草之競爭力。

3. 剋他作用

許多研究報告顯示，某些作物對於同時生長或是輪作制度下之後作物具有剋他效應（allelopathic effects），例如高粱對於其輪作制度下之後作物，尤其小穀粒作物，具有剋他效應。當計畫進行輪作時，必須了解潛在之剋他效應。

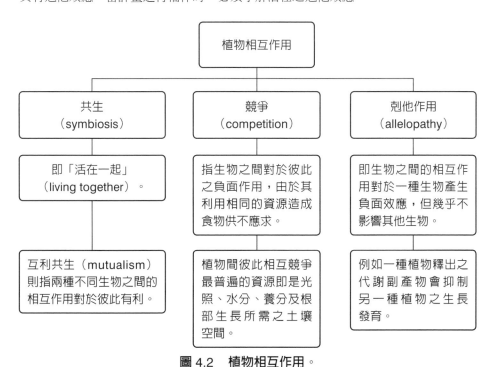

圖 4.2　植物相互作用。

農業生態系統對天然生態系統

　　農業生態系統與天然存在之生態系統其基本差異（圖 4.3），在於作物生產者會影響作物田間之生態系統，最後改變此系統；而天然生態系統僅受到系統興旺當時環境之影響。天然生態系統基本上屬於封閉系統，植物生長所需因素，尤其是養分，在生態系統內可連續性再循環利用。雖然動物會從土地上移走一些植被，但也可能會將其排放之廢棄物質留下而進入生態系統中。

　　農業生態系統基本上屬於開放系統，作物生產者會從系統中移走作物產物如穀粒或植物，而以施用土壤肥料形式加入植物養分資源於系統中。由於生產者以管理方式改變系統，所以基本上是屬於受管理的生態系統（managed ecosystem）。與天然生態系比較下，農業生態系之較生產力較高、物種多樣性低、物種內之遺傳多樣性低、開放式養分循環、系統穩定性低、受人類高度控制、開花成熟等過程同步化，以及生態學上的成熟度非常不成熟。

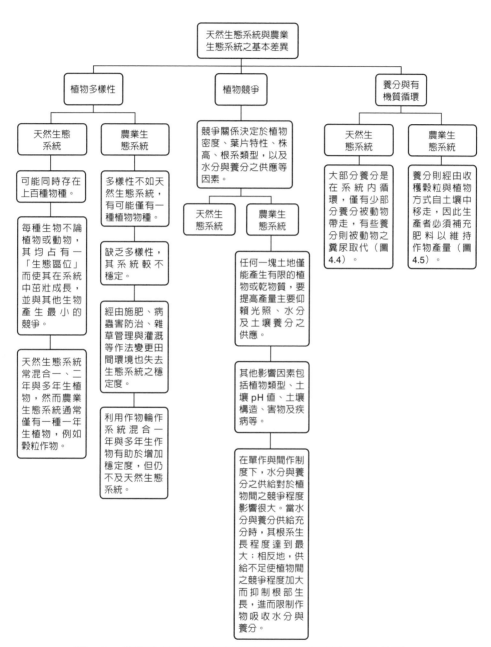

圖 4.3　農業生態系統與天然存在之生態系統二者基本差異。

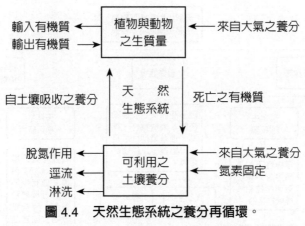

圖 4.4　天然生態系統之養分再循環。

（資料來源：修改自 Waldren, 2008）

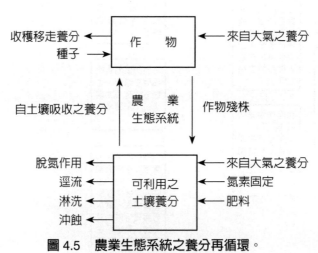

圖 4.5　農業生態系統之養分再循環。

（資料來源：修改自 Waldren, 2008）

第 5 章
作物生產系統

　　作物生產系統（crop production systems）（圖 5.1）包含了生產者一序列之操作（operations）與決定（decisions），這些操作與決定包括作物選拔（crop selection）、雜交種或品種選拔（hybrid and/or variety selection）、為控制雜草所進行之整地次數、苗床準備、播種方法與時機、施肥方式與時機、灌溉量與方式，以及收穫貯藏等。不同的作物在其生產過程中可能結合各種不同的操作以完成作物生產。本章節主要介紹各種作物生產過程中主要的操作，若能熟悉這些基本操作而善加運用，則可應付各種不同環境、氣候與生產目的。所謂作物栽培系統（cropping system）係指在一區農地上，某段時間內栽培作物的種類，以及不同作物在時間與空間上的配置方式，又稱為作物栽培制度。

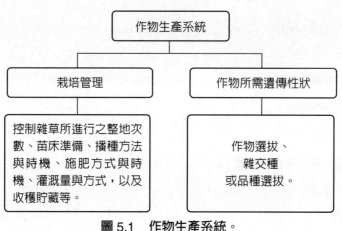

圖 5.1　作物生產系統。

單一種植作物（單作）制度

單作栽培（monoculture）是指在一個特定區域或田地中，只種植一種單一作物的種植方式，此種栽培方式通常用於大規模的農業生產，專注於種植一種主要作物。優點是能夠集中資源和管理，提高生產效率，簡化管理，利於大規模收穫和加工。然而，過度的單作栽培易導致土壤貧瘠、病蟲害發生等問題，進而影響作物產量和品質。

至於單作制度（monoculture system）則是指一套關於單作栽培的規劃和管理體系，包括種植、施肥、病蟲害防治、灌溉等相關作業的方式和方法。這是一種更廣義的概念，涉及到在單作栽培狀況下所應用的整套管理措施。這些措施旨在最大限度地提高單一作物的生產效率和品質，同時減少潛在的病蟲害和營養缺乏的問題。在單作制度中，農民會根據特定單一作物的生長特性和要求，選擇合適的栽培方法，並採取適當的管理措施。

簡言之，單作是指單一作物的種植方式，而單作制度則是指針對單一作物所採取的整套規劃和管理體系。單作制度旨在最大化單一作物的生產效率和品質，同時嘗試減輕可能帶來的問題。

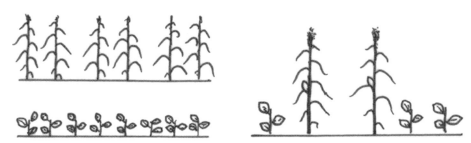

圖 5.2　玉米與大豆單作（左），以及混作（右）。

作物輪作

　　作物輪作（crop rotations）係指在相同土地上經常依序種植不同作物。採用作物輪作制度之農場可劃分數個田區，在同年分別種植兩種或多種不同作物，這些作物可在往後數年在農場不同田區輪流種植。簡單的輪作系統如表 5.1。

　　表 5.1 以四年為期之輪作制度中，有三種作物重複或輪流種植於四個田區，且在所有田區均以相同作物次序種植，於第五年時再重新循環。在所有田區之作物次序均是種植兩年玉米後，再先後分別種植小麥與燕麥。除了上述簡單輪作制度外，更複雜的輪作還包括多年生作物如紫花苜蓿（alfalfa）（表 5.2）。

　　在上述輪作制度中，有些田區輪作一年生條播作物，而同一田區在爾後連續三年則種植多年生紫花苜蓿（表 5.2）。以四年為期之一年生輪作作物次序是高粱、玉米、大豆與玉米，但有部分田區進行多年生作物輪作，如 D 田區於第四年改植多年生紫花苜蓿，E 田區則輪作一年生玉米。而第五年則恢復與第一年相同之一年生作物輪作次序，如 E 田區在玉米之後輪種大豆。在爾後數年，紫花苜蓿也可能輪種於其他田區，或是在原田區 E 繼續種植。

　　輪作田區之選擇決定於其是否適合種植紫花苜蓿及地點。基本上，作物生產者在輪作制度下雖然想要每年均維持各種作物相同的栽培面積，但事實上不一定能保證在所有田區均能種植所有的作物。由於土壤、地形與位置之故，某些田區可能較適合種植某些作物，例如田區 D 與 E 之土地可能最容易受到侵蝕，所以盡可能種植多年生作物。

　　為了使輪作制度能有最大的收益與減少問題，必須遵守一些規範。

1. 除非有特殊理由，每一種作物每年栽培面積要相似。意即，不是要求每種作物之田區有相同土地面積，而是要有相同或近似之種植面積。
2. 在輪作制度下，容易適應最有經濟價值作物種植之面積要盡可能大。
3. 輪作應該提供農場任何家畜所需之粗飼料或牧草。
4. 輪作作物應包括多年生作物，最好是豆科作物。而且至少有一種中耕作物以減少雜草生長。
5. 輪作要能維持土壤有機質與其他特性。

　　常見的輪作制度舉例如下：

1. 美國玉米帶（corn belt）輪作制度
　　玉米—大豆；玉米—燕麥—三葉草；玉米—小麥—三葉草。

2. 英國輪作制度
　　蕪菁—大麥—三葉草—小麥。

3. 日本輪作制度
　　水稻—小麥；水稻—綠肥。

4. 臺灣輪作制度
(1) 北部地區（一年輪作制）：水稻—蔬菜；水稻—綠肥。

表 5.1　簡單的作物輪作系統

年度	田區			
	A	B	C	D
1	玉米	玉米	小麥	燕麥
2	燕麥	玉米	玉米	小麥
3	小麥	燕麥	玉米	玉米
4	玉米	小麥	燕麥	玉米
5	玉米	玉米	小麥	燕麥

表 5.2　包含一年生與多年生作物的輪作系統

年度	田區				
	A	B	C	D	E
1	高粱	玉米	玉米	大豆	紫花苜蓿
2	玉米	高粱	大豆	玉米	紫花苜蓿
3	大豆	玉米	玉米	高粱	紫花苜蓿
4	玉米	大豆	高粱	紫花苜蓿	玉米
5	高粱	玉米	玉米	紫花苜蓿	大豆

(2) 中部地區（一年輪作制）：水稻—水稻—菸草；水稻—水稻—小麥；水稻—瓜類；蔬菜—水稻—蔬菜。菸草栽培之目標質重於量，氮肥少施，多施鉀肥可使菸草品質提高，並增強對病蟲害之抗性，故水稻與菸草輪作可將全部鉀肥施用於菸草，於種植水稻時不再施用鉀肥，僅使水稻吸收其殘量。

(3) 南部地區：水稻—秋作玉米（一年輪作制）；春作高粱—水稻（一年輪作制）；水稻—夏作大豆—玉米（一年輪作制）；甘蔗—雜作—水稻—雜作—水稻（三年輪作制）。

(4) 高屏地區（一年輪作制）：水稻—水稻—雜糧（大豆、毛豆、紅豆）；水稻—水稻—蔬菜、菸草、洋蔥。水稻與大豆輪作為高屏地區經常可見的耕作制度，是在二期作水稻收割後，一期作水稻種植前行大豆種植。

作物輪作之優劣點（圖 5.3）

　　通常利用每年改變栽培方式，種植不同作物即可擾亂雜草生命週期。例如：冬季一年生雜草如野生芥菜與山羊草（goatgrass），會影響冬季一年生作物如冬小麥與冬大麥生長。此情況若輪作夏季一年生作物如玉米與大豆，則在初春時節正當冬季一年生雜草開花結實時進行整地與苗床準備工作，則可中斷雜草生命週期。

　　作物輪作也可有效管理許多昆蟲與病害。昆蟲如蠐螬（white grubworms）與切根蟲（夜盜蛾，cutworms）會取食禾本科作物根部，而豆科作物則不利於這些昆蟲發育。玉米切根蟲在玉米連作下勢必快速增加蟲口，若能採輪作制度則可有效控制蟲害。藉由適當的輪作制度可以將所有疾病控制達相當程度，甚至有許多疾病也可以達到完全控制的效果。例如：藉由簡單地輪作不敏感作物，可以控制禾穀類作物之瘡痂病（scab）、小麥黑粉病（flag smut）、豆類作物之炭疽病（anthracnose）與枯萎病（blight）（疫病），以及棉花之德州根腐病（Texas root rot）。經常性的輪作是控制害物僅有的經濟方法。

　　輪作經由土壤管理方式也可有效維持作物產量，例如輪作有助於保持土壤中之有機質與氮素含量，尤其豆科作物與固氮菌共生可增加土壤氮素。紫花苜蓿經過 2～3 年之旺盛生長，可提供後續玉米生長所需的基本氮素。輪作也可保護土壤免於風蝕與水蝕，尤其配種種植多年生作物更為有效。因為不同作物自土壤中吸收帶走之養分不同，輪作有助於養分平衡而減少施用肥料，例如玉米屬於高氮肥作物，但紫花苜蓿可以增加土壤氮素。此外，作物根部生長習性不同也會改變每年自土壤吸收水分與養分之程度。

　　因為輪作制度種植不同作物，係每年在不同時間進行種植、栽培、施肥、灌溉與收穫等工作，也使得農場操作中之勞力分配較為平均。輪作制度與連作制度比較，通常前者所需之能量、肥料與勞力之投入較少。

　　然而作物輪作也不一定是最佳的制度，經常性的政府計畫以及經濟、氣候與土壤因素等，使得在一特定地區更適合種植單一作物。當種植多種作物時必須考慮相關機械之需求，此種狀況會增加一些基本投資。此外，市場需求以及作物歉收等均會影響輪作制度。

　　在有經濟的肥料可用之前，作物輪作是維持地力主要的方法。而當肥料、能源及其他的投入成本提高時，作物輪作面積將會增加。與集約式連續栽種系統相比較，雖然輪作制度之生產水準會下降，但因其降低投入之成本造成總收益可能增加。

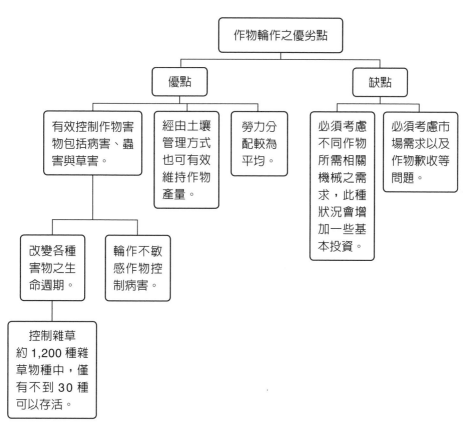

圖 5.3　作物輪作之優劣點。

連續栽種作物制度

　　連續栽種作物（連作）制度（continuous cropping system），意即在相同土地上一年接著一年僅種植一種作物，亦稱為「單作制度」（monoculture system）。連作與輪作相對立，在能源投入較便宜之企業化農耕中，連作制度屬於占優勢之耕作制度。若是土壤能藉由適當的施肥與水土保持以維持生產力，則連作有可能維持高產。連作是根據當地自然環境、農場大小、市場供需、經營利潤等將耕地栽培作物之方式做適當的安排，逐漸形成的一種栽培制度。

連作制度之優劣點

　　在外在投入（如肥料、農藥等）較便宜的地方，當所種植之作物高產且非常適合當地之土壤與氣候時，連作制度通常有利可圖。但在連作制度下除非在良好管理下增加投入，否則將造成減產與減少收益（圖5.4）。

　　對農民而言，連作可熟悉該作物的栽培技術，但易發生種種弊害，如土壤養分偏失，作物產生之相剋作用影響作物之收量與品質等。連作之弊害程度依作物種類、土壤質地而異，一般禾本科、十字花科、百合科、繖形科等作物較耐連作，而豆科、菊科及葫蘆科較不耐連作，此因前者易使土壤肥分逐漸降低。夏季作物較冬季作物忌連作，此因作物在夏季高溫所形成之有害物質較多，且病蟲害容易蔓延所致。土壤質地以砂質土連作之害處較小，黏土或腐植土較大。

　　連作雖有許多弊害，但在某些作物生產上仍為目前最盛行之栽培制度。其原因是：(1) 為重要的糧食作物或其經濟價值大，其他作物難以代替者，如臺灣國內種植之水稻；(2) 連作可提高品質者，如菸草、棉等；(3) 栽培技術的進步可減少連作之不利，且可獲得厚利者。

　　作物依其耐連作之性質可分為七類，包括：
1. 連作可提高產品品質之作物，如大麻、菸草、棉、甘蔗、洋蔥、南瓜。
2. 連作危害較少之作物，如稻、麥類、玉米、小米、甘藍、花椰菜。
3. 需間隔一年才可在原地栽培的作物，如蔥、菠菜、大豆。
4. 需間隔二年才可在原地栽培的作物，如馬鈴薯、蠶豆、落花生、胡瓜。
5. 需間隔三年才可在原地栽培的作物，如番茄、青椒。
6. 需間隔五年才可在原地栽培的作物，如西瓜、茄子、豌豆。

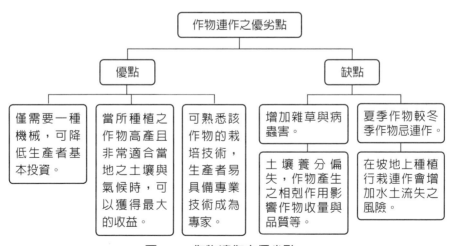

圖5.4　作物連作之優劣點。

複合種植作物（複作）制度

　　複合種植作物（複作）制度（multiple cropping systems）係指在一個生長季節中，在單一田區種植多種類型作物之生產方式。複作與單作相對立，在此所指的「單作」是在單一田區種植單一作物種類，不同於先前所指的「單作制度」。複作制度在氣候溫暖，雨量多或灌溉良好而周年作物皆可生長的地區頗為盛行，在人多地狹之地區尤為普遍。臺灣氣候溫暖，農民為了充分利用有限的農地，複作甚為發達，例如中南部水田一年內除了種植兩期水稻外，尚利用多季裡作玉米、大豆、毛豆、紅豆、小麥、菸草、馬鈴薯、綠肥或蔬菜等作物，複作指數（一年種植一次者為 100%，二次者為 200%，餘類推）相當高，近年因工商業發達，農村勞力缺乏，複作指數逐年降低。所謂複作指數係指「同一塊土地一年內種植次數的百分比」，其計算公式為「複作指數＝種植次數的和 ÷ 土地塊數 ×100」，例如「複作指數＝（水稻 1 次＋玉米 1 次＋甘蔗 1 次）÷2 塊土地 ×100 ＝ 150」。複作制度種類很多，部分說明如下：

一、混作

　　在同一塊耕地上，同時栽培兩種以上的作物，且作物彼此間並無主副之別者，稱為混作（mixed cropping）。例如歐美國家許多牧場常採用豆科牧草和禾本科牧草混作。

二、間作

　　間作（intercropping）即在相同田區同時種植兩種以上不同作物之生產方式，通常這些作物以交替行（alternating rows）或行組（groups of rows）方式種植，以配合農機操作。例如在玉米種植行之間交替種植大豆即為間作。由於不同作物彼此互補，若能適當地選擇作物與管理，可使土地利用獲得最大生產力。例如大豆與玉米間作，大豆可以提供氮素給玉米，而玉米則可避免大豆熱與風之傷害（圖 5.5）。

　　間作有主作物（main crop）及間作物（inter crop）之分，此與混作不同。例如在甘蔗行間種植花生，則甘蔗為主作物，花生為間作物。間作後若二種作物之生長狀態難有主副之分時，則亦可視為混作或伴作（companion cropping）。此外，在前作未收穫而後作急待播種時，乃將後作播種於前作行間，亦為間作之一種，譬如臺灣過去曾盛行之稻田糊仔栽培（relay planting）。

　　糊仔栽培之「糊仔」一詞為臺灣農家用語，形容農作物的種苗種植於糊狀之泥土上。糊仔栽培指水稻未成熟收穫前於稻株行間先行種植其他作物，待水稻收穫後行間所種植之作物已長成相當大之幼苗。糊仔栽培為臺灣水田多季裡作所常用之栽培方法，其目的是在不妨礙水稻生育的前提下，使後作能趕上播種期。此種栽培方式過去在臺灣曾盛極一時，其中以糊仔甘藷及糊仔甘蔗最為普遍。惟糊仔栽培頗為費工，近年工資高漲，故已少見。一般所稱之「relay planting」是泛指前作（不論何種作物，但糊仔栽培指的是水稻）未成熟收穫前，在其行間栽培其他作物之意，糊仔栽培是其中之一種，也都是間作的一種形式。

圖 5.5　混作（左）與間作（右）。

大豆帶　　　　　　　　　　玉米帶

圖 5.6　帶狀間作。

　　田間種植數種不同類型作物，較之僅有一種作物之單作方式，可提供較為穩定之生態系統。若能有適當之安排設計，每種作物類型將可填充特定的生態區位（ecological niche），且可以降低物種間競爭。雖然在複作制度下每種作物之產量低於單作下之產量，但整個田間之總產量可望增加。

　　間作制度實施的國家必須考慮農機與人力因素，如美國因大面積作物以農機收穫，故幾乎沒有間作制度。然而，在人力資源充沛之國家則可採用間作制度，順利完成收穫與分類作物。

1. 帶狀間作

　　帶狀間作（strip intercropping）之種植方式是在田區中種植兩種或兩種以上作物，各作物有 4 至 8 行之條帶交替排列種植（圖 5.6）。帶狀間作允許使用機械播種機與收穫機，而能保留一些間作優點。一般之帶狀間作制度下，輪流變換大豆與玉米種植條帶，藉由每年輪作作物條帶則可獲得許多輪作優點。此外，玉米可以從每一個條帶邊緣位置之大豆邊際獲得好處，而且在兩條帶之間之病蟲害傳播較少。

2. 接替間作

　　接替間作（又名疊種、疊作、套作，relay intercropping）是另一中間作方式（圖5.7），意即先行種植之第一種作物採收前，在該作物旁邊再播種第二種作物，例如在冬小麥成熟前，大約四月下旬或五月，於麥田中播種大豆。之後冬小麥於六月下旬或七月上旬收穫，留下大豆繼續生長至成熟。此種接替間作結合間作與雙作（double cropping）之特色。在此制度下，第一種作物較第二種作物有競爭優勢，當前者根系完全發育時，後之幼苗根系受限較難取得水分與養分，因此必須慎選接替間作之兩種作物組合。第一種作物之葉片植冠（leaf canopy）不宜太密，而第二種作物在低光照下必須能存活。也可在第二種作物幼苗旁邊施肥與灌溉有助於其生長。

三、雙作

　　雙作（double cropping）又稱為續作（sequential cropping）（圖 5.7），意即在相同年度相同田區種植兩種或兩種以上作物，採先後種植方式，此種方式異於間作，兩種（或以上）作物並非種在一起，而是緊接著另一種作物收穫之後再種植。例如在冬小麥收穫之後，約六月或七月再種植大豆，之後於秋天再收穫大豆。

　　在美國水分供應適當且生長季節之時間足以讓第二種作物成熟的地區，也可採用雙作方式。雙作最大之優點是以兩種作物生產取代一種作物生產，然而因為受限於水分供應與生長季節，第二種作物之產量通常會減少。有時候雙作下不易控制雜草，當生長季節種植第二種作物較晚時，因為土壤溫暖所以雜草幼苗生長旺盛其競爭力高於作物幼苗。此外，當一種作物緊接著另一種作物種植時，除草劑殘留成為關鍵問題。通常前作會消耗土壤水分，因此需要降雨或灌溉以確保後作發芽與生長。雖然雙作有其缺點，但因生產者致力於提高產量，所以此種生產方式變得較為普遍。

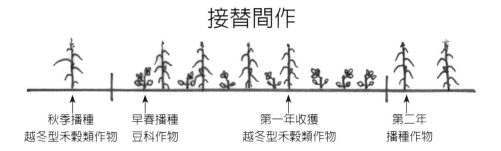

接替間作

秋季播種
越冬型禾穀類作物

早春播種
豆科作物

第一年收獲
越冬型禾穀類作物

第二年
播種作物

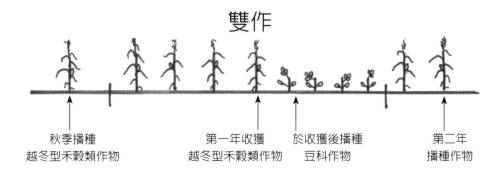

雙作

秋季播種
越冬型禾穀類作物

第一年收獲
越冬型禾穀類作物

於收獲後播種
豆科作物

第二年
播種作物

圖 5.7　接替間作（上，又名疊種、疊作、套作）與雙作（下，又稱為續作）。

單期作與雙期作

　　臺灣國內作物依照一年種植之次數可分為單期作與雙期作。單期作指在同一塊田地一年只種植作物一次者稱為單期作（一年一作）。地球在緯度較高的北方，由於無霜期短，只能實施單期作。在溫帶南部及熱帶地區，如有充足的雨水或灌溉配合，一般都可實施雙期作甚至三期作。臺灣氣候溫暖，雨量充足，灌溉發達，實施單期作的地區不多。

　　雙期作係指在同一田地一年種植作物二次之耕種方式稱為雙期作。在溫帶南部春夏栽培夏季作物，如水稻、玉米、甘薯、大豆、落花生等，於秋冬種植冬麥類、油菜等。為掌握農時，溫帶南部實施雙期作時常需採用生育期較短之早熟品種，但在熱帶及亞熱帶則不受此限制，例如臺灣之耕地每年至少可二作，即一年種植兩期水稻或一期水稻一期雜作。

休耕制度

休耕制度（fallow system）（圖 5.8）是要讓土地至少有一個生長季節不種植作物。在美國高原地區一般作法是冬小麥與休耕替換，在此小麥—休耕制度下，每兩年種植一次小麥，但因產量增加一倍以上，故總產量高於連續種植兩年小麥。休耕制度下，最好的作法是在冬小麥種植之前休耕，如此小麥種植時可以充分有效地利用先前貯存的水分，而且冬小麥種植期間，尤其冬季與初春侵蝕作用最大時，其植被可以保護土地，且在夏季降水最多時休耕也可貯存較多的水分。

土壤結構與殘株類型會部分決定土壤表面能保留之作物殘株最低量。砂質土壤（sandy soils）較坋質土壤（silt soils）與黏質土壤（clay soils）需要較多的殘株覆蓋，而且較細的殘株如麥稈比粗的殘株如玉米、高粱有較佳的保護作用。近年來休耕期間由於增加使用除草劑控制雜草，因而減少所需之翻耕操作次數，此通稱為生態休耕（ecofallow）。為取得最佳效果，應在小麥收穫後立即施用除草劑以便留下殘株敷蓋土地。此種作法通常會得到較佳的休耕效率（fallow efficiency），意即，可以提高貯存於土壤中供下期作物利用之水分比例。然而，即使在最佳管理狀況下，休耕期間之降水也僅能貯存約 30～35% 供後作物利用，如未妥善管理則休耕效率更低。

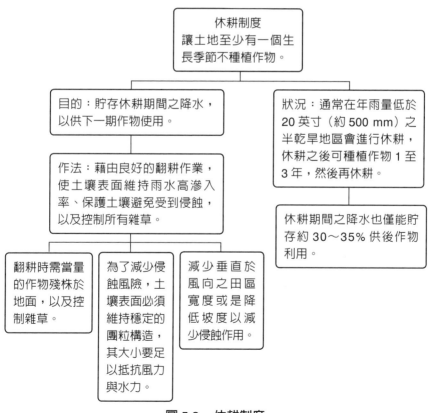

圖 5.8　休耕制度。

永續農耕制度

　　近 50 年來由於石油能源、以及直接或間接衍生自石油之農用化學品
（agrochemicals）成本增加，因此需要尋求這些作物生產投入之替代方案。當人類考
慮到因經常或重度使用農藥對於環境、人畜潛在健康風險以及食品安全性等可能之
衝擊，會促使生產者探索或採用其他控制病蟲害與雜草之方法。此外，值得關心的
還包括因土壤侵蝕、有機質減少、土壤沉積物與農藥引起之表面水之汙染，所造成
之土壤生產力不斷下降。基於上述諸因素，逐漸發展出替代性農業制度（alternative
agricultural systems）。

　　有機農法（organic farming）的作物生產制度是禁止或嚴重限制使用人工製造（非
天然製品）之農業化學品（agrichemicals），包括所有農藥、肥料、生長調節劑及家
畜飼料添加劑。永續農業之生產制度致力於大量減少外購投入之程度，與減少作物耕
作對於環境之衝擊。永續農業並未完全禁絕使用化學農藥與肥料，但要減少使用。

　　永續農耕制度（sustainable farming systems）之關鍵前提是在環境之物理性與生
物性限制條件內能夠維持長期的生產力，而且在社會的「社會—經濟約束」（socio-
economic constraints）條件下，生產者能夠維持其經濟活力。在永續農耕制度下配合
適當的管理，則作物產量可媲美傳統需要高投入之作物栽培系統之產量。

　　在有機農法與永續農法兩種制度下，可藉由作物輪作、豆科作物、動物廢棄
物、綠肥、農場內外所產生之其他有機廢棄物、作物殘株管理，以及廣泛使用水土保
持措施等維持土地生產力。雜草與病蟲害也可經由作物輪作、整地翻耕與栽培、調整
種植日期、使用抗性作物品種等方式加以控制。

維持土壤肥力

　　利用作物輪作，尤其搭配豆科作物與多年生禾本科作物，是維持土壤有機質含
量與增加土壤氮素利用的有效方法。利用綠肥作物雖然可以暫時增加植物養分之利用
性，但此種作法無法維持或增加原本土壤之養分供給。在完全的有機系統中，必須經
由動物糞肥或其他高養分之有機質以補充氮素以外之養分。小心管理作物殘株是養分
再循環利用之有效方法，而土壤保育措施也可避免養分因土壤侵蝕而流失，然而此二
者本質上均無法增加土壤養分。假如沒有另外添加養分如磷、鉀、硫、鈣、鎂及所
需之微量元素，不可能自土壤有機質礦物化及土壤礦物釋出養分以生產適當的作物
產量。

雜草控制

　　慣行與有機作物生產者均會使用到非化學方式控制雜草，但通常有機農民在管理上有較專業之技術，因為這是唯一的雜草控制方式。作物輪作因打破或干擾害物之生命週期而能控制病蟲害。藉由改變作物種類及栽培季節，例如冬季一年生、夏季一年生及多年生作物，可減少雜草生長，或是以翻耕整地栽培等方式控制雜草。翻耕整地栽培可破壞雜草幼苗，且可使苗床增溫加速作物幼苗出土。高栽培密度與窄行距提供作物植冠遮蔽土壤表面，以減少雜草種子萌芽。以作物殘株或其他有機資材敷蓋是抑制雜草生長及減少萌芽的有效方法，但難以運用於整個田間。經由寄生性昆蟲與病原菌感染之生物性控制，及選擇適當作物以控制雜草，或許是未來非化學方式控制雜草之可能發展。

害物控制

　　有機農民可使用耐性及抗性品種、作物輪作、作物殘株管理及調整作物種植日期等方式以避開昆蟲危害，以及利用控制雜草方式破壞昆蟲繁殖與越冬場所。然而，大部分的方法僅針對特定昆蟲與特定作物有效，目前尚無針對多重害物可用之遺傳抗性。目前已經成功發展與使用一些生物性控制，或是利用肉食性寄生昆蟲、昆蟲疾病與性干擾技術。通常這些方法尚未普遍適用且難以管理。（註：狹義之 pest 係指蟲害，廣義定義則包括病害、蟲害與草害）

疾病控制

　　最常使用之疾病控制（disease control）方法即為利用作物抗性（或耐性）品種（varieties）與雜交種（hybrids）。有機農民常用最新的抗性品種與栽培措施以控制病害。

產量水準

　　有機農法與永續農業使用很少的農場外購置之投入，而傾向於比慣行農法需要較多的勞力與密集的資訊。有機農法與永續農業所獲得的作物產量通常與慣行農法之產量相同或略低，但因以禾本科、豆科作物以及較低價之飼料用穀粒作物（如以燕麥或大麥作為相伴作物）進行輪作，故其總收入可能較低。然而，由於有機農法與永續農業較少購置之投資，故其經濟報酬可能與慣行農法相同。在未來採用有機農法與永續農業之比例決定於許多經濟、政治與社會因素，需要更多的試驗研究修改目前所採用之錯誤技術。

灌溉技術

　　作物生育期間若能配合適當的灌溉，將可大幅提高作物的產量。灌溉水的取得，通常要花費巨額的開發費用，例如興建水庫、引水及灌溉管路的構築等都需要投入龐大的資金。依照受益者付費的原則，農田灌溉都要繳納水費，且其數額不小。因此現今灌溉技術都朝向節省用水的方向發展，以發揮灌溉水的最大效益。田間常用的灌溉方法如下：

1. 漫灌或淹灌

　　漫灌或淹灌（flooding）係由灌溉溝渠引水灌溉整個田面。通常水田灌溉採用此法，旱田則因田面不平較少採用。漫灌法需要大量的灌溉水，在水源充足的地方才能採行。

2. 溝灌

　　溝灌（furrow irrigation）僅將灌溉水灌入行間或畦間所設置的灌溉排水溝，溝中的水分再向兩側滲透進入行內或畦內的土壤中，供作物利用。溝灌現今在旱田仍普遍為農民採用，比漫灌可節省灌溉水。

3. 噴灌或噴灑灌溉

　　噴灌或噴灑灌溉（sprinkler irrigation）（圖 5.9）係利用噴嘴（nozzle）和加壓設備使灌溉水以細小水滴由上方向植株噴灑，有如下雨之一種灌溉法，噴灌可節省灌溉水及人工，在乾旱或半乾旱地區非常盛行。作物所需的微量元素肥料亦可溶於灌溉水中隨灌溉水之噴灑而施於田間。

4. 滴灌

　　滴灌（trickle irrigation, drip irrigation）（圖 5.10）係以低壓之輸水管將灌溉水輸送至田間，再由許多支分水管分送至行間或株間，分水管上每隔一定距離裝設一個滴嘴，灌溉水以水滴方式由滴嘴持續滴入作物根際之土壤中，由滴水時間之長短控制灌溉水量。

　　滴灌是最省水的灌溉方法，所需要的水管及滴嘴均可採用價格低廉之塑膠產品，惟灌溉管路及滴嘴的維護比較麻煩，是其缺點。現今採用設施栽培（protected cultivation）者如在溫室、網室栽培的作物大都採用這種灌溉方法。滴灌通常每一植株裝設一個滴嘴，但植株小的作物亦可由一個滴嘴供應數株灌溉水的需要。反之，大的植株如果樹，則可在根除周圍裝設數個滴嘴供應灌溉水。

5. 地下灌溉

　　地下灌溉（subirrigation）係在土壤底層裝設水管灌溉，使灌溉水經由毛細管上升至作物根際而由根部吸收利用。惟地下底層需有一不透水層，以免灌溉水滲漏損失。地下灌溉可以防止土表形成硬殼，避免地表水分蒸發損失，但埋水管費時費錢，因此採用並不普遍。

圖 5.9　茶園噴灌系統配合定時開關設定每日噴灌時間（圖為國立中興大學農資院於 2014 年設立之有機茶園）。

圖 5.10　茶園滴灌系統配合定時開關設定每日滴灌時間（圖為國立中興大學農資院於 2014 年設立之有機茶園）。

收穫、乾燥及貯藏

　　大部分農作物栽培的目的是為了收取其產品供吾人利用，因此凡由田間收取作物產品之過程統稱為收穫（harvest）。作物的種類相當多，收穫期適當與否不但影響產量和品質，亦影響收穫後之調製及貯藏效果。因此必須把握收穫適期及時收穫，以獲得最大、最佳之產品及最高之利潤。茲將收穫適期的型態分述如下：

1. 作物的收穫適期，因作物種類、品種特性、季節及利用目的而異。一般作物之收穫適期可依下列原則決定：

   (1) 收穫部位的產量達最高時；(2) 收穫部位的主要利用成分達最大時；(3) 收穫部位之成熟度適合吾人需要時。

2. 在實際操作上，有時為了下列理由而在作物尚未完全成熟或達到市場上所要求之成熟度前就採收：

   (1) 成熟期不一致，為了避免先成熟部分過熟，而在整株所有收穫部位達到某一成熟度時就收穫，例如落花生、綠豆。

   (2) 需要長時間運輸至市場（國外市場），避免運抵市場前過熟或損壞，以園產品之水果最常見。

   (3) 市場價格高時，雖犧牲部分品質提早採收，但可能獲得較高利潤。

   (4) 成熟期間遭逢或預期有惡劣之氣候環境及病蟲害，為避免受損而提前收穫。

   (5) 此種作物在成熟時極易損壞。

　　作物到達收穫適期時，在外觀上如色澤、形狀等皆會表現該一作物之成熟特徵，是作物生產者用來判斷收穫適期之依據。現將各類作物之成熟特徵與收穫適期分述如下：

1. 禾穀類

　　禾穀類作物之收穫部位為穀實（或稱為種實、穀粒），穀實的成熟過程可分為五個階段，包括乳熟期、糊熟期、黃熟期、完熟期及枯熟期。以水稻為例，通常在黃熟後期或完熟期收穫最為恰當，此時大多數稻穗上之穀粒呈金黃色，且飽滿堅硬，僅穗基部 2/3 穀粒尚呈黃綠色。如收穫過早則收量減少，青米多，過遲收穫則易落粒、穀粒褪色枯白、品質變劣、遇風雨易倒伏，致使收穫困難，甚至發生穗上發芽。另外，麥類則在植株莖葉變黃，麥穗枯黃，全麥田接近完熟期時即可收穫。玉米在果穗苞葉枯白、籽粒堅硬時為收穫適期。

2. 豆類

　　一般豆類作物之收穫期決定於葉色與果莢顏色。

(1) 大豆成熟時葉黃化脫落，果莢變黃褐色，種子乾硬，則為收穫適期（R8）；收穫太早，青莢多，豆粒仍帶綠色（毛豆 R5～R6），品質不佳；收穫太遲，則果莢易裂開而損失產量，品質亦變差。

(2) 落花生同一株的莢果成熟期不一致，通常植株下部葉片變黃，大部分莢果已充實，莢殼網紋明顯，內側變褐色，即為成熟特徵，應立即收穫，過遲收穫易引起莢果脫落土中，造成莢果地中萌芽或感染黃麴黴菌。

(3) 紅豆在葉片黃化脫落，莢果由綠色轉變爲黃白色或褐色，植株乾枯時，爲收穫適期。

(4) 綠豆則在大部分莢果變黃或黃褐色時就可開始採收，過遲收穫容易導致裂莢落粒損失。

3. 地下根及莖類

澱粉用者以地下塊根或塊莖之貯藏物質（澱粉）及產量均達最高時爲收穫適期，但外觀上常無明顯表徵，甘薯一般在種植後 5～6 個月，一年生春植樹薯，在翌年 1～3 月間收穫，春植二年生樹薯則至翌年 12 月間收穫。食用者如甘薯（秋末莖葉停止生長）及馬鈴薯（莖葉枯萎，葉片脫落），應在藷（薯）形大小及形狀符合市場需要時收穫。

4. 牧草

一般愈早收穫其適口性愈佳，消化率愈高，但產量少。因此爲了兼顧質與量，收穫期不能太早和太遲。禾草類、三葉草和苜蓿之最適收穫期通常在開花早期與盛花期之間。能產生大量籽實者，如青割玉米、大豆等則應稍遲收割，讓籽實充分充實，以提高飼料品質。

5. 糖料作物

以收穫部位（甘蔗爲蔗莖，甜菜爲肥大根）之含糖量達最高爲原則。就甘蔗而言，此時葉色變黃，下位葉脫落僅梢頭部有少數綠葉，莖變硬等特徵；蔗莖含糖量可利用手提錘度計測定蔗汁濃度，錘度（Brix）最大時，表示蔗汁糖度最大。

6. 菸草

菸葉成熟的徵狀，爲葉色由綠色變成黃綠色，中脈及背面呈黃白色，葉面茸毛脫落，本葉、天葉之膠脂分泌增多，葉片脆而易折，葉片下垂且與莖幹所成的角度增大等。（菸葉葉片依照生長位置由下往上區分，可分爲土葉、薄葉、中葉、本葉、厚葉及天葉等六組）

7. 纖維作物

麻類在下位葉凋落，莖稍帶黃褐色時即可收穫，若待纖維過度硬化，雖然收量大，但品質變劣，因此必須提早收穫才可獲得良好品質；棉花則在吐絮後收穫。

8. 茶葉

當枝條上之茶芽（採摘芽）生長至具有 5 枚葉片以上，兒茶素（catechin）含量最高時，即應採收。若有對口葉（banji leaves）（圖 5.11，5.12）發生，表示茶芽已過老，但對於烏龍茶之製作而言，對口葉則爲適當之茶菁原料。所謂「對口葉」係指枝條上方茶芽生長至最後階段時，枝梢頂端僅存小點之休眠芽，此時該枝條停止生長，而在休眠芽下方兩片完全展開葉稱之爲對口葉。植物學上茶樹葉片著生屬於互生，但因兩葉片位置相近，故稱之爲對口葉。

9. 蔬果類

果菜、葉菜不論何時都可供食用，收穫期愈早，市場價格愈高，均在未成熟前採收，收量雖少，但可提高價格，太晚採收纖維增加或抽苔不適食用。但西瓜、甜瓜需成熟才採收。

圖 5.11　茶菁一心二葉（左）與對口葉（右）。

圖 5.12　茶樹於經過 3～5 年之幼木期之後即進入成木期，此後開始進行經濟採
　　　　摘茶菁，供製茶葉。

10. 果樹

　　果實充實、風味極佳時採收最好，但易於腐爛，不耐貯藏運輸，故在商業上多未完熟前採收，以便在貯藏或運輸過程中追熟。所謂追熟係指可完成養分輸送，使種實內所含的成分起化學變化，藉以增加貯力。如香蕉、木瓜、芒果、西洋梨。

一、收穫方法

1. 刈割法

　　禾穀類、豆類及牧草適用此法。一般落後國家都利用鐮刀自莖基部刈取，再行脫粒。但先進國家收穫作業都已機械化，各種作物有其專用之收穫機，例如水稻、小麥都以聯合收穫機（combine）收穫。該機不但能刈割植株，並能進行脫粒、風選或篩選、清除雜物和裝袋，更能排出草稈及切稈等作業，但收穫前必須注意穀粒含水量，含水量過高穀粒容易受損傷，水稻穀粒含水量宜在 25% 以下，稻稈含水量以 75% 以下為適當。

　　臺灣甘蔗的採收早期是利用人工，先用鋤頭自基部割取蔗莖，再削除蔗葉，去蔗尾（梢頭部），切割成 2～3 段，蒐集成束，再搬運至糖廠壓榨，自 1970 年開始，已改用收穫機收穫。

2. 掘取法

　　地下根及莖類作物採用此法，例如甘薯、馬鈴薯、樹薯、甜菜及人參等。甘薯或馬鈴薯的收穫，可利用塊根掘起機，自土壤中挖出塊根或塊莖，經選藷（薯）後輸送至裝載車或放置田間。作業前須先除去藷蔓，但大型甘薯收穫機可將割蔓與掘藷（薯）等作業一次完成。

3. 摘取法

　　適用於茶、咖啡、棉、菸草等作物，在收穫適期摘取收穫部位。早期採摘作業多以人工或利用剪刀採取之，近年多改用機械，例如棉花利用棉花採收機、茶葉利用採摘機進行收穫工作。臺灣茶葉採摘早期概用人工。現今許多茶園已改用茶葉採摘機採茶，凡採摘面平整、茶芽整齊，樹高在 60～90 cm，坡度不大的茶園，皆可使用小型動力採摘機或雙人式採摘機採茶，每天約可採摘 1,400～2,200 kg 的茶菁。但為了取得標準的茶菁，以調製高品質及高價位的茶菁（多為部分發酵茶，如包種茶或烏龍茶），許多茶農仍採用人工採摘。

4. 拔取法

　　收穫後，必須經水洗或浸水的作物均用拔取法，如園藝作物蘿蔔與蔥等。

二、收穫後乾燥

　　作物收穫後必須乾燥，乾燥的目的在去除收穫物內的水分，使其含水量降至安全範圍，避免發芽、發霉、發熱，甚至腐爛，並延長貯藏期限。乾燥的方法有二種：即自然乾燥法及機械乾燥法。

1. 自然乾燥法

　　利用日光、風吹，使作物水分減少。常用的方法有三種：平乾法、立乾法及架乾法。

(1) 平乾法係將收穫物平鋪或排列成覆瓦狀於晒場上乾燥之，每天翻轉二、三次，使乾燥均一。大部分作物如水稻、小麥、落花生、大豆、玉米、高粱等均用此方法。臺灣稻穀乾燥法過去都將稻穀攤在晒場上，鋪成波狀長條，每隔 30 分鐘左右上下層翻轉一次，但陽光強烈的上午 11 點至下午 2 點間，應增加翻轉次數，避免表面溫度過高。夜間則集成穀堆，上面覆蓋塑膠布，翌日上午再披開乾燥。乾燥所需時間，依日照長短與強弱而異，晴天第一期作約需 3～4 天，第二期作約需 5 天，稻穀含水量降至 13% 以下即可。

(2) 立乾法係將收穫物捆成適當大小之束，互相堆立，排列成屋脊狀而乾燥之，如胡麻。

(3) 架乾法係先用竹木造架，將收穫物捆成一束而掛於架上乾燥之。

2. 機械乾燥法

利用自然乾燥法難免將灰塵土砂夾雜到穀實中，且需晒場空間，所費勞力亦多，若逢雨季，很難迅速乾燥，品質不易控制。因此，近年來採用乾燥機乾燥已日趨普遍。機械乾燥法比傳統乾燥法除可節省勞力外，尚可日夜操作，縮短乾燥時間（圖5.13）。

機械乾燥機有箱式及循環式二種，箱式乾燥機容量較小，構造較簡單，主要為熱風機與乾燥箱兩部分，每批次乾燥量約為 600～1,000 kg，適於一般小農場使用，每批乾燥需時 14～20 小時，平均每小時可減少水分含量 0.5～0.7%。除可乾燥稻穀外，尚可乾燥豆類、瓜子、香菇、竹木、龍眼、筍乾、魚乾和大蒜等無特定形式的農產品。循環式乾燥機的構造較箱式複雜，乾燥容量較大，由 1.5～4.0 公噸不等，乾燥速率較箱式為快，每小時約可減少水分含量 0.8～1.0% 左右。

三、收穫後貯藏

作物經收穫、乾燥後，未出售前需先加以貯藏，如係種子也需貯藏至下一個播種期。不良的貯藏方法或場所容易發生霉爛、蟲蛀、鼠害、品質劣化、種子發芽力減退等現象，損失至大。

1. 影響貯藏的重要因素

(1) 水分含量：水分含量與產品能否長久貯藏有密切的關係，穀實中如果水分含量高，則呼吸加快，穀溫升高，黴菌、害蟲繁殖也快，更助長發熱，造成熱損（heat damage）。一般禾穀類作物如水稻、玉米、高粱、小麥、大麥、粟等，其種實之安全貯藏水分含量必須在 13% 以下，豆類籽實及油籽最好在 11% 以下。

(2) 相對溼度：經乾燥後的作物產品，應放置於相對溼度低或乾燥的地方貯藏。貯藏場所溼度高時，作物產品可從空氣中吸收水分，而發生「還潮」現象。臺灣的氣候比較潮溼，相對溼度經常高達 80～90%，使產品的貯藏特別困難。

(3) 溫度：溫度對於穀物或其他產品貯藏的影響與相對溼度一樣的重要。這二項因素，大體上就可決定作物產品的安全貯藏期限。高溫會加速昆蟲、微生物的繁殖、穀物的呼吸速率，因此貯藏期間應盡可能維持低溫或放置在冷涼的地方（圖5.13）。

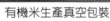

有機米生產實習工廠	碾製完成之有機白米	有機米生產真空包裝

稻穀收穫後先行烘乾	烘穀機	烘穀機

烘乾稻穀於低溫下保存	烘乾稻穀於低溫下保存	出售前經三道碾米過程

碾米過程中之產品	紅外線篩選（色選）米粒	出廠前真空包裝

圖 5.13　興大有機米生產過程中水稻收穫後之處理。

(4) 昆蟲：昆蟲蛀食穀粒，使穀物損耗並降低品質和發芽力。昆蟲之殘骸和糞便還會汙染穀物。

(5) 黴菌：穀物感染黴菌除會降低品質外，尚會發熱、產生霉味，某些黴菌還會分泌有毒的代謝物質如黃麴毒素（aflatoxin）。一般而言，黴菌在水分含量 13.5% 以上的穀物中才能生存繁殖。因此要避免黴菌感染的方法為低溫、乾燥和適當的通風。

2. 貯藏方法

(1) 倉庫貯藏：大量穀物之貯藏可利用倉庫。倉庫必須具備乾燥、通風與隔溫（絕緣）等條件，構造要簡單，使鼠類無法躲藏，內窗能密閉，以便藥品燻蒸害蟲及消毒。

(2) 密封貯藏：試驗或育種用的少量種子盛於玻璃或金屬罐內，或放在乾燥器，加入吸溼劑（乾燥劑），再用膠布密封，以免受空氣溼度之影響，並應避免陽光直射。

(3) 低溫貯藏：將種子貯藏在 10℃至零下 5～10℃的地下室或冰箱、冷藏庫（例如國家種原庫）等地方，以減少種子呼吸作用，酵素活性及其他化學變化之進行。臺灣行政院農業委員會農業試驗所之國家種原中心亦與挪威農糧部北歐遺傳資源中心（NordGen）於 2009 年 2 月 26 日共同簽署全球種子庫（SGSV）備份保存計畫協定，未來我國將依協定陸續提供水稻、雜糧、蔬菜等共約 12,000 份種子保存於全球種子庫中，以作為世界作物種原備份保存之用，並為我國農業之國際合作與發展再創新頁。

(4) 充氣貯藏：將氮氣、二氧化碳等氣體裝入盛放產品之密閉貯藏器內，以降低氧氣的含量，抑制種子的呼吸作用及自然氧化作用。

(5) 真空貯藏：適用於塑膠袋小包裝產品，將袋內空氣抽除（填充少量 CO_2），使袋內無氧氣存在（圖 5.13）。

第 6 章
作物與水

　　作物體內通常水分含量占 70～80%，種子成熟貯存時水分約占 10～15%。快速生長之禾草類作物，其水分含量約 70～90%。水分含量多寡會受到株齡、物種、組織及環境條件影響。作物生長時體內所需的養分，一部分是根部從土壤中吸收礦物元素後經木質部蒸散流之水分轉運至地上部，另一部分則由葉部進行行光合作用光反應裂解水分子後，再經暗反應產生光合產物。此外，作物蒸散作用調控氣孔開閉與溫度均與水分有關，顯見水分參與作物生長之重要角色。

　　影響作物生長發育的水分，主受空氣中的溼度及土壤水分左右，而降雨量為決定空氣溼度及土壤水分的主要原因。降雨量及降雨日數影響耕地土壤的溼度，土壤溼度不僅影響整地、播種及田間管理作業，甚且影響土壤微生物的活動、病蟲害的發生及土壤理化性質等。

　　水為作物不能缺少之物質，植物細胞原生質含有 75% 以上之水分，水分參與植物代謝，與植物生命息息相關。水對植物的重要性為：

1. 構成原生質重要成分，維持植物生命狀態以進行各種代謝反應。
2. 水分多存在於細胞原生質之液胞（泡）中，以維持細胞膨壓，使植株成形及直立不倒伏。因為有膨壓植物細胞才能增大、維持結構（圖 6.1）。
3. 水之比熱大，可穩定植體溫度，並利用蒸散作用調節作物葉片溫度。
4. 幫助養分的吸收運輸，所有物質不論在木質部或韌皮部轉運，均需以水溶液狀態進行，水是物質移動之重要媒介。
5. 參與植物體內各種生理代謝反應，所有生化反應均須在水溶液狀態下進行，水分為化學反應之溶劑及媒介。
6. 提供作物進行光合作用、水解反應及其他化學反應之原料。

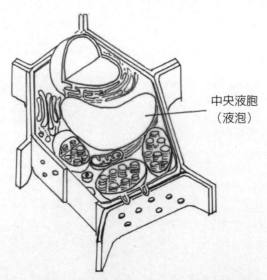

中央液胞
（液泡）

圖 6.1　細胞中中央液胞存在水分以調控細胞膨壓。

作物細胞之水分生理

1. 作物細胞內部構造

　　作物細胞的細胞壁內即爲細胞膜，膜內爲原生質（protoplasm），係由蛋白質、醣類、脂質、核酸、無機鹽類及水分所構成之膠狀物質。原生質中含有一些胞器（organelle）具特殊構造與功能，如葉綠體（chloroplast）、粒線體（mitochondria）、核糖體、液胞及細胞核等。其中液胞是水分主要貯存部位，其中之水溶液稱爲細胞液（cell sap）。

2. 作物細胞壁構造與通透性

　　作物細胞壁之成分一般係由纖維素（cellulose）、半纖維素（hemicellulose）及果膠質（pectin）所構成。其中纖維素爲細胞壁之骨架，集合形成原纖維（fibril）後在細胞壁中並排成層，同層之纖維平行排列，鄰層之纖維則交錯排列成網狀。交錯纖維之間空隙則有半纖維素及果膠質填充。此外，尚有木質素（lignin）、角質（cutin）及木栓質（suberin）添充其間。由於細胞壁孔度大，故允許水分與溶質通過，具有完全通透性。若細胞壁填充有不透水之蠟質成分或角質化，則水分必須經由原生質（聯絡）絲（plasmodesmata）移動，例如水分經過根部卡氏帶時，即以此方式進入中柱。

　　細胞壁具有伸縮性，藉由氫鍵可控制鬆弛細胞壁結構，以配合細胞吸水後膨壓增大時，可以使細胞增大。尤其分生細胞及薄壁細胞等生長旺盛組織之細胞，只有初生細胞壁（primary cell wall）（圖 6.2），其伸縮性較大。而較成熟組織之細胞，其上增加次生細胞壁（secondary cell wall），其伸縮性很小。

3. 作物細胞膜構造與通透性

　　作物細胞之膜系，包括細胞膜與胞器之膜，均允許水分子自由進出，但對於一些溶質如胺基酸、有機酸、碳水化合物、鹽類等則有不同程度之通透性，即其通過膜系之速率不同，故稱之爲「差異性通透膜」（differentially permeable membrane）。通常分子較小之溶質顆粒其通過膜系較快，而較大分子則必須先分解爲小分子才能通過，或是經由特殊之通道蛋白進行轉移。

4. 作物細胞內外水分潛勢與滲透作用

　　近半世紀以來，植物生理學上對於水分子之移動，均以自由能之觀點予以解釋，即利用「水分潛勢」（water potential）之概念予以說明。所謂水分潛勢是以水分子之潛能（potential energy）爲基礎，描述水分在土壤及植體中的行爲及移動，水分移動是由高潛能區域移往低潛能區域（圖 6.3）。

　　在土壤及植體中之水分因含有溶質（solutes），而且物理上受外力影響，包括極性吸引（polar attractions）、重力（gravity）及壓力，因此其中水分子之潛能低於純水。在植體及土壤中之水分子潛能即稱爲「水分潛勢」，可以希臘字母 ψ_w 表示。使用之單位包括巴（bar）或 pascal（Pa），1 bar = 10^5 Pa = 10^6 dynes/cm^2，而純水之 ψ_w 爲 0 bar。

(1) 水分潛勢（water potential, ψ_w）：即指水分子所帶有的自由能（free energy）。

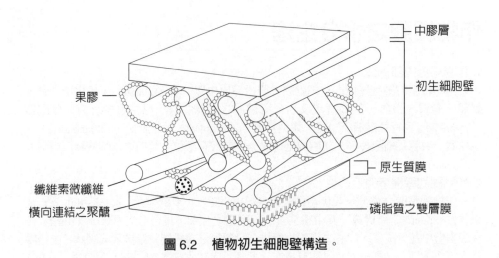

果膠 ─

中膠層
初生細胞壁

纖維素微纖維
橫向連結之聚醣

原生質膜
磷脂質之雙層膜

圖 6.2　植物初生細胞壁構造。

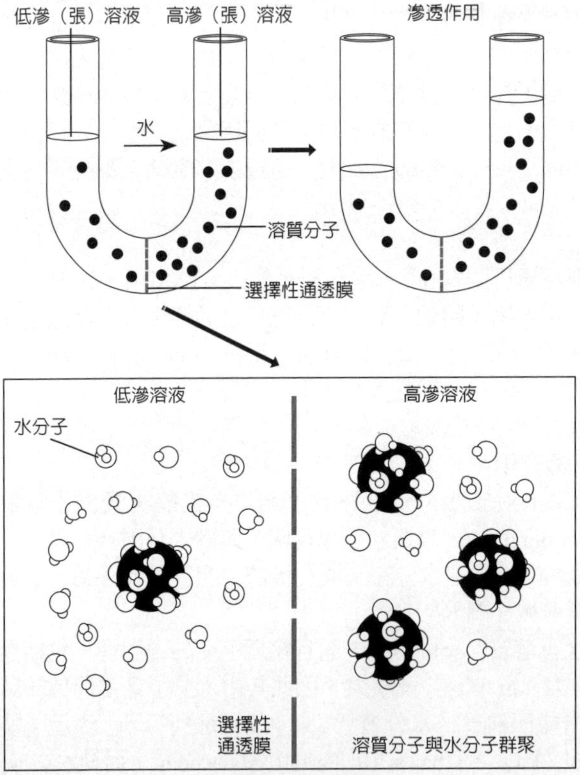

低滲（張）溶液　高滲（張）溶液　　　滲透作用

水

溶質分子
選擇性通透膜

1. 水分子經過半通透性膜，從水分子高濃度區域往低濃度區域移動。
2. 溶解之分子（如離子、有機化合物等）稱為溶質（solutes）。
3. 大部分分子無法通過膜系。
4. 當溶質濃度增加時，自由水分子之濃度則降低，更加不易移動。

低滲溶液　　　　　　高滲溶液

水分子

選擇性通透膜　　溶質分子與水分子群聚

水分子淨流

圖 6.3　水分子藉由特殊之擴散作用，即滲透作用（osmosis），進出選擇性通透膜，用以解釋水分子在原生質膜內外之移動機制。

在植物細胞、組織、器官、土壤，或是水溶液等系統中，水分子之移動難易決定於其本身所帶有之自由能。當水分子受到系統中溶質之吸引時，其自由能下降而移動力也下降，因此研究者定義出以常溫大氣壓下純水中之水分子之水分潛勢為0，而在任何溶液中其中水分子之水分潛勢為負值。水分子在任何系統中之移動，均由水分潛勢高的位置移往低的位置，直到系統之水分潛勢達到平衡。

通常植物與土壤中之水分潛勢為負值，可由下列公式表示：

$$\psi_w = \psi_o + \psi_p + \psi_m + \psi_z$$

式中 ψ_w、ψ_o、ψ_p、ψ_m、ψ_z 分別代表水分潛勢、滲透潛勢、壓力潛勢、基質潛勢與重力潛勢。

水分潛勢之單位早期常用「巴」（bar）為單位，之後常以「Pa 或 MPa」表示，1 MPa = 10 bar。

(2) 滲透潛勢（osmotic potential, ψ_o）：又稱為溶質潛勢（solute potential, ψ_s），當水溶液中有溶質存在時，會限制水分子移動，減少其自由能，造成水分潛勢下降，此即為滲透潛勢。此時水溶液之滲透潛勢低於純水之滲透潛勢，為負值。當溶質之濃度愈高或解離程度愈大時，則滲透潛勢愈低。

(3) 壓力潛勢（pressure potential, ψ_p）：係由機械壓力（mechanical pressure）所造成的。當水分進入細胞後，會增加細胞內之壓力潛勢。當水分經過細胞壁與細胞膜進入細胞，會增加細胞膜內總水量，而產生向外之壓力（膨壓），此壓力剛好與細胞壁結構硬度產生之壓力（壁壓）方向相反，此膨壓可使植物保持膨脹以維持其堅硬度（rigidity），否則植物將失去其結構而枯萎。

植物細胞中的壓力潛勢通常是正值，在原生質分離的（plasmolysed）細胞中則幾乎為零，細胞壁無從產生反作用力。對於作物細胞而言，細胞壁（即機械構造）會對細胞原生質之膨壓產生反作用力（壁壓），即產生壓力潛勢。因細胞周圍尚有其他細胞，故壓力潛勢決定於細胞本身細胞壁構造強度以及來自周圍其他細胞所施予之壓力。在一個開放系統如木質部導管中，水分經由蒸散流拉走時，壓力潛勢則產生負值。此種負壓力潛勢即為張力（tension）。對於土壤而言，此種潛勢顯然較不重要。

(4) 基質潛勢（metric potential, ψ_m）：基質潛勢之產生係因植體內或土壤中之親水性固體顆粒如膠體、土壤黏粒或砂粒、纖維、澱粉、洋菜、明膠等表面會吸附水分子，此時之水分子所帶有之潛能即為基質潛勢，其數值很低，可低至 -300 MPa。一旦低基質潛勢之乾燥物質與水接觸，水分子會立即占滿吸著水位置，達平衡之後即與外界環境有相同水分潛勢。一般生長旺盛組織細胞因水分多故其基質潛勢可忽略。

(5) 重力潛勢（gravitational potential, ψ_z）：對於較低矮之作物其重力潛勢可忽略，唯有較高大之植物因高度懸殊會受到地心引力之影響，而影響不同高度位置之水分潛能。

(6) 水分子從土壤經過根部循木質部進入地上部之葉部，再經由氣孔蒸散進入大氣中

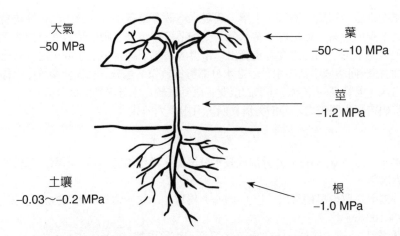

大氣
–50 MPa

葉
–50〜–10 MPa

莖
–1.2 MPa

土壤
–0.03〜–0.2 MPa

根
–1.0 MPa

圖 6.4　水分由土壤至大氣移動過程中，水分潛勢變化示意圖。意即水分由潛勢高
　　　　往潛勢低之區域移動。

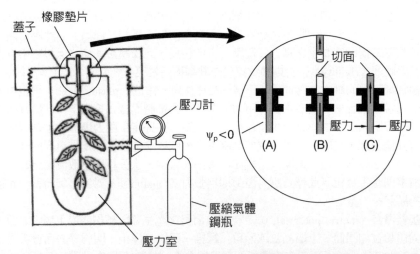

蓋子

橡膠墊片

壓力計

$\psi_p<0$

切面

(A)　(B)　(C)

壓力　壓力

壓縮氣體
鋼瓶

壓力室

圖 6.5　用於測量植物水分潛勢的壓力室方法。左圖顯示密封在壓力室中的植物地
　　　　上部，其可用壓縮氣體予以加壓。右圖則顯示在三個時間點的木質部內水
　　　　柱狀態，包括：(A) 木質部未切斷前並處於負壓力或張力下；(B) 地上部切
　　　　斷後，因為木質部內的水分張力，使切斷面水分回拉到組織中，而遠離切
　　　　斷面；(C) 壓力室加壓後，會將木質部汁液重新推回到切斷面。

（參考資料：http://6e.plantphys.net/topic03.06.html *Plant Physiology and Development*,
Sixth Edition by Lincoln Taiz, Eduardo Zeiger, Ian M. Møller, and Angus Murphy, published by
Sinauer Associates.）

（圖 6.4），此過程水分子之移動係依循由水分潛勢高的部位往水分潛勢低的部位移動，大體而言以葉部氣孔內與大氣之間的水分潛勢差最大，也是驅動蒸散作用最大的拉力。

(7) 水分子在作物植體內細胞內或細胞之間的移動，因中間隔著細胞膜或胞器膜，故以滲透方式依照水分潛勢高低方向進出膜系。

有關作物植體之水分潛勢可用「水分潛勢測定儀」（water potential measuring instrument）進行測定，雖然目前儀器設計已做調整改進，但基本原理如下：即當蒸散流水柱在完整植株體內時，其呈現連續水柱，一旦從中切斷則水柱因張力之故而內縮，此時必須有外界給予葉片或待測器官適當壓力，迫使水柱流回斷面（圖 6.5）。藉由外施之壓力（如一大氣壓，或單位面積之重量）即可換算出水分潛勢，例如：1 MPa = 10 bars = 10.2 kg/cm^2。

作物吸收水分之器官

作物根部縱向構造分為根冠、生長點、延長區與根毛部（圖6.6），而其中以根毛部為水分吸收之主要部位。此外，生長點與延長區則為養分吸收與呼吸作用最旺盛之部位。根冠主要負責根部穿透土壤之生長，其無法吸收水分與養分。

根部橫切面由外往內包括表皮（epidermis）、皮層（cortex）、內皮層（endodermis）、周鞘（pericycle）與中柱（vascular cylinder）（圖6.7），中柱內有韌皮部（phloem）與木質部（xylem）。表皮沒有角質層，故水分易滲透進入。內皮層細胞之上下左右周邊細胞壁有木質與木栓質加厚形成帶狀，稱為卡氏帶（Casparian strip），會阻止水分通過。因此水分必須經過內皮層細胞之原生質聯絡絲才能進入中柱。

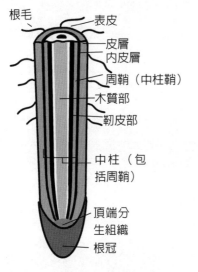

圖6.6　作物根部縱向構造。

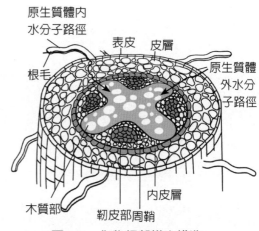

圖6.7　作物根部橫向構造。

水分在作物體內之運輸

　　作物植體對於水分之吸收與運輸可分為被動吸收與主動吸收，通常主要是經由蒸散作用（transpiration）進行被動吸收，其移動方向依循由高水分潛勢往低水分潛勢。於被動吸收無法進行時，才有明顯主動吸收，其方式可能先影響離子吸收，改變滲透潛勢之後再間接吸收水分。

　　作物植體對於水分之被動吸收，一般認為是根據「蒸散作用—內聚力（凝聚）—張力理論」（transpiration-cohesion-tension theory），意即在木質部導管內水分子藉由與管壁之內聚力（附著力）以及水分子間彼此之表面張力，使水溶液在導管內形成連續水柱（圖 6.8）。於蒸散作用進行時，因氣孔內外之水分潛勢落差極大而產生拉力帶動水柱往氣孔移動，導管中水分與溶質形成之連續水流稱為「蒸散流」（transpiration stream）。

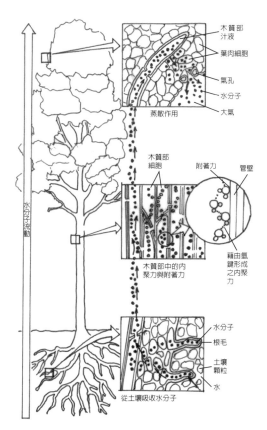

圖 6.8　以蒸散作用—內聚（凝聚）力—張力理論（transpiration-cohesion-tension theory）說明導管內之水分移動。

作物需水量

　　作物生育期間所吸收之水分，大部分用於蒸散作用以調節溫度，少部分則爲光合作用及其他代謝所利用。作物在單位時間內生產一克乾物質所需消耗的水量，可利用蒸散係數（transpiration coefficient），或作物需水量（water requirement content）表示。作物需水量因作物種類、生長狀況、環境及栽培情形而異。由於作物生長期間所吸收之水量不易測量，故通常以作物之蒸散量或作物田間之蒸發散量加以估算。若以作物蒸散量替代吸水量所獲得之需水量則稱爲「蒸散係數」。

　　作物需水量受下列因子所影響：

1. 溼度：空氣中溼度愈大，蒸散作用降低，作物需水量愈小。
2. 氣溫：夏季需水量大於冬季，高溫較低溫需水量高。
3. 土壤含水量：當土壤水分增加，則植物蒸散作用增強，故需水量多。
4. 土壤肥力：愈肥沃的土壤需水量愈小，以乾物質而言，肥沃地乾物質生產多。
5. 栽植期的不同：秋作較春季需水量少。
6. 肥料：缺氮、磷之作物較缺鉀、硫、鎂、鈣作物需水量多。
7. 風：2 m/s 風速有利於蒸散作用，超過此風速氣孔關閉，作物需水量減少。
8. 作物生長時期：開花孕穗期，需水量較多，水分多，減數分裂愈旺盛。
9. 作物種類：C_4 型作物如玉米、高粱較 C_3 型作物如甘薯、水稻、小麥需水量少，水分利用效率高。例如大豆 307 克、玉米 94 克、水稻 254 克。

土壤水分的種類與作物的關係

土壤水分可分爲四種（圖 6.9）：

1. 化合水（combined water）

由於化學結合而保持在土壤顆粒間的水分稱化合水。在高溫下始能除去，此爲植物無法吸收利用之無效水。

2. 吸著水（hygroscopic water）

土壤乾燥後，土壤能由空氣中逐漸吸收水分，在土壤顆粒周圍逐漸形成極薄的水膜，稱爲吸著水。此爲植物無法吸收利用之無效水。土壤水分的最高吸著係數，因土壤性質有所差異；如砂土，含有機質甚少者，其最高吸著水量僅達 1～2%，壤土爲 5%，黏土爲 7～10% 左右。

3. 微管水（capillary water）

充滿在土壤粒子周圍的水分，由於水與土壤粒子間的內聚力（附著力），水分子間的張力和地心引力，而仍留存於土壤中，不能以人力及自然排水法去除，稱爲微管水或毛細管水。微管水能在土壤粒子間自由移動，爲有效水其水分潛勢約 -0.03～-1.5 MPa。當土壤水分因重力水排除後，留存於土壤孔隙，植物可以吸收利用，對作物生長有利。

4. 重力水（gravity water）

爲土壤粒子之間較大間隙所保持的水分，土壤水分會因地心引力（重力）滲漏流失，故植物無法吸收利用，屬於無效水。若重力水累積不能排除，則會使土壤缺乏空氣影響作物根部發育。

作物生長期間不斷地吸收水分及進行蒸散作用，當蒸散作用所消耗的水分超過吸收之水分時，作物會發生凋萎現象，若供水充足，膨壓恢復後再繼續生長，此時土壤水分含量稱爲「暫時凋萎點」（temporary wilting point）。若土壤水分繼續缺乏，植物失去膨壓，即便再供予水分亦無法恢復生長，此時土壤水分含量稱爲「永久凋萎點」（permanent wilting point）（圖 6.10），此時土壤水分潛勢小於 -1.5 MPa（圖 6.11）。

作物在田間能利用的有效水（available water），通常與田間容水量有關。所謂田間容水量（field capacity）爲土壤水分達飽和，經重力排除後土壤所保留下的含水量，田間容水量在 60～80% 對作物的生長最佳，而有效水係指界於田間容水量與永久凋萎點之間的水分，其水分潛勢常介於 -0.03～-1.5 Mpa 之間。土壤水分之有效性（可利用性，availability）受到土壤顆粒表面之膠體性質影響，例如黏壤土（clay loam）所能抓住之水量約其重量 20%，而細砂土（fine sand）則僅占 7%。就土壤而言，其水分潛勢主要受到基質潛勢影響，其次是溶質潛勢。

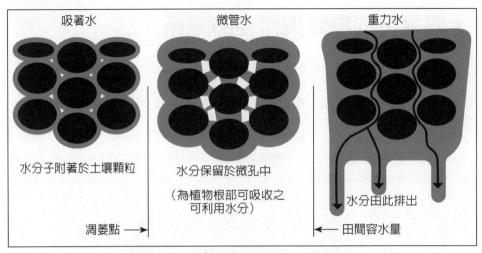

圖 6.9　土壤水分的種類與作物的關係。

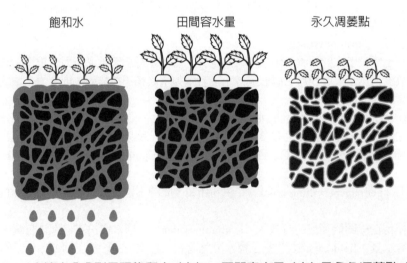

圖 6.10　土壤水分分別呈現飽和水（左）、田間容水量（中）及永久凋萎點（右）
　　　　 狀態。

　　田間作物生長時常以灌溉補充田間水量，灌溉用水量可以下列公式計算：

　　澆灌用水量＝田間需水量（作物蒸散量＋田面蒸發量＋土壤滲漏量）－有效雨量

　　一般而言，作物葉部之水分潛勢大於 –1.5 MPa（0～–15 bars），於夜間氣孔關閉時植株與土壤之水分潛勢達到平衡；而當白天氣孔開啟進行蒸散作用時，則水分潛勢高低依序為土壤 > 根部 > 莖部 > 葉柄 > 葉片，水分移動由潛勢高（負值愈小）往低潛勢（負值愈大）的方向移動（圖 6.12）。

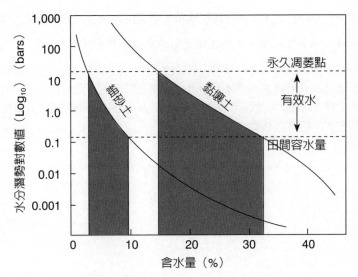

圖 6.11　不同土壤質地土壤含水量與水分潛勢之關係。

（資料來源：Crop physiology, 1994）

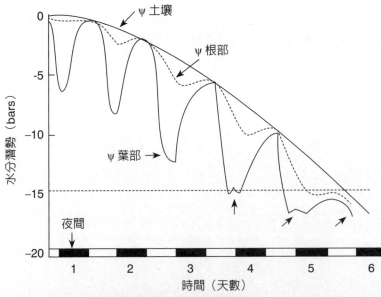

圖 6.12　於 5 天斷水期間土壤與植物之水分潛勢變化。於白天當水分由蒸散作用
　　　　損失時，水分潛勢下降；而在夜間蒸散作用下降時，水分潛勢則上升。
　　　　圖中水平虛線表示發生凋萎之水分潛勢。

（資料來源：Slatyer, 1967）

蒸發散作用

　　作物在田間經由土壤蒸發作用（evaporation）與作物植體之蒸散作用（transpiration），而自田間損失之總水量稱為蒸發散量；兩種作用合稱為「蒸發散作用」（evapotranspiration）。蒸發作用是屬於需要能量之過程，而蒸散作用速率則決定於蒸氣壓（vapor pressure）梯度、水流阻力，以及植體與土壤將水分運輸至蒸散作用位置之能力。

1. 影響蒸發散作用之環境因子

(1) 太陽輻射（solar radiation）：作物葉片所吸收之輻射約有 1～5% 用於光合作用，而有 75～80% 用於增高葉溫及蒸散作用。

(2) 溫度（temperature）：當氣溫增高時，空氣中之蒸氣壓也隨之增加，意即會增加空氣之保水能力。

(3) 相對溼度（relative humidity）：空氣中之水分潛勢會隨著相對溼度增加而增加，當相對溼度提高時，空氣中之蒸氣壓也會提高，致使氣孔內外之蒸氣壓落差減少，導致蒸散作用下降，而地面土壤之蒸發作用也同樣減低，最後造成蒸發散量下降。

(4) 風（wind）：當氣孔外之空氣靜止時，水分經由氣孔往外擴散在氣孔周圍會形成擴散梯度障礙（diffusion gradient barrier），影響蒸氣往外移動。若有渦流（風）存在時會吹散擴散梯度層，使得蒸氣壓擴散梯度增大，促使氣孔內之蒸氣更容易往外移動（圖 6.13）。

2. 影響蒸發散作用之植物因子

(1) 氣孔關閉：作物進行蒸散作用時，氣孔打開愈大則水分喪失愈多。但隨著氣孔開度增大，因受到界面層阻力（蒸氣壓梯度障礙）影響，水分喪失量並未依一定比例增加。

(2) 氣孔數目與大小：作物葉片之氣孔數目與大小主要受遺傳基因與環境影響。相較之下，其對於蒸散作用之影響不如氣孔之開啟與關閉影響大。一般而言，大部分水生植物之氣孔多在葉片上表皮（adaxial epidermis），而旱生植物之氣孔則多位於葉片下表皮（abaxial epidermis）。但也有些農藝作物雖然是旱作其氣孔數目以上表皮多於下表皮，如小麥、紫花苜蓿。

(3) 葉片數量：當作物田間之葉面積指數（leaf area index, LAI）增大，則蒸發散量當中的蒸散量也隨之增大。

(4) 葉片內捲與摺疊：一些禾草類作物如玉米，會經由葉片內捲方式減少暴露的葉片表面積，以降低蒸散作用喪失水分。其他如藍草（bluegrass）可將葉片折疊。此外，尚有大豆也可捲起葉片，暴露出下表面之銀色軟毛以反射掉光線。

(5) 根系深度及增生：作物根系加深可以增加利用水分。此外，單位土壤體積中根數加多，即根部增生，也可以增加作物自土壤中萃取水分。

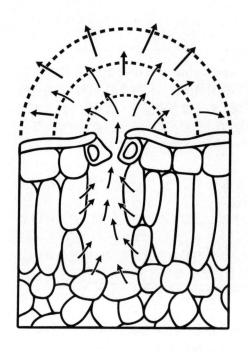

圖 6.13　水分經由氣孔往外擴散時，若葉表無氣體渦流，則外部所形成之擴散梯度會減少蒸散作用。

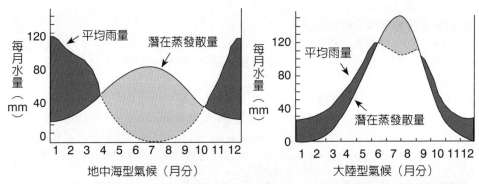

圖 6.14　地中海型（左）與大陸型（右）氣候下，每月平均雨量及潛在性蒸發散量。虛線表示雨量，實線表示蒸發散量，而條帶區域顯示雨量低於蒸發散量，陰影區域顯示雨量高於蒸發散量。

（資料來源：Gardner et al., 1985）

3. 潛在的蒸發散作用

　　所謂的「潛在的蒸發散作用」（potential evapotranspiration）係指在土壤表面完全覆蓋植被（vegetation）或作物植冠（canopy）且土壤含有充分水分時，所進行蒸發作用與蒸散作用之總和。根據潛在的蒸發散作用可以了解在地球上地中海型氣候（Mediterranean climate）與大陸型氣候（continental climate）地區作物之供水問題。

　　比較兩型氣候地區之降雨量及潛在的蒸發散量（圖 6.14），可發現在地中海型氣候下，以 4～10 月之間潛在的蒸發散量最大，但此期間之降雨量最少，造成作物快速生長期間發生缺水問題。至於大陸型氣候地區，則兩者互相配合較有利於作物生長。

4. 水分利用效率

　　水分利用效率（water use efficiency, WUE）係指單位蒸發散量（ET）的水分所能產生之作物乾物質（DM）重量，意即

$$WUE = dry\ matter\ production\ (DM)\ /\ evapotranspiration$$

　　使用單位是 g DM/kg water

$$需水量（water\ requirement）= ET\ /\ DM\ production$$

　　近半世紀來作物產量大大增加，但季節性之蒸發散量並未增加太多，意即水分利用效率隨著產量增加而增加。C_4 型與 C_3 型作物比較下，因前者具有較高的光合作用與生長速率，故其 WUE 常高於後者。而 C_3、C_4 與 CAM（景天酸代謝，Crassulacean acid metabolism）三型作物比較下，通常固定一公克二氧化碳所消耗的水量分別為 400～500、250～300 以及 50～100 公克，顯然 CAM 型之水分利用效率最高。

　　但 CAM 型植物僅在晚上涼爽和潮溼時打開氣孔，並利用 PEPCase 固定 CO_2 成蘋果酸，蘋果酸則暫時貯存在液泡中直到早晨。在白天，這些植物的氣孔關閉以保存水分，並使貯存的蘋果酸去羧化以供作卡爾文循環的 CO_2 來源。因為液胞貯存蘋果酸鹽的能力有限，故光合產物生產力低，植物生長緩慢。

5. 耗水係數

　　耗水係數（consumptive use coefficient, K）= 實際的蒸發散量 / 潛在的蒸發散量，通常介於 0.65～0.87。主要影響 K 值之因素是在作物整個生長期間，地面上被作物植冠覆蓋的程度。例如生長在寒冷春季之小麥，葉片發育較遲緩，其葉面積較少造成 K 值下降。

水分逆境

(一) 乾旱逆境

　　作物所遭遇之水分逆境（water stress）包括水分太少之乾旱（drought）與水分過多之淹水溼害。通常在作物營養生長期發生乾旱逆境常造成葉片變小，成熟期之 LAI 下降，也因此減少進行光合作用所需之葉面積。乾旱逆境對於作物產量之影響隨著乾旱的程度、持續時間與發生時期，對於產量有不同的影響。

　　乾旱逆境對於作物產量之影響：

(1) 對於生產種子作為產量之作物而言，乾旱逆境發生的時間點可能與乾旱程度對於產量有相同的影響力。例如有限型（determinate）生長之作物如玉米，在生殖生長期某些時期只要有四天嚴重乾旱即造成減產（圖 6.15）。

　　從試驗中可以發現，授粉（pollination）或抽絲（silking，即柱頭與花柱伸出雌穗）及其後兩週對於乾旱逆境最為敏感。而且產量組成中主要是單穗子粒數目受到最大的影響。於上圖 C 中因光合產物供過於求，多於子粒所能累積的量（因粒數減少之故），造成莖稈部位乾重增加。於授粉三週後之乾旱逆境不再影響子粒數目，但會減輕單粒重量。類似之影響類型也出現在其他有限型生長之作物。一般有限生長型作物，以花芽分化期及開花期對缺水最敏感，種子或果實形成期次之。

(2) 對於無限型生長之作物，因其開花期長，故在其生殖生長期中開花初期即便發生短暫的嚴重缺水也不影響其種子產量。無限型生長之作物如落花生，其產量對於水分逆境較為敏感之生長時期為莢果發育晚期及莢果子粒充實中期，此時期缺水會引起莢果敗育（abortion），影響莢果發育（減少單莢粒數及單粒重量）。

　　當作物處於水分逆境下，其為了適應環境也發展出調適機制。作物在缺水時形態上常發生明顯的改變，常見的是葉片脫落以減少葉面積、改變葉片生長的角度、減少植株「地上部 / 根部」比率、增厚葉片角質層以降低蒸散作用、植物增加茸毛以增加水氣附著之表面積、氣孔下陷以保持水氣、根系發達使鬚根增多以擴大吸水面積、葉呈針狀減少葉面積以降低蒸散作用、葉片捲曲以減少蒸散作用等。此外，經由下列生理機制也可增加作物耐旱性：

1. 滲透調節（osmotic adjustment, osmoregulation）

　　作物處於乾旱逆境下為了生存必須先維持其膨壓，才能維持作物生長發育，包括細胞分裂與細胞擴展（expansion），但要如何維持膨壓潛勢，舉例如下：

　　假設細胞之水分潛勢及其組成之潛勢如下：

$$\psi_w = \psi_s + \psi_m + \psi_p$$

　　水分潛勢分別如下：

	水分潛勢 ψ_w	滲透潛勢 ψ_s	基質潛勢 ψ_m	膨壓潛勢 ψ_p
乾旱前	−0.6 MPa	−0.7 MPa	−0.2MPa	+0.3 MPa
乾旱後經過滲透調節	−1.1 MPa	−1.5 MPa	−0.2 MPa	+0.6 MPa

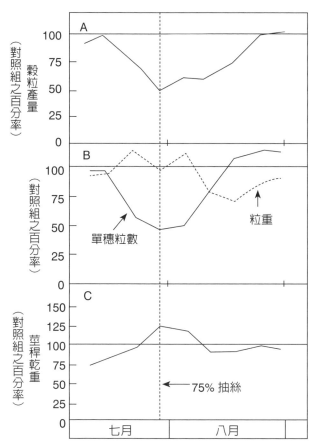

圖 6.15　玉米不同發育階段遭受乾旱逆境對於 (A) 穀粒產量、(B) 穀粒產量組成及 (C) 莖稈乾重之影響。

（資料來源：Gardner et al., 1985）

　　滲透調節機制主要是將細胞內之澱粉分解成醣類、合成胺基酸等相容性溶質，或是移動鉀離子以增加細胞內溶質濃度，導致溶質潛勢降低（由 –0.7 降至 –1.5 MPa）。因此在缺水下，縱然整個水分潛勢下降（由 –0.6 降至 –1.1 MPa），仍能維持住壓力潛勢，維持細胞生長。細胞相容性溶質包括可溶性糖類、脯胺酸（proline）、鉀離子、甜菜鹼（betain）、糖醇（sugar alcohol）和一些有機酸。

　　應該注意的是當作物細胞在缺水下，可能造成體積縮小甚至溶質濃度相對增加，但此種情況並不屬於滲透調節。

　　一般而言，田間生長之作物其根系生長較不受限，而盆栽作物根系生長空間有限，因此後者對於乾旱之反應快速會立即限制根部生長，故較無機會進行滲透調節。此外，滲透調節機制必須有相容性溶質合成，如脯胺酸及甜菜鹼累積等，故也需要一些適應調節時間。在禾本科、莧科、藜科中會有大量甜菜鹼累積。

2. 氣孔對於乾旱逆境之反應（stomatal response to drought stress）

(1) 作物種植於田間狀態與溫室盆栽狀態，氣孔對於乾旱逆境之反應也不同。例如，盆栽作物在葉片 ψ_w 約 –0.8 MPa 時，氣孔開始關閉，但對於生長在田間的高粱與棉花而言，於 –3.0 MPa 時二氧化碳吸收才開始下降，顯然田間生長之作物在較低之葉片 ψ_w 下，其氣孔常能保持開啟狀態。

(2) 作物發育階段（時期）也會影響氣孔開啟。例如田間生長之玉米與高粱，在營養生長期遭遇低水分潛勢會引起氣孔關閉，但在生殖生長期則對於乾旱反應較不敏感。

(3) 作物葉片在植株上不同位置，其氣孔對乾旱之反應也不同。

(4) 不同的作物物種，其氣孔對乾旱之反應也不同。

(5) 作物在乾旱情況下氣孔關閉有二種情形：

　　a. 主動關閉（active stomatal closure）：
　　是因葉片水分潛勢降低所引起，受代謝作用影響，主要是控制保衛細胞的溶質（solute）濃度與膨壓。研究認為離層酸參與控制葉片氣孔的主動關閉，其會干擾細胞膜上的質子幫浦（proton pump），影響鉀離子（K^+）吸收；或促使鉀離子自保衛細胞流出，導致氣孔關閉。離層酸直接作用包括抑制保衛細胞（guard cells）內 α- 澱粉分解酶（α-amylase）的活性，降低醣類的合成及促使鉀離子自保衛細胞流出，提高細胞內滲透潛勢使水分易流出，進而使氣孔關閉。

　　b. 被動關閉（passive stomatal closure）：
　　葉片與空氣的蒸氣壓梯度變化下直接影響保衛細胞啟閉，此過程水分直接蒸發，不經代謝過程控制。

（二）溼害逆境

　　一般土壤空隙占土壤體積 30% 左右，可維持 15～20% O_2 濃度，足可供應根部生長所需。作物生長在淹水、浸水、低溼地，或在排水不良地區，則作物根部生長的耕犁層土壤空隙將充滿水分，且氧化還原電位降低，易有硫化氫、二價鐵、低脂肪酸、

CO_2 及 CH_4 生成。土壤通氣性不良會降低根部吸水能力，而發生營養失調、病蟲害感染，與土壤微生物死亡。

土壤在淹水下，嫌氣性微生物以無氧呼吸將下列物質還原：

$$MnO_2 + 4H^+ + 2\ e^- \rightarrow Mn^{2+} + 2H_2O$$
$$SO_4^{2-} + 10H^+ + 8\ e^- \rightarrow H_2S + 4H_2O$$
$$NO_3^- + 2H^+ + 2e^- \rightarrow H_2O + NO_2^-$$
$$CO + 8H^+ + 8\ e^- \rightarrow CH_4 + 2H_2O$$
$$Fe(OH)_3 + 3H^+ + 1\ e^- \rightarrow Fe^{2+} + 3H_2O$$

一般而言，水田作物如水稻、筊白筍、蓮藕、水蕹菜等之耐溼性強，而旱田作物如麥類、豆科植物、玉蜀黍、棉花、甘蔗及韭菜等耐溼性較弱。

作物耐溼性

　　一些生長在溼地的作物，其根部具有特殊構造或是能分泌或排出一些溼害下產生之有毒代謝物；例如水稻根部通氣組織，莖部皮孔縫隙常是揮發性乙醛及乙醇排出植體外的通道。作物耐溼性較強構造與生理原因包括：

(1) 植株構造：植株莖幹及根部成熟皮層細胞破裂，或排列疏鬆之細胞間隙大，形成通氣組織（aerenchyma），呈現連續的細胞間隙，有利於地上部空氣進入植體運送至根部。一些旱生的作物如黃瓜、番茄、菜豆和水稻均有此種避淹性的構造。此外，亦可經由增加不定根增加耐淹性。

(2) 進行乙醇酸路徑（glycolate pathway）代謝：水稻根部細胞有許多過氧化體（peroxisome）分散於細胞質中，進行乙醇酸路徑，會產生多量的過氧化氫，過氧化體中的過氧化酵素會氧化根圈的還原性物質及芳香族化合物，過氧化氫再經催化酶分解成水與氧。

(3) 植物在淹水下，利用耐淹性避免溼害，例如減少組織有氧呼吸的速率，以戊糖磷酸鹽路徑（pentose phosphate pathway, PPP）取代解糖作用（glycolysis），抑制有毒物質的累積。

第 7 章
土壤與植物養分

土壤與土壤功能

　　所謂土壤（soil），是指從風化岩石及有機質衍生而來之天然物質，其可提供陸生植物水分、養分與固著（anchorage）的功能。事實上，土壤是具有非常動態的介質，包括有化學活性、不斷變化及支持本身所含大量的生命存活等特性。

　　土壤對於作物生產之重要性方面，雖然作物生產並非絕對需要土壤，例如以水耕（hydroponics）方式，讓作物生長於營養液中，以及利用富含養分之水分進行砂耕（sand cultures），均可支持許多作物生長，且廣泛應用於蔬菜如番茄及溫室胡椒，然而，目前具有經濟效率之食物生產仍高度依賴土壤與適當的土壤管理。

　　土壤對於作物有許多重要功能，首先是作為固著作物之介質，大部分作物具有向上生長特性，其直立莖部有效地安排葉片位置與方向，以獲取最大的光線截取用於光合作用。若根部受傷則造成植株倒伏與減產。土壤也可作為作物養分之貯存庫，這些養分來自天然的或原本存在的來源，如土壤之母質（parent material）。養分也可來自土壤中植物與動物殘體分解後物質，或來自施用之肥料。不論來源為何，土壤有助於保存這些養分供作物吸收利用。此外，土壤也成為作物用水之貯存庫。

土壤組成

　　土壤大部分由礦物質、有機質、水與空氣所組成。典型之土壤組成，以礦物質所占體積最大，其次是水與空氣，最小體積為有機質。其中有 50% 固體，主要是礦物質與一些有機質，其他 50% 的土壤是由空洞或孔隙空間所組成（圖 7.1）。在田間容水量（field capacity），即當土壤抵抗地心引力而保持最大水量時，孔隙空間大約平均分配給空氣與水占用。空氣與水之相對比例會隨著土壤乾溼而變動。當土壤呈現水飽和狀態，100% 之孔隙空間有水，或是指 50% 之土壤總體積有水。當土壤風乾時，100% 孔隙空間內含空氣，而 50% 之土壤總體積是空氣。

1. 礦物質

　　土壤中之礦物質是屬於固體部分，其衍生自無機（inorganic）或非生物（nonliving）來源。礦物質源自土壤母質，這些母質可能是具殘留性如基岩（bedrock），或具可移動性如藉水或風沉積之泥沙（圖 7.2）。不論其來源為何，母質在風化（weathering）期間經由理化變化，使其更適合作物生長。

　　礦物質中各種顆粒（particle）之大小與比例決定了土壤之理化特性，依照顆粒大小可以歸納為三大類；砂粒（sand）是最大的顆粒，包含所有直徑大於 0.05 mm 之顆粒。坋粒（silt）是中等大小，包含直徑小於 0.05 mm 而大於 0.002 mm 之顆粒。黏粒（clay）則是最小的顆粒，其直徑小於 0.002 mm。土壤顆粒之化學反應能力與大小成反比，土壤中黏粒之化學反應較砂粒活性大。

2. 土壤質地

　　土壤中砂粒、坋粒與黏粒之相對比例決定土壤質地（soil texture），其可影響土壤孔洞（pores）之大小與數目，以及水分進入土壤與貯存於土壤之能力。土壤質地根據美國農業部（USDA）提供之資料（圖 7.3），可知不同顆粒之相對比例決定出不同之土壤質地。

　　土壤質地可分群為質地類型（textural classes），其中粗質地土壤（coarse textured soils）包括：砂土（sands）、壤質砂土（loamy sands）及細砂質壤土（fine sandy loams）。中等質地土壤（medium textured soils）包括：極細砂質壤土（very fine sandy loams）、壤土（loams）、坋質壤土（silt loams）及坋土（silts）。中等細質地土壤（moderately fine textured soils）則包括：黏質壤土（clay loams）、砂質黏壤土（sandy clay loams）與坋質黏壤土（silty clay loams）。而細質地土壤（fine textured soils）則包括：砂質黏土（sandy clays）、坋質黏土（silty clays）與黏土（clays）。

　　茲舉三種代表性的土壤，說明土壤質地與作物生育的關係：

(1) 砂土：砂土（sands）係指含砂粒 75% 以上，黏粒 15% 以下的土壤。砂土通氣良好，排水容易，但保水、保肥能力差，作物容易遭受乾旱之害，施用的肥料也容易流失，因此肥料應分次施用。適於在砂土生長的作物通常為收穫其地下部者，如甘藷、馬鈴薯、落花生、牛蒡等。

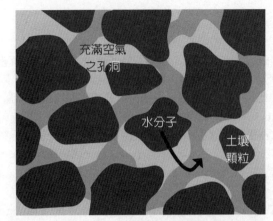

圖 7.1　土壤水分與土壤顆粒空間形成之孔洞。

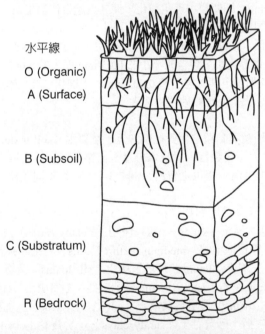

水平線

O (Organic)

A (Surface)

B (Subsoil)

C (Substratum)

R (Bedrock)

圖 7.2　土壤礦物質源自土壤母質，這些母質可能是具殘留性如基岩（又稱底岩，bedrock），或具可移動性如藉水或風沉積之泥沙。上圖由上而下分別為有機層（O）、表層（A）、下層（或心土，B）、裏土層（C）與底岩（R）。

(2) 黏土：黏土（clays）係指含黏粒 40% 以上，砂粒 40% 以下的土壤。排水和通氣不良，遇潮溼時呈現泥濘，乾旱時凝結成硬塊，但保水、保肥能力佳。黏土耕性不佳，比較適於在黏土栽培的作物有水稻、薑等。

(3) 壤土：壤土（loams）係指含黏粒 40% 以下並與坋粒、砂粒配合適中的土壤。沒有砂土和黏土的缺點但兼備兩者的優點，排水、通氣、保水、保肥等均佳，耕作容易，根群發育良好，是最理想的土壤質地，適合大多數作物的栽培。

3. 土壤構造

所謂土壤構造（soil structure）是指將土壤粒子排列為穩定之團聚體（aggregates）或顆粒（granules）。表面土壤展現出最強的結構性發育（structural development）。土壤構造常決定土壤耕性（soil tilth），意即土壤可供耕作之難易程度。

天然與栽培因素會影響土壤構造，藉由增加團粒聚集（aggregation）可改善土壤結構。有許多因素可以改善土壤結構，例如植物根部的作用是經由根部穿過土壤時根冠脫落之物質，將土壤團粒結合在一起。此外，當根部死亡或分解後，在土壤中也會留下通道。土壤中的生物，尤其是土壤真菌與蚯蚓，會分泌某些物質包覆土壤團粒使其更加穩定而改善土壤構造。由於有機質分解之產物可作為黏結劑，因此添加有機質於土壤中也可改善土壤構造。

氣候因素（climatological factors）也可改善土壤構造，氣候變化如溼潤與乾旱、冰凍與解凍也能增加土壤團粒之造粒（granulation），尤其是土壤表面更加明顯。這些效應常見於解凍後之早春時節，雖然有效但僅有持續短暫時間而已。

有些因素會破壞土壤構造，大部分與土壤管理不良有關。過度翻耕整地會破壞土壤之天然團粒聚集而造成土壤表面粉末狀。當土壤太溼時整地會形成大的團粒或泥塊，乾燥後即變成非常堅硬，尤其當土壤黏粒較多時更加明顯。使用重機械壓實土壤也會破壞土壤構造。當雨滴衝擊土壤表面會打破團粒，乾燥時則表面結硬皮。土壤經風或水侵蝕後，會移走具有最大結構性發育之表土。後兩者藉由土壤表面維持適當量作物殘株可以減輕其傷害。

4. 質地與構造效應

土壤質地與構造（texture and structure）決定土壤孔隙大小（soil pore size），後者也決定土壤中的水分與空氣量。粗質地土壤如砂土其孔隙較少且大，能保留的水分較少。細質地土壤如黏土具有較多的小孔隙，能保留較多水分。土壤構造也決定孔隙大小，具有良好發育構造之土壤其孔隙較大。土壤孔隙大小會影響土壤之保水力、水分是否易於進入土壤，以及根部是否易於穿過土壤生長。

入滲率（infiltration rate; intake rate），是指水分移動進入土壤之速度。於下大雨期間，土壤必須盡可能維持高滲透率，以減少表土逕流（runoff）。而水分在土壤中之移動速率則稱為滲漏率（percolation rate）或是滲透率（permeability rate）（圖7.4）。

5. 有機質

有機質（organic matter）是衍生自生物之土壤組成分，這些生物包括微生物如真菌（fungi）、細菌（bacteria）與放射菌（actinomycetes），以及昆蟲、蚯蚓、植物

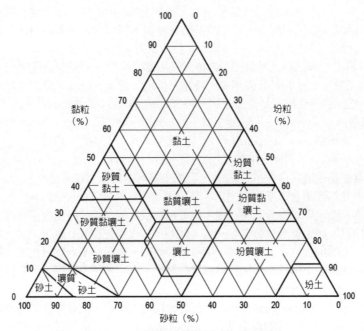

圖 7.3　土壤質地分類三角座標圖。

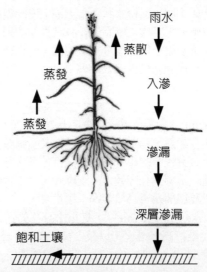

圖 7.4　水分在環境中之移動，包括雨水（precipitation）落地後之入滲（infiltration）、滲漏（percolation）、深層滲漏（deep percolation）、進入地下水流（groundwater flow），以及經由蒸發作用（evaporation）與蒸散作用（transpiration）逸失。亦可經由表土逕流（run-off）流失。

根部、植物殘株及其他。雖然前述有機質所占的量僅有 5%，但實際上土壤中之含量與降雨、溫度與栽培作法有關。當年雨量增加則土壤可支持較多的植物生長，此可增加土壤有機質。

　　當年均溫增加時有利於有機質分解，會使土壤有機質流失而減少。因此，在北美平原（North American Plains）通常土壤有機質由南至北，及由西至東增加。由於翻耕整地作業將有機質併入土壤，會加速有機質分解，所以北美大草原在整地開始之後，其土壤有機質呈現穩定下降。

　　所謂「有機質肥料」係指施用於土壤後可增加土壤有機質（organic matter）含量的肥料均屬之。土壤有機質包括腐植物質（humic substance）及非腐植物質二部分（圖7.5），有機質含量高的土壤是優良農業土壤的表徵，因此維持土壤適當的有機質含量是土壤管理重要的項目。

　　土壤有機質的來源包括：

a. 動植物殘體，而以植物殘體使用最普遍，經堆置發酵後即成堆肥（compost）。

b. 牲畜糞肥。

c. 汙泥：植物（或動物）殘體沉積於水中泥土，經發酵後所形成。一般發現於湖泊、排水溝及衛生下水道中。汙泥常含有重金屬，應先檢測後才能使用。

d. 垃圾：經堆積發酵後可作為有機肥料，但必須嚴格執行垃圾分類及嚴格檢測重金屬含量。就現況而言，廚餘垃圾仍不宜作為堆肥的原料。

e. 綠肥：綠肥作物翻埋土中經分解後，亦可增加土壤有機質的含量。

(1) 有機質分類：枯枝落葉層（litter），較普遍之稱呼為植物或作物殘體（residues），是指尚未腐敗而仍可識別的葉片、莖部及植株其他部位。在土壤表面之殘株或殘體通常未歸類在有機質，然而已經併入土壤中的殘株（或殘體）則視為有機質部分。部分分解的有機質成為酸性腐植層（duff），其外觀黯淡無光澤且發霉腐敗無法識別。而腐植質（humus）則是最後進一步腐敗之有機質，為土壤有機質之穩定部分，也大部分決定有機質的含量。前面所提兩類型相當不穩定，會繼續分解至腐植質階段。

(2) 有機質之貢獻：有機質是植物重要的養分來源，作物所含之植物養分必須經由土壤微生物分解後才能釋出供新作物生長之用，此過程稱為礦質化作用（mineralization）。這些養分在有機形式下不易淋洗（leaching）出來，或自土壤中沖蝕出來，故無法利用。以氮素在環境中之流向舉例說明（圖7.6）。

　　礦質化作用有時後稱為化學回收（chemical recycling），養分藉由根部自土壤吸收，再經由光合作用與代謝併入植物體中。當植物成熟時，作物殘株所含之有機形式養分再回到土壤。經由微生物分解作用，作物殘株中之養分由有機（無法利用）形式轉變為無機（可利用）形式，養分可重新再被新的作物根部吸收，而完成其循環利用。

　　有機質可以增加水分之入滲率（infiltration rate）與保水力（soil water holding capacity）。當土壤有機質含量高時，土壤團粒較穩定且雨滴對於土壤沖擊破壞力較小，故可維持較高之入滲率。土壤有機質比礦物質能保留較多的水分。由於土壤所添加之有機質被保留作為腐植質的量很少，約少於 5%。因此在長期大量添加有機質之

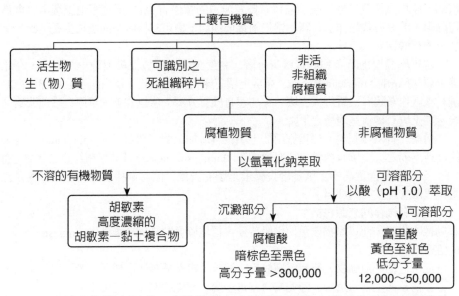

圖 7.5　土壤有機質之組成。腐植物質在土壤和沉積物中可分為三個主要部分，包括：腐植酸（humic acid, HA）、富里酸（fulvic acid, FA）和胡敏素（humin, HM）。其中 HA 溶於鹼，但不溶於水和酸；FA 既溶於鹼，也溶於水和酸；而 HM 既不溶於鹼，同時也不溶於水和酸。

狀況下，土壤水分特性也僅有緩慢變化。

　　如前所提，有機質可以幫助維持及改善土壤構造。微生物分解之有機質產物可作為土壤團粒之包覆劑（coating）及黏結劑（cementing agents）。土壤生物本身也可改善土壤構造，例如蚯蚓糞便所含水分有利土壤團粒穩定，且真菌菌絲體（fungal mycelia）可將土壤顆粒結合在一起。此外，有機質也是微生物族群養分與能量來源。

　　通常在土壤上層環境適宜，所以可發現有大部分的有機質、土壤生物及植物根部。因作物地上部植株部分與腐敗的根部，造成土壤表面之有機質最多。此外，許多土壤微生物取食有機質，所以均會集中分布在食物供應的地方。在接近土壤表面處之土壤氧氣含量最高，也正是大部分土壤生物所需。

6. 土壤水分

　　土壤貯存水分與釋出水分的能力大大地影響土壤支持作物生長之潛力。土壤水分含量經常性地隨著根部吸水、降雨與灌溉補充而改變。土壤水分如同銀行帳戶，植物領出水分而降雨與灌溉再將水分存入，生產者必須好好管理作物避免水分透支。

　　要理解土壤水分移動原理，必須了解土壤水分是經由土壤孔隙（由土壤顆粒與團粒所形成）內壁產生之毛細管力（capillary forces），以及水分子本身之內聚力（cohesion）所保持。土壤水分可用土壤水分潛勢（soil water potential, SWP）衡量，

由於土壤水分保持是處於張力（tention）下，故水分潛勢為負值。

土壤水分之定義

重力水（gravitational water），又稱自由水（free water），僅暫時保留於土壤中，會因為地心引力（重力）而經過土壤向下流失，此無法供作物吸收利用。可利用的水分（available water），亦稱為毛細管水（capillary water），則是藉由毛細管力保持於土壤孔隙之水分，一般從較深層（較溼）的土壤向地表（較乾燥）的方向移動。大部分的微管水都可被作物根部吸收利用。另有些水分因與土壤顆粒結合太過緊密使根部無法吸收，此種水分屬於無法利用之水分（unavailable water），其中部分稱為吸著水（hygroscopic water）或化合水（bound water）（圖 6.9）。

吸著水是土壤粒子表面所吸附的水分，土壤黏土粒子表面積大，因此吸附的水分也多，可達 10% 左右，砂土則最少，僅 2～3%。吸著水被土壤粒子強勁吸附，溫度達 105～110℃ 才能將其除去，作物無法利用，亦為無效水。結合水則是以化學結合方式與土壤粒子結合，也是無效水。土壤充分溼潤時，含有上述四種水分，將其中的重力水完全除去後土壤仍能保留的水分含量稱為田間容水量（field capacity, FC），以百分率表示。

在飽和容水量（saturation capacity）下，土壤所有孔隙均達水飽和，亦即完全被水分占滿空間。此時在土壤中大部分的水都是重力水，而 SWP 數值為 0。當所有的重力水經過土壤向下流失後，而孔隙空間所存在之水分係土壤對抗重力所能保持之水分，此時之土壤水分含量即達到田間容水量，其 SWP 約 –0.3 bar（–0.03 MPa）。田間容水量是土壤可利用水之上限，當蒸發作用與作物根部吸水造成土壤乾旱時，SWP 繼續下降直到 –15 bars（–1.5 MPa），此時根部無法再從土壤中吸水而開始凋萎。作物開始凋萎時之土壤含水量稱為凋萎點（wilting point），土壤中之水分已經無法供作物吸收利用。在各種水分層級下，在不同質地土壤中存在的水量均不同（表 7.1）。

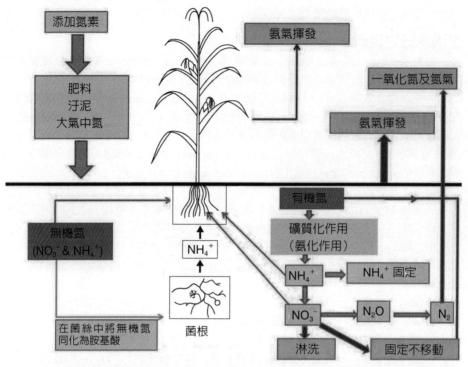

圖 7.6　氮素經由植物吸收後直接或間接路徑之簡圖，以及在「土壤植物系統」中之氮素循環。

（資料來源：Fageria, 2009）

表 7.1　在不同質地之土壤中水分所占體積百分率

質地類型	永久凋萎點（%）	可利用水（%）	田間容水量（%）	重力水（%）	飽和容水量（%）
砂土	2	7	9	19	28
砂質壤土	4	10	14	20	34
細砂質壤土	6	12	18	22	40
壤土	8	15	23	23	46
坋質壤土	10	17	27	24	51
黏質壤土	12	20	32	25	57
黏土	14	22	36	26	62
重黏土	18	20	38	30	68

（資料來源：Waldren, 2008）

在田間容水量時，土壤水分潛勢約為 –0.033 MPa。土壤水分減少到某一程度時，作物開始凋萎，若土壤水分繼續減少，則此凋萎的作物即使移至相對溼度 100% 的地方也無法恢復正常，此時土壤的水分含量稱為永久凋萎點（permanent wilting point, PWP），以百分率表示之。在永久凋萎點時之土壤水分潛勢約為 –1.5 MPa。因此土壤中可被作物利用的水分介於田間容水量與永久凋萎點間，即介於 –0.033～–1.5 MPa 之間。

7. 土壤空氣

在土壤中土壤空氣是屬於非連續性（noncontinuous）且不均勻（nonuniform）的系統。與大氣比較，其所含二氧化碳較高，而氧氣含量較低。作物根部及土壤微生物之呼吸作用消耗氧氣而釋出二氧化碳。此外，有機質分解也會增加二氧化碳。

土壤空氣值得關心是其是否能維持土壤通氣（soil aeration）狀態，以提供適量氧氣給根部生長之用。根部利用氧氣於生長與其他代謝過程。例如作物吸收水分與養分是屬於主動過程，故需要利用氧氣進行呼吸作用以產生能量供主動吸收之用。正常情況下，土壤通氣不成問題，但某些情況可能導致通氣不良或缺氧。

排水不良之土壤含有過多的重力水，而因為大部分孔隙空間充滿水分致使通氣不良。土壤構造發育不良或是表面結硬皮之土壤，因空氣進入土壤或在土壤內之移動受到限制，造成土壤通氣不良。土壤通氣不良會促使有益微生物下降，與降低有機質分解速率。低氧下土壤有害微生物可存活，其數目增加及產生一些物質不利於根部生長。

8. 土壤生物

作物生育期間都可能與土壤生物（edaphic organisms）發生密切關係，有些是有益的，有些則是有害的。有益生物如土壤中的蚯蚓，可增加土壤通氣及有機質含量；土壤中的共生性及非共生性固氮菌，則可固定空氣中游離態氮，增加土壤氮素含量；土壤中的微生物可參與分解有機質及有害物質或汙染物質等。

根據研究顯示，土壤中之農藥可經由土壤微生物降解而失去毒性。作者研究室與楊秋忠教授研究室合作曾於國立中興大學試驗農場之試驗田中分離出四種原生菌株，具有耐受固殺草（glufosinate）除草劑之能力，並能有效降解固殺草除草劑（圖 7.7）。有害的生物如昆蟲、線蟲、病菌、雜草等，都能危害作物，造成減產。這些有害生物（pest）的防治，是植物保護領域研究的主要項目。

(A) *Burkholderia* (B) *Pseudomonas* (C) *Pseudomonas* (D) *Serratia*
sacchari *citronellolis* *psychrotolerans* *marcesaens*

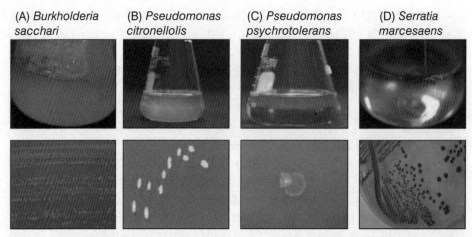

圖 7.7　作者與楊秋忠教授兩研究室合作所篩選出之四株細菌菌株，包括
Burkholderia sacchari（PL014）（A）、*Pseudomonas citronellolis*（BG007-
1）（B）、*Pseudomonas psychrotolerans*（WF004-1）（C）及 *Serratia*
marcesaens（PL016）（D），於含有 6.28 mM 固殺草之培養基培養 3 天
後之生長菌落。後續分析均證明有降解固殺草之能力。

（資料來源：王慶裕，2019。除草劑概論。）

土壤化學

　　土壤是非常活耀之化學介質。土壤水分中含有許多已溶解物質，會與黏土、腐植質及植物根部產生化學反應。有關土壤化學其中有兩項特性相當重要，會影響土壤中供給植物之養分。

1. 陽離子交換能力

　　陽離子交換能力（cation exchange capacity, CEC）（圖 7.8）是用以測量黏土與腐植質二者與溶解在土壤水分中之離子（ions）反應之能力。陽離子與陰離子分別帶有正負電荷，而土壤中之黏土與腐植質具有負電荷位置（negative sites），其功能如同陰離子。這些負電荷位置會吸引土壤溶液中之陽離子。所謂「陽離子交換能力」是指可用以吸引陽離子之負電荷總量，表示 CEC 單位為每 100 克乾土之負電荷毫當量數（milliequivalents, meq）。一般而言砂質土之 CEC 較低，約 3～5 meq/100 g，而黏土則為 20～50 meq/100 g，土壤中富含有機質時則為 50～100 meq/100 g。

　　CEC 在決定土壤保持植物養分的能力上相當重要。土壤可藉著陽離子交換位置保持帶正電荷之養分（陽離子），其後供作物根部吸收。常見之陽離子養分是鉀（potassium, K^+）、鈣（calcium, Ca^{2+}）及鎂（magnesium, Mg^{2+}）。CEC 較低之土壤甚至可能會失去陽離子養分，隨著土壤中之水分向下移動，此過程稱為淋洗（leaching）。陰離子養分由於無法附著在陽離子交換位置，故很容易自任何土壤淋洗出去。最常見受到淋洗之陰離子養分即是硝酸鹽離子（nitrate-N, NO_3^-）。

　　土壤膠體物質分為無機膠體和有機膠體，前者為各種黏土礦物如高嶺石（kaolinite）、伊來石（illite）及蒙特石（montmorillonite）粒子（圖 7.9），後者則為腐植質（humus）。膠體帶有負電，能吸附各種陽離子。被吸附的陽離子能與土壤溶液中的陽離子發生化學當量的交換，這種現象稱為「陽離子交換作用」（cation exchange），主要參與交換的陽離子有 H^+、Ca^{2+}、Mg^{2+}、K^+、Na^+、NH_4^+ 等，其中以 H^+、Ca^{2+} 為最多。

　　土壤膠體的 CEC，以 100 公克土壤能吸附多少毫當量（meq）的陽離子來表示。交換能力的大小依土壤所含膠體種類的不同而異，大致如下：高嶺石 5～15 meq/100 g、腐植質 300～400 meq/100 g、蒙特石 50～150 meq/100 g、臺灣土壤 6～12 meq/100 g、伊來石 20～40 meq/100 g，土壤中的有效性養分如鈣、鉀、鎂、銨等，一般都被吸附在膠體上，因此土壤的陽離子交換能力愈大，保肥力也愈大。

2. 土壤酸鹼值

　　土壤酸鹼值（soil pH）是用以測量土壤之酸性（acidity）與鹼性（alkalinity）程度，其範圍由 0～14，7 表示中性。pH<7 表示酸性，pH>7 表示鹼性。大部分田間作物喜好土壤 pH 值接近中性至微酸（6.0～7.3）。

　　除非土壤 pH 是極端值，否則對於作物並無直接影響。然而，土壤 pH 值會影響土壤中許多化學反應，尤其參與植物養分之化學反應。許多養分之可利用性（availability）受到土壤 pH 值影響。當土壤 pH 值降至 6.0 以下，則與大豆或其他豆

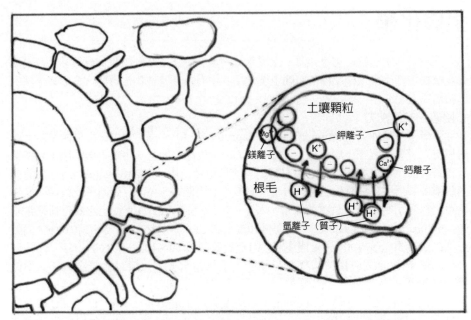

圖 7.8　植物根毛與土壤顆粒之間陽離子交換能力差異影響礦物離子之吸收。

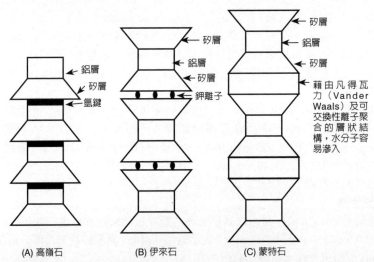

圖 7.9　高嶺石（kaolinite）、伊來石（illite）及蒙特石（montmorillonite）粒子構造。

（資料來源：Budhu, M. (2010). *Soil Mechanics and Foundations*. 3rd Edition, John Wiley & Sons Inc., Hoboken.）

科作物相關之固氮根瘤菌會受到傷害。極酸或極鹼性土壤均不利於土壤有益微生物與根部生長。當土壤 pH 很酸時會溶出一些對植物有毒之元素，如鋁（aluminum），而傷害作物（圖 7.10）。

通常土壤會隨著時間緩慢變得更加酸性。鹼性元素較可能受到淋洗至根區（root zone）以下，且作物移走鹼性元素多於酸性元素。許多施用的肥料均屬於酸性，故可添加石灰（lime, calcium carbonate, $CaCO_3$）調整酸度。

大多數土壤之 pH 值，介於 4.0～8.0 之間。中性至微酸性之土壤，適於大多數作物之生長。酸性土壤大都分布於多雨地區，此因土壤中的鹽基離子如 K^+、Na^+、Ca^{2+} 等，被雨水淋浴損失之故；長期施用生理酸性肥料（例如硫酸銨，作物對銨的吸收比對硫酸根的吸收多，所以殘留部分硫酸根於土壤中）也會使土壤 pH 值降低。酸雨的發生日趨嚴重及擴大，也是造成土壤酸化的重要原因。鹼性土壤大多分布於比較乾旱的地區或石灰質土壤，由於鹽類累積而使 pH 值提高，例如鹽土（saline soil）之 pH 值約 7.3 左右，鹼性土壤（alkaline soil）約 7.3～8.5，而鹼土（alkali soil）則大於 8.5。

各種作物都有其生長最適合的土壤 pH 範圍，大多數作物喜中性至微酸性的土壤，亦有耐酸性強的作物，如茶、鳳梨等；能耐鹼性的作物較少，通常僅能耐微鹼性，如大麥、小麥、向日葵、棉等。土壤反應也會影響土壤中各種植物營養元素的有效性，例如 pH 值降低，磷酸的有效性降低，酸性愈強其有效性愈低；另如鐵、錳、銅、鋅等微量元素在酸性土壤之有效性較高，但鉬在酸性土壤的有效性則降低。臺灣花蓮地區石灰質土壤（立霧溪下游之新城及吉安等地），栽培作物經常發生缺鐵現象而使植株葉片發生黃化，這是因土壤 pH 值高於 7.5，土壤中鐵的有效性低之故（土壤本身並不缺鐵，只是無法有效利用）。

作物在酸性土壤和鹼性土壤都會發生養分吸收障礙。酸性土壤因 H^+ 濃度較高，有利於土壤礦物的風化，因而增加鉀（K^+）、鎂（Mg^{2+}）、鈣（Ca^{2+}）、硼（B^{+3}）和銅（Cu^{+2}）等微量元素的釋放，提高養分可利用性。但在酸性環境下，由於土壤膠體顆粒上的陽離子交換位置極大部分均被 H^+ 和 Al^{3+} 占據，致使鉀、鎂、鈣、硼、銅等微量元素淋失的機會增加。所以酸性土壤常發生鉀、鎂、鈣、硼等營養的缺乏。

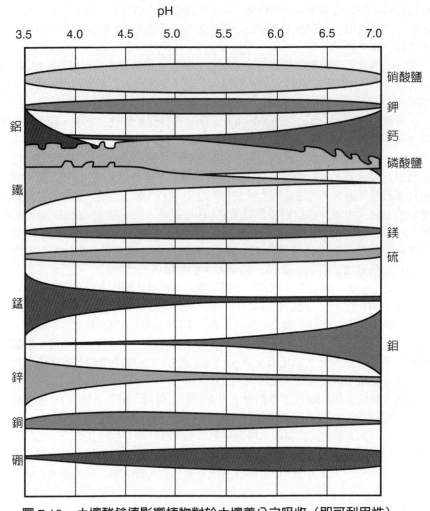

圖 7.10　土壤酸鹼值影響植物對於土壤養分之吸收（即可利用性）。

（資料來源：https://agriculture.vic.gov.au/farm-management/soil/soil-acidity）

土壤肥力

在決定土壤養分含量時，必須小心蒐集土壤樣品送至實驗室進行分析。土壤需要多久進行測試分析決定於土壤類型與作物，高 CEC 土壤保持養分效果較佳，故不須經常檢測。土壤 pH 值會影響養分之可利用性（圖 7.10）。當田間種植需肥性大的作物如玉米及棉花，則土壤需要經常檢測肥力。

一、植物營養來源

田間作物所需養分有很多來源，當作物殘株分解時可經由礦質化作用釋出養分。作物殘株如玉米、小穀粒作物與高粱約含有 0.5～1.0% 氮素與磷素，所以作物殘株回歸土壤對於養分維持相當重要。當從田間土地連續收穫非豆科牧草作物，如青貯玉米（corn silage），則需要大量補充養分。

土壤養分之另一種來源是動物廢棄物，在動物廢棄物中所含養分量會隨著動物類型、餵食比例（feed ration）、廢棄物處理系統，及是否包括層積（bedding, stratificatin）處理等而改變。其他的氮素有機來源包括汙水汙泥（sewage sludge）、泥炭苔（peat moss）與其他有機廢棄物質。

土壤養分最廣泛之使用來源是商業用肥料，大部分為無機肥料，易被植物直接吸收利用。商業肥料因其較其他肥料來源方便且經濟，故成為大部分養分最廣泛使用之來源。商業肥料可以乾的顆粒、液體或甚至氣體形式採購，依法需要明示其養分含量或肥料品級（fertilizer grade）。肥料品級所指為經化學分析後之氮（nitrogen, N）、磷（phosphorus, P_2O_5）與鉀（potassium, K_2O）之百分率。在任何肥料中不會有五氧化二磷（P_2O_5）與氧化鉀（K_2O）之形式，而 P_2O_5 實際上含磷 42%，K_2O 含鉀 83%。

二、植物營養分類

植物營養可分類為大量營養（macronutrients）與微量營養（micronutrients），前者指為植物大量利用之養分，後者指植物僅利用非常少量之養分。養分使用量之多寡並不代表其重要性大小，缺乏微量養分與缺乏大量養分對植物一樣具有破壞性。在植物 16 種必需元素中，碳、氫、氧來自空氣及水，一般不將其視為營養成分或肥料成分，其餘 13 種元素來自土壤，常稱為礦物質營養（mineral nutrients），皆視為肥料成分之一。作物對於其中氮、磷、鉀三種元素的需要量最大，土壤的供應量又經常不足，必須另以肥料的方式施用補充，作物才能生長良好。因此，世界生產的肥料以含此三元素為主，此三元素因而被稱為肥料三要素。此外，土壤改良劑、硝化作用抑制劑、菌根菌及根瘤菌接種劑等亦可包括在廣義的肥料範圍內。

（一）大量營養

植物所需之大量營養是碳（carbon, C）、氫（hydrogen, H）、氧（oxygen, O）、氮（nitrogen, N）、磷（phosphorus, P）、鉀（potassium, K）、鈣（calcium, Ca）、鎂（magnesium, Mg）與硫（sulfur, S）。碳、氫、氧主要來自空氣與水，植物很少缺乏此三要素。在乾旱環境下，水分可能不足以維持細胞膨脹度（cell turgidity），但

仍足以提供光合作用之用產生氫與氧。當乾旱下氣孔關閉時,因缺乏光合作用反應所需之 CO_2 才會造成碳素缺乏。但此缺乏狀況,皆因乾旱逆境所致。藉由增加空氣中之 CO_2 有可能增加光合作用速率,但也只有在封閉環境如溫室狀況下才有可能成功。在田間環境生長之作物,總是假設其碳、氫、氧等大量營養之供應充足,而其他大量營養則由土壤供應。

1. 氮

氮素(nitrogen)是大部分作物所利用之大量營養,所以很可能造成土壤中缺乏氮素。不論是來自有機來源或施加之肥料,所有氮素經由土壤微生物進行硝化作用(nitrification),最終均會轉變為硝酸鹽(nitrate)形式。由於硝酸態氮(nitrate-nitrogen, NO_3)極易溶於土壤水且無法附著於土壤之陽離子交換位置,故容易被淋洗出根區之外。所謂淋洗係指養分或其他可溶性物質藉由重力水移動至根區以下地方。若土壤飽和(soil saturation)時間延長,經由去硝化作用(脫氮作用,denitrification)也會損失土壤氮素。氮素會轉變為氮氣(N_2)或其他氮化物而消失於大氣中。去硝化作用發生之原因是因為在無氧(anaerobic)下,某些土壤微生物需要利用硝酸鹽中之氧供作呼吸之用。由於這些因素所以需要施用較多的氮肥。

植物吸收氮素主要以硝酸鹽形式吸收,而有少量是以銨離子(ammonium, NH_4^+)及胺離子(amino, NH_2^+)形式吸收。天然之氮素是以有機形式存在,必須經由礦質化作用與其後之硝化作用轉變為無機形式供作物吸收利用。植物吸收硝酸態氮素之後,會轉變為銨(ammonium),之後再併入胺基酸、蛋白質、葉綠素、核酸及輔酶。適量氮素可以促進作物生長。

當作物缺氮時會呈現萎黃褪綠(chlorosis)外觀,葉片黃化(yellowing),接著是從葉片尖端及側邊開始往葉片基部呈現葉部組織燒焦(firing)狀或死亡。缺氮症狀首先會出現在作物下部位較老之葉片,再向上發展。缺氮也會抑制植株生長、開花與結實。

很多氮肥是以乾的顆粒狀形式銷售,其中硝酸銨(ammonium nitrate)是最常見之類型,其肥料品級是 33-0-0,表示僅含有氮素 33%,不含磷與鉀。另外類型是尿素(urea, 45-0-0),還有含硫 16% 之硫酸銨(ammonium sulfate, 21-0-0)。此外,液態氮肥(liquid forms of nitrogen fertilizer)是將硝酸銨及(或)尿素溶於水中之溶液,最常見之溶液品級是 28-0-0 及 32-0-0。

氣態氮肥是無水銨(anhydrous ammonia, 82-0-0),是指在高壓下將氨氣液化成液氨。此種無水銨在高壓容器中為液體狀,但施用於土壤中則變成氣體。無水銨必須有特殊設備配合使用注入土壤中,之後很快地以銨離子(NH_4^+)形式溶於土壤水分中,此種形式可附著於有機質或黏土顆粒避免受到淋洗。然而,銨離子在土壤中會經由微生物硝化作用轉變為硝酸鹽形式。基本上,無水銨是氮素最經濟的形式,而且也是用於製造許多其他形式與類型氮肥之氮素來源。

一般而言,化學氮肥包括:

(1) 硝酸態氮肥:如硝酸鉀及硝酸鈉,易溶於水,肥效迅速,但不易被土壤膠體顆粒所吸附,故易流失,不適合施用於水田。

(2) 銨態氮肥：如硫酸銨，易溶於水，肥效迅速，且可被土壤膠體顆粒吸附，較不易流失，但在土壤中易被硝化細菌氧化為硝酸態（即硝化作用）。若施用在土壤深層或在土壤施用硝化作用抑制劑（nitrification inhibitor），則可減少硝化作用發生以提高肥效。

(3) 有機態氮肥：如尿素及氰氮化鈣（CaCN$_2$）。施用後土壤微生物會將其轉變為銨態氮或硝酸態氮，即可被作物吸收利用。

　　針對旱作與水田不同作物施用氮肥時，必須考慮硝酸態氮（NO$_3^-$-N）與銨態氮（NH$_4^+$-N）之差異（表 7.2），自然界含氮化合物經微生物分解或硝化作用（nitrification）的結果產生 NO$_3^-$-N（硝酸態氮），可被作物吸收利用。另外，NH$_4^+$-N（銨態氮）作物亦可吸收利用，因此市面上均可購買到這二種型態的氮素肥料。這二種型態的氮肥在土壤中的行為、使用的方法、作物的吸收，以及在作物體內的代謝等都有些差異，包括：

　　土壤中之氮素能否被作物吸收也受到 pH 值影響，土壤中存在的氮素 98% 以上屬於有機態，但有機氮必須分解成無機態的 NH$_4^+$ 或 NO$_3^-$ 才可被植物吸收利用，而分解有機物的土壤微生物，其生存受 pH 值影響極大。在中性、微酸性（pH>5.5）土壤環境中，細菌及放射菌族群大量繁衍，因而促成有機質的分解，進而提供植物生長所需的氮素。在酸性環境（pH<5.5）下，土壤真菌占優勢，硝化細菌所進行的硝化作用幾乎停止，因此，酸性土壤中硝酸鹽的含量很低。鹼性環境中 NH$_4^+$ 則易轉變為 NH$_3$ 而揮發。pH 值也會影響作物對不同型態氮肥的吸收，以番茄為例，pH 值低時，吸收較多的硝酸態氮，pH 值高時，吸收較多的銨態氮。

　　作物所需氮素的另外重要來源是豆科植物（legumes），豆科作物能與固氮根瘤細菌（簡稱根瘤菌，*Rhizobia* sp. bacteria）共生，達到固氮效果。固氮作用將空氣中氮氣轉變為有機氮，其後利用於寄主植物。在共生關係下，植物可以保護根瘤菌讓其生存於豆科植物根部之根瘤內，並提供醣類供作食物。而根瘤菌則提供寄主植物所需氮素。通常根瘤菌所提供之氮素多於寄主植物所需，因此多餘的氮素經過礦質化循環（mineralization cycle）可供後作物利用。當商業氮肥價格昂貴或價格上升時，使用豆科與其他作物輪作是維持土壤適量氮素的主要方法。

　　根瘤菌在豆科作物根部形成根瘤（nodule），利用作物之光合產物為碳源進行固氮作用，提供化合態氮給豆科作物利用，是一種對彼此都有利的共生現象。因此，豆科作物根瘤形成良好時，氮肥之施用可大幅減少，甚至不需施用。豆科作物根瘤形成的第一步驟是根瘤菌與寄主根部二者間必須先互相識別（recognition），才能接受對方而發生感染（infection）（圖 7.11）。識別的機制相當複雜，可能為寄主植物之凝血素（lectins，一種糖蛋白）與根瘤菌細胞表面的某種碳水化合物之相互選擇作用，也就是一般所稱之寄主專一性（host specificity）。換言之，能與某一種豆科作物共生之根瘤菌，不一定能與他種豆科作物共生。

　　根據上述現象，豆科作物之根瘤菌可分成下列六個互接種群（cross inoculation groups），根瘤菌可接種之豆科作物如下：(1) *Rhizobium meliloti*：苜蓿、香苜蓿；(2) *R. trifoli*：三葉草；(3) *R. legminosarum*：豌豆、甜豌豆、蠶豆；(4) *R. phaseoli*：菜豆；

表 7.2　硝酸態氮（NO_3^--N）與銨態氮（NH_4^+-N）之差異

	NO_3^--N	NH_4^+-N
1. 土壤膠體顆粒之吸附	不能吸附故 NO_3^--N 易流失，在水田的肥效較差。	土壤膠體顆粒能夠以陽離子交換形式吸附，故 NH_4^+-N 比較不會流失，在水田的肥效較佳。
2. 作物根部吸收能力	容易吸收。	容易吸收，但通常不若 NO_3^--N 快速。
3. 吸收後根圈附近的 pH 值	pH 值上升。	pH 值下降。
4. 土壤通氣狀況之影響	土壤通氣不良時容易還原 NO_3^--N，發生脫氮作用（denitrification）而損失，尤其在水田最易發生。	通氣良好時易氧化 NH_4^+-N 形成 NO_3^-，而易流失，因此採用深層（屬於土壤還原層，但根系可達到）施肥可避免上述缺點，提高肥效。
5. 吸收後之氮素反應	必須經硝酸鹽還原酶（nitrate reductase, NR）及亞硝酸鹽還原酶（nitrite reductase, NiR）的催化將其還原為 NH_4^+，才能進一步同化。	不須經硝酸鹽還原反應，可節省部分能源。
6. 誘發還原反應酵素活性	施用 NO_3^--N 肥料可誘導 NR 及 NiR 活性。	以 NH_4^+-N 為唯一氮源會抑制 NR 及 NiR 的活性。

(5) *R. japonicum*：大豆、田菁；(6) *R. lupini*：羽扇豆。

2. 磷

作物對於磷（phosphorus）的需要量少於氮或鉀，植物之能量貯存與轉移如 ATP 必須磷參與作用。磷也是許多蛋白質、輔酶之組成分，並存在於其他化合物中。植物體內在分生組織（meristems）、種子及果實內有高濃度磷。植物初期生長必須有適量的磷及時供應，當穀粒作物生長僅達 25% 的時候，其已吸收磷總量的 75%。

植物大部分以正磷酸鹽（orthophosphate, $H_2PO_4^-$）的形式吸收磷，而有少量是以磷酸氫鹽（monohydrogen phosphate, HPO_4^{2-}）形式吸收。因為這些形式不易貯存於土壤中，所以必須不斷地補充。土壤中磷之利用性受到 pH 值很大的影響，當 pH 值 5.5 至 7.0 時，磷的可利用性最大。當土壤溶液為鹼性時，最常見的磷存在型態為 HPO_4^{2-} 或 PO_4^{3-}；在 pH 值為微酸或中酸性時，可有 HPO_4^{2-} 及 $H_2PO_4^-$ 兩種離子存在；在酸性較強時，以 $H_2PO_4^-$ 較占優勢；更酸時甚或以 H_3PO_4 形式存在。在中、鹼性（pH>6.5）時土壤中有多量鈣、鎂，在酸性（pH<5.5）時有多量活性鐵、鋁，凡此皆造成磷形成不溶性之磷酸三鈣（tricalcium phosphate）、磷酸鐵（iron phosphate）及磷酸鋁（aluminum phosphate）等化合物，皆無法被植物吸收利用，故土壤管理重點必須儘量使 HPO_4^{2-} 與 $H_2PO_4^-$ 離子達成最高之程度。

缺磷症狀包括老葉片開始出現紫色，若缺磷時間加長或更嚴重時植物發育不良生長受抑制。甚至有時候磷供應正常，當植株暴露在寒冷潮溼氣候下，幼苗也會出現紫色，尤其玉米幼苗更加明顯；其原因是土壤磷之可利用性與根部吸收能力受到氣候條件影響所致。若磷供應適當且氣候改善，則作物會快速恢復而不會影響產量。

許多土壤需要磷肥，尤其是風化的砂質土壤以及不含石灰之石灰質土壤（calcareous soils）。石灰質土壤係指土壤中含頗多之石灰物質，如碳酸鈣（$CaCO_3$）、碳酸鎂（$MgCO_3$）、碳酸鈣鎂（$CaMg(CO_3)_2$）等。在土壤中磷大都不移動，不像氮素會有淋洗問題。作物殘株是磷的重要來源，而動物廢棄物通常僅含一半磷。然而，如同氮素一樣，大部分的磷肥還是來自商業肥料。

磷肥之所有類型均來自岩石中磷酸鹽沉積。因礦岩中之磷酸鹽本身無法被植物利用，所以製作磷肥時必須加工。以硫酸處理礦岩中之磷酸鹽可以產生過磷酸鹽（superphosphate, 0-20-0），其中亦含有硫 24%。另一種重要的商業肥料是重過磷酸鹽（triple superphosphate, 0-45-0），是以磷酸處理過磷酸鹽所得的產物。上述兩種磷肥均以顆粒狀形式銷售，也經常與其他肥料混合成完全肥料。在其他液體肥料中也可添加磷酸補充磷。作物生長若有需要磷肥，也可在播種時於種子附近集中供應磷肥。

3. 鉀

田間作物鉀（potassium）之吸收可能高於其他養分，鉀與氮素相比不太可能缺乏。在土壤中鉀極為穩定不易流失。僅有少量的鉀經由收穫穀粒或種子而移走，而有顯著量的鉀存在殘株中而回歸土壤。

作物以 K^+ 形式吸收鉀，雖然鉀不是任何有機化合物之組成分，但利用於許多代謝過程。光合作用、醣類轉運與酵素活化等過程均必須要有鉀參與反應。植物缺鉀其葉片組織沿著邊緣會呈現壞疽（necrosis）或死亡，且老葉較早出現徵狀。此外，鉀

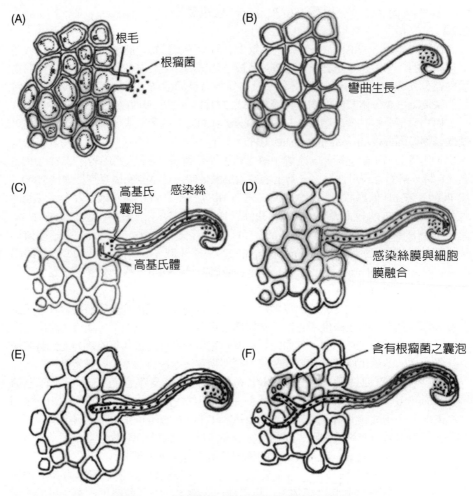

圖 7.11　根瘤菌入侵豆科作物根部之過程。

也會影響莖稈或莖強度。若未供應適量鉀肥，作物生長後期較可能發生倒伏。

土壤中若有高量鉀肥，作物將會展現「過度吸收」（luxury consumption），或過量吸收鉀。雖然此狀況不會直接傷害作物，但可能干擾作物對於其他養分之吸收與利用，而導致缺乏其他養分，尤其是鎂。在某些土壤，尤其是高度風化或來自低鉀母岩之土壤，需要施用鉀肥。

作物殘株是很好的鉀來源，植物所吸收之鉀大部分存在於葉部、莖部與根部，且經由礦質化作用再回到土壤環境中。動物廢棄物及其他的有機來源通常含有的鉀量與氮量相等。

鉀最常見的來源是商業肥料，如氯化鉀（potassium chloride, 0-0-62），通稱為氯化鉀（muriate of potash）。另一種常見之來源為鉀鎂硫酸鹽（potassium- magnesium sulfate, 0-0-27），含有硫 22% 及鎂 8%。這些鉀肥通常以乾燥形式銷售。

4. 複合肥料

凡肥料中含有氮、磷、鉀三種要素或至少其中二種者，稱為複合肥料（compound fertilizer）。三要素在複合肥料中的比例，必須根據各地區之作物種類、土壤及氣候狀況而定。例如台灣肥料公司出品之台肥 38 號，其三素（N-P_2O_5-K_2O）含量為 8-12-8（%），適合為水稻基肥。

5. 鈣、鎂與硫

作物所需養分中很少缺乏鈣（calcium）與鎂（magnesium），鈣是細胞壁主成分且參與細胞分裂過程。作物係以 Ca^{2+} 形式吸收。鎂則是葉綠素重要成分及協助作物吸收磷，作物係以 Mg^{2+} 形式吸收。鉀與鎂在土壤中均很穩定。雖然作物未欠缺鈣作為養分，但每年仍使用大量之生石灰（lime）於某些土壤調整其酸鹼度。對於鈣肥有反應的作物很少，僅有落花生及某些蔬菜，適時施用可以提高品質。

石灰的種類有多種，如石灰石粉（又稱碳酸鈣，$CaCO_3$）、消石灰（$Ca(OH)_2$）及生石灰（CaO），一般以施用石灰石粉最為普遍，例如美國。臺灣大部採用消石灰及生石灰。石灰應在種植前施用，施用後須與土壤混合。施用石灰的目的在供給土壤鈣素及中和土壤酸性，但不可施用過量，否則 pH 值升高過多，反而使多種微量元素（如鐵、鋅、錳等）的有效性降低。施用石灰後土壤有機質的分解加速，因此應配合施用有機質肥料，以免土壤缺乏有機質而導致物理性變劣。

鉀鎂硫酸鹽（含鎂 8%）是最常見的商業鎂肥。此外，作物殘株也是鈣與鎂的重要來源。

作物需硫（sulfur）量大約與需磷量相當，硫為胺基酸的一部分，也是合成蛋白質所必需。硫也參與呼吸作用，作物以 SO_4^{2+} 形式吸收。由於在植物代謝中硫與氮功能類似，故缺硫徵狀類似缺氮徵狀，然而缺硫徵狀首先出現於年輕的上位葉，不是老的下位葉。

通常缺硫狀況較缺氮、磷、鉀少發生，土壤有機質是硫的重要來源。硫在有機質中大都穩定，可經由礦質化作用釋出。在某些酸性與（或）砂質土壤中可能缺硫。作物殘株、動物廢棄物及其他有機來源對於維持土壤中硫含量相當重要。硫常見之商業來源包括元素硫（elemental sulfur, 100% S）、石膏（gypsum, 24% S）、硫酸銨

（ammonium sulfate, 16% S），以及鉀鎂硫酸鹽（22% S）。

(二) 微量營養

微量營養（micronutrients）又稱為微量元素（minor elements），植物僅需要少量，例如玉米田每公頃需要氮素超過 224 kg，但僅需要鋅（Zn）70～140 g。雖然所需量不多，但對於植物生長相當重要，若供應不足也會危害植物生長。微量營養包括鐵（iron）、鋅（zinc）、錳（manganese）、鉬（molybdenum）、硼（boron）、氯（chlorine）、銅（copper）與鈷（cobalt）。

因為在高 pH 值的土壤環境下鐵無法供為利用，故缺鐵常發生在石灰質土壤。此時即便外加鐵肥也不見得能解決問題。若以硫酸鐵溶液重複進行葉面施肥可以改善作物缺鐵問題，但價格昂貴。通常最經濟的解決方法是種植能耐受低鐵的作物，如小麥或紫花苜蓿。在某些酸性砂質土、石灰質土壤或是因灌溉而剷平之土地可能會有缺鋅問題。最常見之鋅肥是硫酸鋅。

作物是以二價鐵離子（Fe^{2+}）形式或是與有機鹽形成鐵複合物方式吸收鐵，鐵參與許多酵素反應，以及供合成葉綠素。作物缺鐵稱為缺鐵萎黃（iron chlorosis），於葉脈之間呈現黃化或甚至白化，若再嚴重則發育不良。作物以二價鋅（Zn^{2+}）形式吸收鋅作為輔酶的部分組成以活化酵素。缺鋅時因莖部節間停止生長，所以形成花瓣狀生長模式（rosette growth pattern），葉片變短且萎黃褪綠。

營養吸收

　　許多作物藉由其根部與生活在根表面之菌根菌（mycorrhiza fungi）共生而增強養分吸收（nutrient uptake），尤其磷與微量元素。菌根從根表面送出細絲（filaments），又稱為菌絲（hyphae），可吸收養分供給根部利用。當土壤養分較少時，此種共生關係相當重要。作物根部吸收養分之方法，包括下列三種主要方法（圖7.12）：

1. 質流

　　作物根部與養分之間的接觸約有 80% 是依賴「質流」（mass flow），如前所述根部透過施加張力於土壤水分，使水分能自土壤孔隙抽出。在質流作用下，溶在土壤水分中的養分隨著土壤水分移動帶至根部。土壤中大部分的氮與硫均以此種方式吸收。

2. 擴散

　　擴散（diffusion）是一種自然的過程，使養分分子由高濃度區域移動至低濃度區域。當根部吸收養分而將其從根部周圍土壤溶液中移走後，在根部附近土壤溶液中之養分濃度下降，此時會有更多的養分分子朝向根部表面移動或擴散。大部分附著於黏土或有機質之磷及鉀即以擴散方式往根部移動。

3. 根部截收

　　根部截收（root interception）是根部接觸養分的第三種機制，意即當根部生長穿過土壤孔隙時，根部剛好遇到養分而收收。作物以此方式吸收大部分的鈣、鎂與鉬。

　　養分進入根部之實際機制相當複雜而且了解有限，養分進入根部必須經過細胞膜，此涉及理化過程。而且也牽涉到離子交換，與離子附著於職司攜帶離子進入膜系之攜帶體（carrier）等因素。

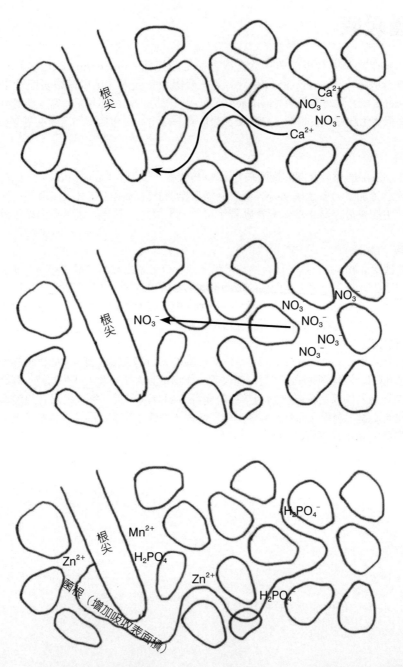

圖 7.12　土壤中植物根部吸收養分方式，包括質流（上）、擴散（中）與根部截
　　　　收（下）。

施肥時機

　　肥料三要素中以氮肥之移動性最大，鉀肥次之，而磷肥最小。因此施肥基本原則是氮肥分多次施用，鉀肥則少次分施或一次施用，而磷肥則可一次性當基肥施用。

　　為減少氮肥損失及提高氮肥效率，可製成緩效性肥料，包括尿素甲醛、亞異丁基雙尿素（isobutylidene diurea, IBDU；含氮 20～30%，其釋放速度由肥料顆粒大小與土壤水分含量所決定）、由尿素和巴豆醛或乙醛反應生成之粉狀 CDU（含氮 30%，既可直接用作單質緩釋肥料，也可部分添加作單質氮肥或複合肥料使用）、裏硫尿素、巨粒尿素等。此外，更有複合肥料包裹樹脂的，商品名稱如 OSMOCOTE（奧妙肥），都有減緩釋放養分之效，使用時應注意其釋放速率、養分在土壤溶液中之濃度，或根部截收之效率，才能發揮效果，否則無法配合作物各時期生育需要，則失去施肥的意義。

　　田間最佳的施肥時間（timing of fertilizer application）決定於作物、可用的設備與勞力，以及肥料類型。例如氮肥應在穀粒作物開花之前，而磷肥、鉀肥與大部分營養應在播種時或播種前施用。易受淋洗之肥料如硝酸態氮，其施用時間應晚於較不移動之肥料（圖 7.13）。

1. 植前

　　在作物種植前施用肥料稱為「植前施肥」（preplant application），平常在苗床準備時同時將肥料放入。在美國春天經常於施肥時混合除草劑或其他農藥，結合田間操作一併完成。肥料可在春播作物種植前之秋季或春季施用，或是於秋播作物種植前之夏末施用。除了含有硝酸態氮之肥料，大部分肥料植前施用不會有損失之風險。若氮素施用時間是在作物種植前數週，最好使用銨形式（ammonium form），例如無水胺，以降低因淋洗所造成之損失。

　　在臺灣整地或作物種植前施用之肥料稱為基肥（basic fertilizer）或起始肥（starter fertilizer）。適合以基肥方式施用的肥料，包括：(1) 緩效性肥料如有機質肥料、石灰及土壤改良劑等，應全量以基肥施用；(2) 磷肥及大部分鉀肥宜當作基肥施用，因磷肥與鉀肥易被土壤固定，不易流失；(3) 為促進幼苗初期生長，速效性的化學氮肥亦應採一部分以基肥施用。

2. 播種時

　　肥料可在播種（seeding）時施用作為播種起始肥（starter fertilizer），其可在種子行（seed row）下方或側方進行帶狀施用，其目的是在幼苗期間根系還小的時候，提供幼苗容易利用且集中的營養來源。此效果使幼苗得以快速勻地出土（emergence），尤其當土壤溼冷狀況更加明顯。在種植作物時肥料也可以施用於土壤表面，併入或不併入土壤均可。

3. 萌後

　　在作物幼苗出土（emergence）之後施用肥料，稱為萌後施用（postemergent application）。此種施肥方式是施用氮素最有效的方式，因為萌後時期正是作物對於

肥料最大需求期之前，其後作物可以快速吸收肥料。在作物種植行之間施用肥料之方式稱爲側施（side dressing）。當行距太窄如小穀粒作物或紫花苜蓿，而無法在兩行之間施肥時，則以頂施（top dressing）方式進行。頂肥施用後不會併入土壤中，所以肥料無法被作物吸收利用，必須等到下雨或灌漑之後肥料進入根區。因此，此期間有些肥料會揮發掉，尤其是尿素形式的氮素。

　　另一種萌後施肥的方式是灌施（fertigation），意即經由灌漑系統施用肥料。雖然灌施主要使用噴灑灌漑系統，但任何灌漑方法均可配合使用。在施用氮肥上，灌施是非常有效的辦法，因爲作物可以直接吸收利用且不需勞力與設備。

　　在作物生長期間施用之肥料稱爲追肥，一般以速效性肥料爲主，以補充基肥之不足。追肥常分數次在不同生育期施用稱爲分施（split application），但大部分作物於抽穗開花後即不再施用。

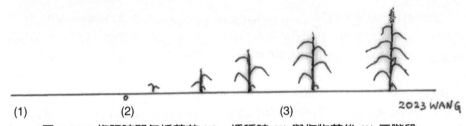

圖 7.13　施肥時間包括萌前 (1)、播種時 (2) 與作物萌後 (3) 三階段。

施肥位置

　　肥料施用位置（place of fertilizer application）影響肥料效率。適當的施肥位置才能發揮施肥的最大效果，施肥位置之選擇需要把握下列原則：

1. 作物發芽至成熟都能有效利用所施用的肥料。作物若能在生長初期及其後持續獲得養分則可有效利用肥料。理想作法是在作物生長初期根部能獲得少量肥料，而土壤深處有較多肥料可供後（長）期生長利用。
2. 避免幼苗肥傷。氮、磷、鉀或其他可溶性鹽類靠近種子時，種子易受肥傷，最重要之原則是讓種子與肥料間有不含鹽分的土壤間隔，但亦不能間隔太遠否則補充不及。
3. 方便施肥、省工、快速的施肥方式。主要有撒施與條施二種。

　　依照施肥位置不同常用之方法，包括 (1) 表面撒施；(2) 混拌；(3) 翻埋；(4) 種子混施；(5) 條施；(6) 深施；(7) 層施；(8) 穴施等（圖 7.14）。此外，尚有葉面施肥（foliar application of fertilizer）。植物葉片亦能吸收許多物質，包括肥料。將肥料直接施用於葉面以供應植物養分的方法稱為葉面施肥。由於葉面被覆非極性之蠟質及角質，會限制養分之穿透，故吸收速度不若根部，並且施用濃度不能過高，否則會傷及葉片。因此葉面施肥常見於微量元素缺乏時的補充，特別是土壤微量元素的有效量低時為然。

　　施肥方法應注重作物根之特性及生育時期。作物之根有主根與鬚根兩大類，前者施肥位置可在種子下方，而後者宜側施，以期作物萌芽後立即可獲得充裕養分供應。另外，作物有不同年生，其根之發展幅度亦有大小，也應注意施肥位置，以免失去及時供給養分及發生肥傷。

施肥氣候

　　作物生產除了需要養分之外，也需要光照、溫度、雨量等氣候因素配合。如日光不足、溫度太高或太低、乾旱或淹水，都會影響作物正常生長，因此，施肥必須配合氣候狀況，才可發揮肥料之效果。臺灣本國氣候風調雨順，往往容易忽略氣候因素對於施肥效果之影響，也因此浪費肥料，或是造成減產。例如在溫、網室設施栽培下，降低日光強度致使日照不充足，特別是在冬季，此時若依照一般狀況施肥，則如蔬菜生長變差，易發生鹽害現象。又如水稻進入子粒充實期之後，如果碰到颱風季節，或因雨季而無日光，此時施用氮肥不但不會增產，而有增加節間伸長，生長後期發生倒伏之嚴重減產後果。此外，如看天田，沒有適當灌溉設施，若肥料施用而缺乏水分，則肥料也無法被作物吸收利用。因此，施肥之適當時機必須考慮氣候條件造成之直接與間接影響。

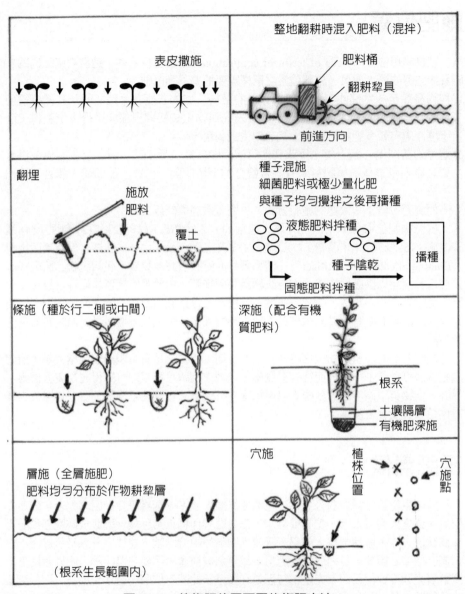

圖 7.14　**依施肥位置不同的施肥方法。**

耕犁與苗床準備

　　耕犁（tillage）是一種為了栽培植物所作的機械性攪拌土壤之動作。因為耕犁需要使用到農場的能源動力超過一半，所以為了經濟考量所有的耕犁操作必須以低於成本方式回報在作物產量與改善土壤條件。而且過多之耕犁會破壞土壤構造，而適當的耕犁則可幫助控制雜草、維持好的土壤耕性，及使生產最佳化。

1. 耕犁的目的

　　耕犁（tillage）大部分目的是為了控制雜草，其可殺死生長中的雜草並將雜草種子深埋。成功地控制雜草可以避免雜草與作物競爭光線、水分與養分。耕犁的另一重要目的是為了苗床準備（seedbed preparation），適當地耕犁可改善種子發芽所需之土壤環境。當耕犁將土壤表面之作物殘株打入土中後，裸露之土壤於日照下可快速增溫。由於裸露土壤容易經蒸發作用散失水分，水分減少下也促使土壤溫度較易增加。此外，土壤表面沒有留下任何作物殘株作為敷蓋（mulch）之缺點則是增加土壤侵蝕之風險。

　　耕犁可藉由改善土壤通氣（soil aeration）以利種子發芽，經耕犁後土壤較為鬆弛且土壤中大的氣體空間也增加。耕犁也可減少土壤表層結硬皮而阻礙空氣流動。然而，過度耕犁也會破壞土壤原本之構造，最終減少土壤孔隙總體空間，因此在大部分土壤進行耕犁時必須小心定時與最小化操作。有時候耕犁因破壞土壤表層硬皮以及增加土壤表面粗糙度利於水分進入，而獲致增加土壤水分含量的效果。然而，當敷蓋物太多造成土壤保持太多水分而不利作物種子發芽時，利用耕犁方式則可減少土壤過多的水分。

　　作物栽培過程中，對於地上部作物殘株之管理也相當重要。為了避免干擾後續栽培操作，例如播種、栽種、灌溉或施肥，可能必須考慮減少殘株數量。殘株適當管理也可減少越冬型或存在殘株內之病蟲危害。

　　將土壤改良劑（soil amendments）如石灰、肥料或除草劑併入土壤也需要仰賴耕犁。有些肥料及除草劑容易揮發，必須併入土中避免損失。在減小土壤酸性時，石灰必須與耕犁層土壤完全澈底地混合。雖然利用敷蓋方式可以有效地控制地表侵蝕，但裸露的土壤也可利用耕犁方式使表面粗糙以減少表面風速及風蝕。有時候耕犁也可將土壤暴露於冰凍與解凍、溼潤與乾燥過程中，以增加土壤可耕性。土壤耕性是指土壤對耕作的綜合反映，包括耕作的難易、耕作品質和宜耕期的長短。

2. 耕犁施作

　　耕犁施作（tillage implements）可分為兩大範疇，包括攪拌施作（stirring implement）與地表下施作（subsurface implement）。前者主要是改變土壤表面及其作物殘株，而後者則減少表面之改變。通常要將大量殘株併入土壤之耕犁操作包括板犁（moldboard plow）及各種圓盤犁（disks）（圖7.15），而地表下耕犁施作則留下大部分殘株於地表，操作方式包括掃犁（sweep plow）及桿式除草機（rodweeder）（圖7.16）。

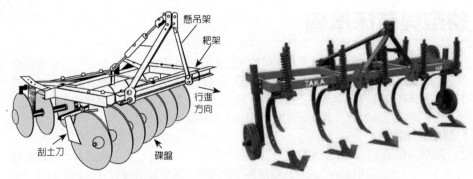

懸吊架

耙架

行進
方向

刮土刀

碟盤

圖 7.15　圓盤犁（disks，左）與掃犁（sweep plow，右）。

（資料來源：左圖引用馮丁樹。2008。台灣農業機械概論。）

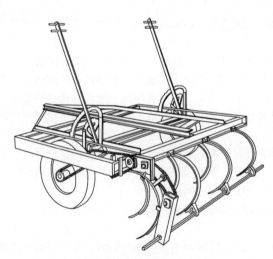

圖 7.16　桿式除草機（rodweeder）。

(1) 主要耕犁：前作物收穫後之第一次耕犁操作稱為主要耕犁（又稱為初耕、粗耕、初整地或粗整地）（primary tillage），其目的是將一些作物殘株併入土中，以及殺死現有的雜草。最常見的主要耕犁是使用板犁與偏置式或串聯式圓盤犁，板犁主要將所有殘株埋入土中，而圓盤犁約埋入半量。若需要留下較多的殘株於地表防止侵蝕，則可採用地表下施作方式。

(2) 次耕犁：在準備土壤進行播種過程中，在主要耕犁之後之任何耕犁操作均稱為次耕犁（secondary tillage）。有時候生產者並未進行次耕犁，而在播種前僅有一次耕犁（主要耕犁）。通常在次耕犁操作中不使用板犁，但可用其他方式，其目的是打破土壤中較大的團粒，以及讓土壤緊實去除大的空氣穴。此種耕犁也可用於整平及緊實苗床。然而，次耕犁通常其目的是殺死已經萌發之雜草。

　　生產者在種植作物時，也可能採用整地耕犁程度非常少的方式。保育耕作法（conservation tillage）即是減少干擾土壤與殘株之耕作系統，有時候又稱為不整地（no tillage）或最少整地（minimum tillage）。此種作法需要採用特殊播種設備，例如槽溝播種機（slot planter）或耕犁播種機（till planter），可以直接穿過作物殘株進行，節省燃料、勞力與設備器材。以不整地方式較難控制雜草，且有時候增加之除草劑成本抵銷了所省下之燃料與勞力。保育耕作法在排水不良之土壤因春天時難以讓土壤乾燥回溫，所以其效果可能不佳。然而此種耕作法提供最大程度的土壤保育且逐年增多使用。

3. 耕犁問題

　　任何耕犁操作均會破壞土壤構造，由於重型拖拉機（tractors）、收穫機（harvesters）及壓實土壤孔隙之耕犁設備會造成土壤孔隙變小，因此造成土壤壓實（soil compaction）。土壤壓實的結果使土壤通氣性下降，而且使根系難以穿過受到壓實的土層。受到壓實之土層通常是在耕犁層下方，有時候稱為耕盤（tillage pan）。

　　透過減少耕犁操作次數、土壤潮溼時避免耕犁，以及避免耕犁與收穫時在相同土地軌跡上運作拖拉機與機械之輪胎。要打破壓實層可用鑿犁（chisel plow）進行深度耕犁，但必須小心避免導致壓實層更加往下發展。

第 8 章
作物種子與播種

　　植物學的種子（seeds）僅指種子植物從胚珠授精後發育而成的繁殖器官，而作物生產的種子則泛指凡被利用作為播種材料進行繁殖的植物器官，其中除了植物學所指之種子（如豆類、棉花、油菜、黃麻、菸草）之外，尚有類似種子的乾果（如稻麥等禾穀類作物的穎果；蕎麥、大麻、向日葵的瘦果），和根莖類作物的營養器官（如甘薯的塊根、馬鈴薯的塊莖、甘蔗地上莖、苧麻的吸枝等）。因而作物生產所指的種子（播種材料）較植物學所指種子更廣泛。

　　對於穀類作物而言，在作物生產過程中所有的管理，包括耕犁、施肥、品種選擇等，均是為了獲致最大的種子產量。通常較大而生長旺盛健康的植株可產生較多的種子。

　　大自然在設計「種子」（seeds）上相當巧妙，種子為經天然包裝而準備好搬運、貯存與種植之微型植物（miniature plants）。每個種子均含有胚（embryo），為配有莖、葉、與根之微型植物。在種子貯藏期間，種子含有養分可供胚部利用。胚多少呈現假死狀態或靜止狀態，所以貯藏之養分不會快速消耗利用。此外，種皮（seed coat）包住種子發揮保護作用。當環境適合時，胚即開始生長並快速發育為完全成熟之植株。

種子形狀、大小與顏色

　　種子的形狀、大小與顏色變化極大，成為種子鑑定之根據，此特性也影響貯存與播種期間之操作特性。種子形狀（seed shape）是種子的形式，其可為卵形如小麥與黑麥，其可為三角形如蕎麥、圓形如大豆、細長型如燕麥與秈稻、扁平如玉米，以及彎曲或盤繞如紫花苜蓿。種子形狀決定了必須使用之種植設備機械。

　　播種機必須能計量並移動種子將之均勻送出，許多播種機配合擬種植之作物種子使用適合的排種盤（plates）。圓形種子較扁平或三角形種子容易移動，一些多年生禾本科種子如須芒草（bluestem）種子上有穎與芒，造成表面有微毛並黏在一起。針對此類種子，在播種機之種子盒內必須要有機械攪拌器減緩種子移向計量裝置（metering device）。

　　不同作物之間，種子類型與大小有很大變異，甚至相同作物不同品種之間也有很大變異。大部分作物種子屬於中等大小。大豆種子每公斤約 5,500 粒，穀粒高粱約 33,000 粒。然而也有些作物種子很小，如菸草種子每公斤約有 11,000,000 粒。

　　種子大小與其日後長出之植株大小無關，例如菸草種子雖小，但其成熟植株約與大豆植株一樣大。此外，如美國北加州的巨大紅杉（Giant Sequoia），其種子極小但完全生長之植株大小約為種子大小四億倍。然而，種子大小會影響考慮採用何種能計量種子的播種機類型，播種期間種子必須能個別計量送出，否則可能一次掉出兩粒種子或是將種子擠壓破裂。

　　種子大小也決定播種深度，大種子比小種子有更多的貯藏養分（food reserves），以及可能有較大的胚，故在種子養分耗盡之前其有能力自較深的土壤中出土。例如紫花苜蓿僅能播種 0.6～1.2 cm，而玉米可播種 4～5 cm 深。通常在較深之土壤中水分較充足，所以大種子之發芽與幼苗出土效果較佳。

　　在作物之間種子顏色也有高度變化，甚至相同作物不同品種也是。種子顏色可能是任何顏色，或有些甚至是多重顏色（表 8.1）。舉例如下：

　　種皮顏色不會影響種植與生產，但會影響銷售。例如育種家曾育出一種高營養價值之燕麥，但似乎因其黑色外殼人畜感覺難吃而無法普遍接受。

表 8.1　作物種子顏色舉例

顏色	作物種子
紅	穀粒高粱（grain sorghum）、四季豆（kidney beans）、小紅莓（cranberries）。
橙	高粱（sorghum）。
紫	紅苜蓿（red clover）。
黃	玉米（corn）、大豆（soybeans）、燕麥（oats）、大麥（barley）。
白	蠶豆（field beans）。
綠	豌豆（field peas）。
黑	黑豆（beans）。
斑點	蓖麻（castor）、斑豆（pinto bean）。
條紋	向日葵（sunflower）。
雜色	紫花苜蓿（alfalfa）。

種子之重要性

田間作物生產之主要目的是獲得種子，植物本身可利用種子延續及繁殖物種。除非發生災害，通常植物可產生較多的種子。例如一粒玉米可產生 1,000～2,000 粒種子、一粒小麥種子可產生 20～30 粒種子、一粒高粱種子可產生 1,000～2,000 粒種子，而一粒大豆種子可產生 50～150 粒種子。

作物經由種子生產繁殖本身之方式也不同。自花授粉作物（self pollinated crops）之純系（pure lines）可產生極似親本之後代，例如小麥、燕麥與大豆純的品種（pure variety）會產生相同於親代之品種。另一方面，雜交授粉作物（cross pollinated crops）所產生之後代，可能類似親本或是大部分異於親本，例如雜交玉米（hybrid corn）及雜交之穀粒高粱，因為這些作物會雜交授粉故生產者必須每年購買種子以維持其遺傳純度；也因此大部分禾本科作物及豆科作物之種子田必須隔離，以防止來自其他品種之外來花粉汙染。

對於人畜而言，作物種子也是食物與纖維之重要來源，人類食物大部分係直接或間接來自穀粒作物。穀粒作物如玉米及小穀粒作物之種子是澱粉來源，大豆則是油分與蛋白質來源，而棉花則是纖維來源。表 8.2 列出一些作物種子之化學組成，其中乙醚（ether）萃取物係測定油分含量，灰分（ash）用以測定礦物元素，而無氮萃取物（nitrogen free extract）則代表以澱粉為主之碳水化合物。由表中資料可知，不同作物種子化學組成變異極大，高蛋白之種子通常油分也高；而高油分與蛋白質之種子通常碳水化合物較少；反之亦然。

一般而言，禾穀類作物種實以澱粉為主，常高達 70～75%；豆類作物籽實變異較大，含油量高者以脂肪、蛋白質為主，含油量低者以澱粉及蛋白質為主；油料類作物之油籽則以脂肪及蛋白質為主。此外，不論作物種類，凡油分（脂肪）含量高的種子，其蛋白質含量亦高。種實貯藏物質之部位在裸子植物為雌配子體，在被子植物則為胚乳或子葉，包括：(1) 胚乳：如禾穀類、蓖麻、番茄、蕎麥；(2) 胚（子葉）：如豆類、萵苣；(3) 外胚乳（perisperm）：如甜菜、咖啡。

種子內所含蛋白質依其對不同溶劑的溶解度可分成四類（圖 8.1），包括：白蛋白（albumins）、球蛋白（globulins）、醇溶蛋白（prolamins）及穀蛋白（glutelins）。

一般禾穀類作物種實所含的貯藏性蛋白質，以醇溶蛋白及穀蛋白為主，豆類作物以球蛋白為主，次為白蛋白。燕麥則例外，含有 80% 球蛋白。稻米（白米）蛋白質及上述四類蛋白質的含量其中穀蛋白的含量達 85%。

種實中所含油脂屬於甘油脂（glycerolipid），包括磷脂（phospholipid）及中性脂（neutral lipid）。中性脂以三酸甘油脂（triacylglycerol），亦稱為甘油三酸脂（triglyceride），為主，一般所稱的「含油量」是指三酸甘油脂的含量，並不包括磷脂在內。三酸甘油脂由三個不同或相同的脂肪酸組成，主要的脂肪酸有辛酸（caprylic acid, 8:0）、癸酸（capric acid, 10:0）、月桂酸（lauric acid, 12:0）、肉豆蔻酸（myristic acid, 14:0）、棕櫚酸（palmitic acid, 16:0）、硬脂酸（stearic acid,

表 8.2　作物種子之化學組成

作物	粗蛋白（crude protein, %）	乙醚萃取物（ether extract, %）	粗纖維（crude fiber, %）	灰分（ash, %）	無氮萃取物（nitrogen free extract, %）
大麥	14.2	2.1	6.2	3.3	74.2
玉米	10.9	4.6	2.6	1.5	80.4
燕麥	14.4	4.7	11.8	3.8	65.3
花生	30.4	47.7	2.5	2.3	11.7
水稻	9.2	1.4	2.7	1.8	84.9
黑麥	14.7	1.8	2.5	2.0	79.0
高粱	12.9	3.6	2.5	2.0	79.0
大豆	37.9	18.0	5.0	1.6	24.5
小麥	14.2	1.7	2.3	2.0	79.8

（資料來源：National Academy of Sciences, National Research Council, Publication 505, Composition of Cereal Grains and Forages.）

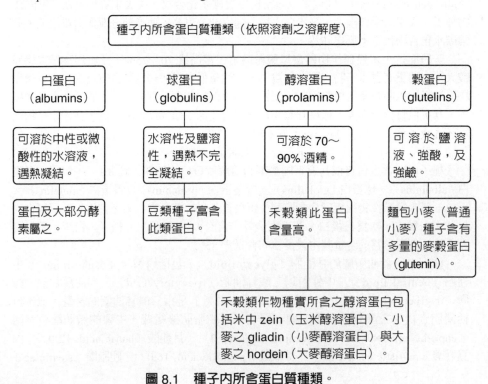

圖 8.1　種子內所含蛋白質種類。

18:0）、花生酸（arachidic acid, 20:0）、及二十二酸（behenic acid, 22:0）、油酸（oleic acid, 8:1）、亞油酸（linoleic acid, 18:2）、亞麻酸（linolenic acid, 18:3）、芥酸（erucic acid, 22:1）等。其中棕櫚酸、硬脂酸、油酸、豆油酸、亞麻酸五種為最主要的脂肪酸。棕櫚酸和硬脂酸為飽和脂肪酸（saturated fatty acids），油酸、亞油酸和亞麻酸為不飽和脂肪酸（unsaturated fatty acids），亞油酸和亞麻酸為多不飽和脂肪酸（polyunsatucated fatty acids，有二個以上的雙鍵）。種子發芽時，脂肪經細胞內各種脂酶（lipases）作用水解為各種脂肪酸，再經氧化作用（oxidation）及乙醛酸循環（glyoxylate cycle）進入檸檬酸循環（TCA cycle），提供發芽及幼苗生長所需之能量。

　　碳水化合物（carbohydrates）是許多作物種實的主要貯藏物質，特別是禾穀類及某些豆類作物（如豌豆、蠶豆、綠豆等）。其中澱粉（starch）為多糖類，由葡萄糖鍵結構成，鍵結形式有二種：包括 (1) 直鏈澱粉（amylose）：葡萄糖以 alpha, 1-4 方式鏈結；(2) 支鏈澱粉（amylopectin）：在分支處的葡萄糖以 alpha, 1-6 方式鍵結（圖 8.2）。直鏈澱粉及支鏈澱粉占澱粉的百分比因作物種類不同而有很大差異，在水稻品種類型間亦有極明顯差異，糯稻則只有支鏈澱粉；馬齒種玉米直鏈澱粉含量約 28%。直鏈澱粉及支鏈澱粉皆可被 alpha-amylase 及 beta-amylase 所分解，但支鏈澱粉在分支處只能由 alpha, 1,6-glucosidase 才能將其分解。直鏈澱粉含量的高低與烹調品質（cooking quality）有密切關係，含量愈高，米飯的黏性愈低。

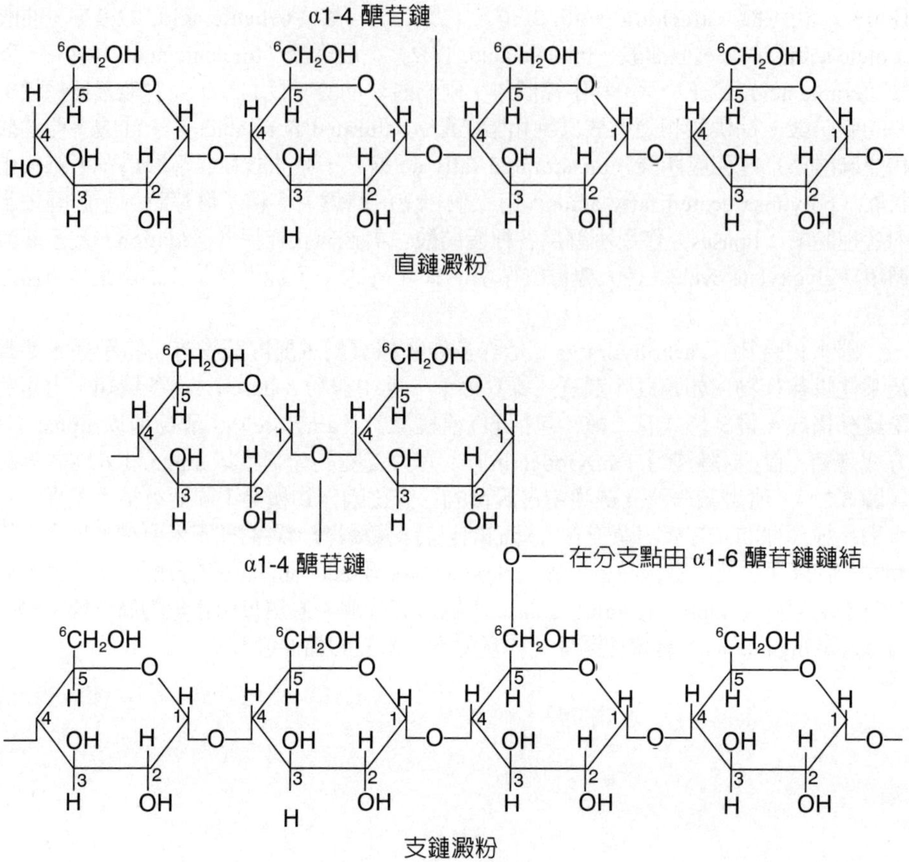

圖 8.2　直鏈澱粉（amylose）與支鏈澱粉（amylopectin）構造。

種子之構造與功能

　　依照植物學之定義，植物之果實（fruit）是指一個成熟的子房（overy），包含有一個或以上的胚珠（ovules），胚珠周圍有子房壁。而所謂「種子」（seed）即是成熟之胚珠，含有胚（embryo）。真正的種子（true seed）在種皮內具有胚及養分來源（food source）。其他種子為單粒種子之果實（one-seeded fruits），稱為穎果（caryopses，單數 caryopsis），因種皮已經與子房壁合在一起，實際上含有子房壁故不能視為真正的種子。大部分的穀粒作物均產生穎果，例如玉米、高粱、小麥、燕麥、黑麥、大麥、小米及水稻。而屬於真正種子的作物有大豆、蠶豆、豌豆及紫花苜蓿等，其子房壁即為莢果（pod）。就農耕或農業立場而言，不論是否為真正種子，種子可視為一種植單位，故播種時無需區分是否為種子或穎果。

種子組成

　　種子係由種皮、胚與貯存養分〔單子葉植物之胚乳（endosperm），或雙子葉植物之子葉（cotyledon）〕三部分所構成。種皮擔任保護功能，防病蟲害與機械傷害。而所貯存之養分不僅供胚於發芽（germination）期間作為能量來源，亦可供幼苗於出土（emergence）期間以及之後 4～6 週生長所需。這些養分貯存部位在單子葉禾本科為胚乳，而豆科則為子葉部位。胚乳主要是含澱粉與其他碳水化合物。

1. 胚

　　胚（embryo）為微型植物，包括數個不同部位，如典型之禾本科（圖 8.3）與豆科（圖 8.4）所示。禾本科作物屬於單子葉植物亞綱（*Monocotyledonae* subclass），簡稱單子葉植物（monocots），而豆科作物屬於雙子葉植物亞綱（*Dicotyledonae* subclass），簡稱雙子葉植物（dicots）。此二大亞綱植物之種子具有明顯可區別之特徵。

2. 胚根

　　胚根（radicle）即為胚的根（embryonic root），此為發芽期間從種子生長出之第一個構造，進一步發育成主根系（primary root system）。由於發芽期間胚部最關鍵性之需求是水分，水分也提供胚部細胞增大所需之膨壓，因此發育中之幼苗必須先伸出胚根進行吸水。在某些較進化的單子葉植物如禾本科，外面包覆有保護性鞘稱為胚根鞘（coleorhiza）。

3. 子葉

　　子葉（cotyledon）是胚的特化種子葉，子葉數目決定植物歸屬於單子葉（一枚子葉）或雙子葉（兩枚子葉）植物。就雙子葉植物而言，兩枚子葉可以提供胚及年輕幼苗生長所需養分，直到長出之葉片面積與光合能力足以維持植物生長。因此若子葉受傷或折斷將會減緩幼苗生長。在較進化之單子葉植物如禾本科作物，單一子葉演變為兩個特化構造，包括子葉盤（scutellum）與胚芽鞘（coleoptile）。子葉盤可自胚乳吸收養分並轉移至其他部位，而胚芽鞘則保護胚部往地上部生長之芽（胚芽，plumule）。

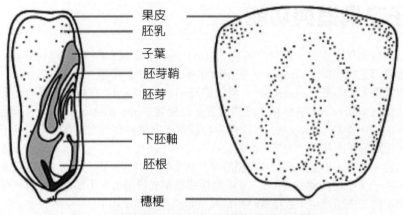

圖 8.3　禾本科玉米種子（穎果）各部位名稱。

（資料來源：修改自 Waldren, 2008）

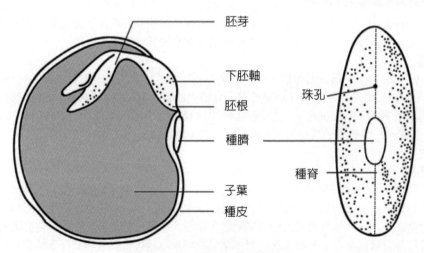

圖 8.4　豆科種子各部位名稱。

（資料來源：修改自 Waldren, 2008）

4. 上胚軸、中胚軸與下胚軸

上胚軸（epicotyl）是介於子葉與胚芽之間的胚莖（embryonic stem），而下胚軸（hypocotyl）則介於子葉與胚根之間。在幼苗出土時，這些胚軸可伸長與發揮功能。此外，中胚軸（mesocotyl）則是在進化的單子葉植物中所發現之特化胚莖，在幼苗出土期間可伸長而成爲禾本科植物幼苗的第一個節間（internode）。

5. 胚芽

胚芽（plumule）是胚部的地上部芽（embryonic shoot bud），位於子葉與上胚軸上方，且含有一層分生組織細胞（meristematic cells）的緊密層。分生組織細胞具有細胞分裂能力。在雙子葉植物如豆科作物，其胚芽由頂端分生組織（apical meristem）及兩片胚葉（embryonic leaves）所組成。而禾本科植物之胚芽則由中間分生組織（intercalary meristem）與 2～3 片胚葉所組成。

針對禾本科與豆科植物之差異性，摘要列表如下（表 8.3）：

表 8.3　禾本科（grass, Family *Poaceae*）與豆科（legume, Family *Fabaceae*）作物種子之差異

種子部位	禾本科（Grass family）	豆科（Legume family）
子葉（cotyledon）	1	2
養分供應位置 （food supply location）	胚乳 （endosperm）	子葉 （cotyledon）
養分供應類型 （food supply type）	大部分是澱粉 （mostly starch）	蛋白質與油分 （protein and oil）
子葉功能 （function of cotyledons）	吸收養分 （food absorption）	貯存養分 （food storage）
胚芽鞘（coleoptile）	有（present）	沒有（absent）
胚根鞘（coleorhiza）	有（present）	沒有（absent）
下胚軸（hypocotyl）	不活躍（inactive）	活躍（active）
上胚軸（epicotyl）	中胚軸（mesocotyl）	有（present）

種子之活力與發芽

　　種子活力（seed viability）是指種子發芽（germination）的潛力（capacity）。種子貯藏期間大部分種子之代謝速率極低。在環境適當時可以恢復生長的種子，均視為活的種子（viable seed）。種子活力常以發芽百分率，或是自 100 粒種子可長出多少正常有活力之幼苗數來表示。然而，活力不僅僅包括發芽能力（ability）而已，還應包括發芽之快速速率（a rapid rate of germination），以及之後幼苗是否有正常且旺盛之生長。

（一）發芽

　　作物種子不同於野生植物種子，其在採收後貯藏期間均維持乾燥狀態，若種子沒有休眠，則其發芽過程包括：(1) 浸潤（imbibition）；(2) 吸收水分及 O_2；(3) 酵素活化及貯藏物質水解；(4) 水解物質輸送到胚軸（embryo axis）；(5) 呼吸作用及同化作用（重新合成）加速；(6) 細胞分裂及增大；(7) 胚根及胚芽突破種皮。種子發芽時通常胚根比胚芽先突破種皮，因此一般認為胚根生長數公釐（例如 2 mm）即認為種子已發芽。發芽是植物種子的胚發育成幼苗及之後成株之過程，此過程包括幾個不同時期（或階段）（圖 8.5），可用水分吸收速率及種子外觀可見之變化予以區別。

1. 活化期	2. 消化及轉運期	3. 細胞分裂及伸長期
(1) 活化期（activation stage）種子快速吸收水分，易見種皮軟化、膨脹且破裂。 (2) 此時期種子較其周圍土壤乾燥，故水分會進入種子直至達到水分平衡。 (3) 隨著種子水分含量增加，種子內開始進行代謝反應，活化蛋白質合成即可。	(1) 貯存於種子內之養分（food reserves）會分解並轉運至胚部生長部，亦即胚根與胚芽。 (2) 本時期胚之代謝反應極快，且針對每一個特定之傾倒物與終產物所需之特定酵素均已合成。 (3) 此一階段穩定地持續吸收水分，種子外觀無明顯變化。	(1) 位於胚根或胚芽之生長點開始進行細胞分裂。 (2) 胚根首先從胚軸基部長出，水分吸收再度增加，之後很快地胚莖細胞開始伸長而冒出地面。

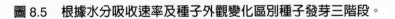

圖 8.5　根據水分吸收速率及種子外觀變化區別種子發芽三階段。

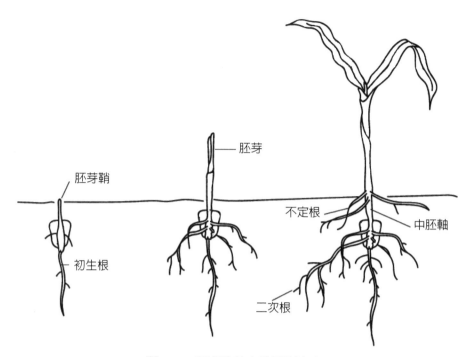

圖 8.6　玉米幼苗之地下型出土。

（資料來源：修改自 Waldren, 2008）

(二) 幼苗出土

　　作物種子於播種覆土後在土壤中發芽成爲幼苗，當幼苗突破地表露出土壤表面，即爲出土（emergence）。種子胚根一旦突破種皮，其會發育成初生根（或稱主根，primary root），而單子葉植物種子也會快速發育出種子根（seminal roots），此最初之根系可將幼苗固著於土壤中。其後幼苗之發育則決定於其幼苗出土之類型。地下型幼苗出土（hypogeal emergence）是指幼苗出土時種子之上胚軸或中胚軸伸長，而將子葉留在土中。例如玉米之出土類型（圖 8.6）。

　　地下型幼苗出土方式在單子葉植物相當普遍，所有的禾草類（grasses）植物均如此。具有地下型出土方式之作物包括玉米、小麥、高粱、黑麥、燕麥及大麥。禾草類植物之地下型出土，其中胚軸會伸長將胚芽鞘推向土壤表面。當中胚軸正在伸長時，胚芽（plumule）或二次根（secondary roots）並未生長。中胚軸一直伸長直到胚芽鞘到達土壤表面接受到陽光，並傳訊給中胚軸使其停止伸長。此時，胚芽開始生長而且從胚芽基部長出二次根，之後由胚部長出之葉片穿過胚芽鞘完成幼苗出土過程。由於所有組織伸長反應均發生在子葉上方，所以子葉留在原處。

　　地上型幼苗出土（epigeal emergence）則是指幼苗出土時利用下胚軸伸長將子葉推往地面。例如豆類植物之出土類型（圖 8.7）。與地下型比較，兩者外觀上之差異在於出土後子葉之位置。

　　在許多豆科作物如大豆、紫花苜蓿、三葉草（clover）及食用乾豆（field beans），其幼苗出土是屬於地上型出土，其胚根長出後最終發育爲主根。此豆科作物與禾草類作物不同，之後並未發育出二次根系。在主根系建立後，在土壤中之下胚軸伸長呈彎弓狀，繼續伸長後會將子葉推向土壤表面而破土長出。在光照下，下胚軸大部分曝光部分停止生長，而下側繼續生長。所以最後直立之下胚軸將子葉推出土壤，而位置在下胚軸之上方。下胚軸直立後，胚芽發育成第一葉稱爲單葉（unifoliate），或是一對單葉（a pair of single leaves）。子葉可產生葉綠素進行光合作用，但此時子葉較爲重要之功能角色是持續提供幼苗營養來源。

　　通常比較地下型（hypogeal）與地上型（epigeal）出土，前者花費之能量較少。在物理上，前者較容易將修長之胚芽鞘或上胚軸推送穿過土壤，而後者必須推動彎弓之下胚軸穿過土壤並將子葉推出土面。基於上述原因，通常作物種子大小相似時，地下型出土之種子播種深度可能會較地上型出土之種子深些，尤其當土表面較爲乾旱時，前者深度可大些。

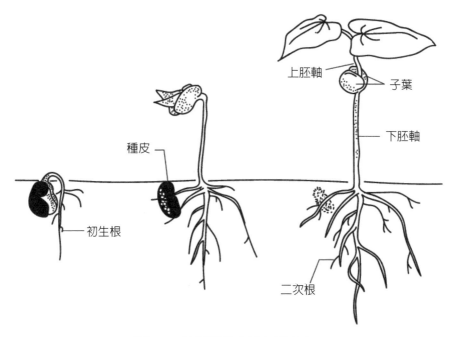

圖 8.7　豆類幼苗之地上型出土。

（資料來源：修改自 Waldren, 2008）

影響貯存種子活力之因素

　　影響種子活力之許多因素也會影響穀粒品質，但在種子貯存期間要維持高的種子活力較維持穀粒品質更加困難。影響種子活力之四大因素如下，但值得注意的是各因素間之交感效應。

1. 種子水分

　　種子貯存期間之水分含量是影響種子活力最重要之因素。維持種子活力最佳方法是在種子成熟時澈底風乾至含水量 8〜10%，之後貯藏在乾燥狀況下。對於需要延長貯存數年的種子則需要含水量降至 4〜6%。相對地，不需要作為種子用途之市售穀粒則可在含水量 12〜14% 情況下安全貯存而不會影響品質。對於種子而言，低水分含量不會影響活力，從 14% 至 5% 之間，每降低 1% 使種子壽命倍增。若貯存溫度較低則可提高保存效果。

　　種子含水分增加會引發許多問題，在含水量 8〜9% 時貯藏環境之昆蟲變得活躍，於 12〜14% 時真菌（黴菌）變得活躍。在 18〜20% 時種子呼吸作用速率增加會釋出大量熱能，而在 40〜60% 時種子發芽；顯然水分含量變化會影響種子活力。

2. 貯存區域之溫度

　　降低種子貯存溫度至少可以部分抵銷水分含量造成之負面效應。對於延長種子保存而言，2〜7℃之冷溫是最好的溫度，尤其控制在凍溫以上。種子或許也可以貯存在凍溫以下，但種子必須能與 70% 以下的相對溼度達到平衡，否則種子內自由水（free water）可能結冰造成組織細胞傷害。一般而言，從 44℃降至 0℃過程中，每下降 5℃種子壽命倍增。

3. 貯存區域之溼度

　　種子貯存之相對溼度範圍是 20〜40%，而最適當之相對溼度約為 20〜25%。由於種子與大氣相較較為乾燥，所以會自相對溼度較高之大氣中吸收水分，而影響種子水分含量。在保存商業用種子時，為了延長種子壽命會小心控制環境因子，然而一旦出售之後則難以提供理想環境供種子貯存。若種子將於數月內種植，只要種子保持乾燥即可。當貯存種子時間延長，例如前一年留下之種子若保存在乾冷環境下，仍能維持其適當之活力。

4. 種子年齡

　　種子活力會隨著年齡而下降，但與作物種類與品種差異有關。禾本科與豆科作物種子在適當貯存環境下其壽命可維持 20〜30 年，而在理想的貯存環境下多年生禾草類種子壽命僅能維持 5〜6 年。通常一特定作物或品種，其種子發芽與幼苗出土較為旺盛者，其壽命較長。在農場環境下，大部分的作物種子能維持 1〜2 年之活力，然而貯存一年以上之種子在播種前也必須測試其發芽能力。

影響種子發芽之環境條件

種子發芽過程中必須接收適當的水分與氧氣，以及適宜之溫度甚或光照。相關影響因子說明如下。

1. 水分

種子必須吸收足夠的水分才能快速發芽，當種子置於溼潤土壤中其立即開始吸收水分。在發芽期間水分扮演許多重要功能，水分能軟化種皮使胚根與胚芽可以長出來，水分也可溶解貯存物質成可溶形式供胚生長之用，以及參與營養物質轉運至胚部。此外，水分軟化種皮與增加細胞膜通透性均有利於氧氣進入種子。

種子吸收之水量會隨著作物類型而異，例如玉米在水中吸收的水分為其乾重的40%，而小麥吸收量為乾重的60%。富含蛋白質與油分之種子，如豆科種子在水中會吸收之水分達乾重的90%。當種子吸水後，種皮充分軟化，有適量之貯藏養分開始移動，使得胚部呼吸速率快速增加。發芽所需水量也與種子蛋白質含量有關，富含蛋白質之種子發芽所需水量較多。

在田間狀況下，土壤水分太少時，種子無法獲得足夠發芽所需的水分，以致停留土中過久，遭受病、蟲危害，降低種子發芽力及發芽勢。反之，土壤水分過多，常造成缺氧而使種子腐敗。

2. 氧氣

大部分乾燥種子在吸收足夠水分開始發芽後才會吸收氧氣。能否適當地供應氧氣給種子發芽主要決定於土壤通氣狀態，通常種子置於適當的苗床發芽時不會發生氧氣供應不足的問題。

種子發芽期間胚部呼吸作用需要適量氧氣，此期間之呼吸速率大於貯藏期間乾燥種子呼吸速率數百倍。田間狀況很少發生種子發芽缺乏足夠氧氣，但若土壤達水飽和狀態則會發生缺氧。此外，若土壤太過硬實或結硬皮也可能阻礙氧氣進入土壤。有些水生植物之種子在低氧或缺氧下也能發芽，例如在 6 英吋（約 15 cm）水深之土壤表面水稻種子可以發芽。有些雜草在水中或泥漿中也能發芽。

3. 溫度

種子發芽時胚部進行呼吸作用需要適當溫度，此溫度必須足以支持養分溶解之生化反應過程，以及細胞分裂與生長。田間作物之種子發芽溫度範圍在 1～48℃。表8.4 顯示七種作物種子發芽之溫度限制範圍與適溫。此三種溫度成為種子發芽之基本溫度（cardinal temperature）。溫度主要影響各種酵素之活性及反應速率。最適發芽溫度是指在最短時間具有最高發芽率（發芽率＝發芽種子數／供試種子數 ×100）。

表 8.4　作物種子發芽之溫度需求

作物	最低溫		適溫		最高溫	
	C	F	C	F	C	F
紫花苜蓿	5	41	20	68	44	111
玉米	10	50	20～30	68～86	48	119
棉花	16	50	20～30	68～86	--	--
水稻	21	70	22～30	72～86	--	--
高粱	21	70	22～30	72～86	48	119
大豆	16	60	20～30	68～86	--	--
小麥	1	33	15～20	59～68	40	104

　　冷季植物（cool-season plants）如小麥，發芽時所需之基本溫度低於暖季植物（warm-season plants）如玉米、高粱。必須要知道各種作物發芽之最低溫度，以便決定播種時間。例如在美國初春可播種玉米，其可耐受低於高粱 11℃的低溫。

　　對於大部分作物種子發芽而言，變溫（alternating temperatures）效果優於恆溫（constant temperatures）。因為原本種子所適應之土壤環境也是白天增溫夜間降溫之狀況。基於此，科學家發展出發芽活力之冷測試（cold test），亦即在溼冷之春天會發生之低土溫及高土壤水分條件下，測試玉米或其他作物之種子活力。此種測試採用未經消毒之田間土壤，種子播種後供水至田間容水量，之後種子與土壤均維持10℃、6～10 天，溫度再上升至 21℃維持 3～5 天，並計算出土之幼苗數目。

　　部分作物種子在定溫下不能發芽，利用變溫則能達到促進發芽的效果。變溫有利於作物發芽有兩個原因，包括：
(1) 由於高溫能使種皮膨脹，低溫使種皮收縮，變溫造成種皮受傷，有助於水分吸收促進種子發芽。
(2) 變溫使酵素活動旺盛，當種子在高溫時貯藏的養分變為可溶性，低溫時呼吸作用減弱，養分可供應種子生長所需，因而促進種子發芽。變溫對種子發芽效果依作物種類而異，變溫對許多林木及禾本科植物種子的發芽有利，許多野生植物種子發芽與否（休眠）則受季節性溫度變化的影響。

4. 光照

　　有些植物種子發芽時需要短暫曝光，其對於光照敏感的時期是在浸潤（imbibition）之後。種子發芽之需光性常見於種子較小之物種（small-seeded species），因種子小所貯存之養分有限，藉著感應光照種子可以知悉其將接近地表而啟動發芽，此有利於其幼苗成功出土。大部分作物種子發芽時並不需要光線，但少部分則需要光線刺激（需光性種子），例如萵苣種子未經後熟作用前，種子發芽需要短暫的光照，且與光敏素（phytochrome）有關，亦即紅光（660 nm）是有效光，遠紅光（730 nm）則無效。

　　對於大部分作物種子而言發芽不需光照，部分原因是經過人類長期選拔而不自知之結果。需光性種子通常種植之後不會發芽，所以也不會有種子可收穫，造成種子需光性逐漸消失。大部分雜草種子發芽需要光照，因此埋在土中之雜草種子缺乏光照下會維持其活力達數年。經過整地翻耕可以殺死既存雜草，但也將底下之種子帶至土表，若水分供應適當則可照光後發芽。有些萌前除草劑（preemergent herbicides），或播種時施用之除草劑，則是利用作物種子發芽不需光而雜草種子需光之事實進行雜草管理。故除草劑可施用在土壤表面，或是土壤上層 3～6 mm 深度範圍內，雜草發芽的位置。

種子發芽失敗之原因

　　種子無法發芽有許多因素（圖 8.8），除了必須具備前述之水分、氧氣、溫度與光照等外在環境條件外，尚有其他引起發芽失敗之原因分述如下。當外在環境條件不夠齊全引起休眠，一般稱為強制休眠（enforced dormancy）。例如在低溫乾燥下貯藏的種子、埋在土壤深層缺乏氧氣或光線的種子等。而種子置於適宜的環境下仍不能發芽，一般稱為內在休眠（inate dormancy）或簡稱休眠（dormancy）。

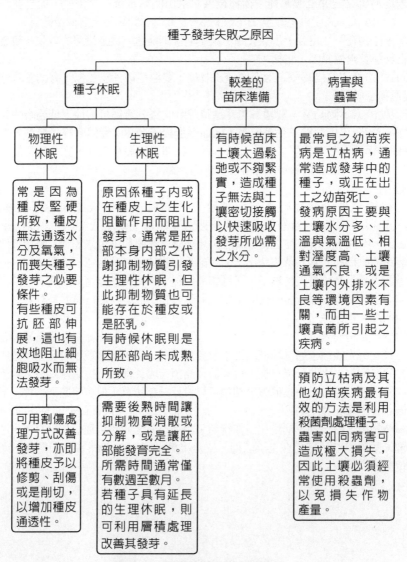

圖 8.8　種子發芽失敗之原因。

種苗預措

　　種苗（種子）在種植前，爲了使種植後發芽迅速及整齊，或爲了預防病蟲害的發生，或爲了給予肥料等，而在種植前進行種種處理，統稱爲種苗（種子）預措（圖8.9）。種苗預措的方法和步驟很多，包括選種、浸種、催芽、休眠之催醒、消毒、根瘤菌接種及其他處理等。

1. 選種

　　一批種子中，常混有未充實種子、穀殼、花梗、莖葉碎片、塵埃、砂粒及雜草種子等夾雜物，這些未充實種子及夾雜物在種植前必須除去，才能保證種子的品質。水稻種子進行鹽水選種時，先將種子浸於鹽水中，迅速攪拌，除去浮上來的種子，只取下沉的種子，再以清水沖洗即可。

2. 種苗消毒

　　常用的消毒法如下：

(1) 溫湯浸種消毒法：在種子消毒方法中，以本法較爲簡易、經濟、有效。溫湯浸種是藉助一定溫度在恆溫或變溫的條件下，殺死潛伏或沾附在種子內外的病菌。方法是先將種子放入盆內，再緩緩倒入 50～55℃（2 份開水、1 份涼水），邊倒邊攪拌，持續浸種。此種方法有一定的消毒作用，茄果類、瓜類及甘藍類種子都可應用。通常要處理的種苗先浸於冷水 4～5 小時，之後再浸於溫湯中，溫湯的溫度以及浸種時間，因病害種類而不同，例如大麥散黑穗病爲 52℃浸 15 分鐘，小麥散黑穗病爲 53℃浸 10 分鐘，甘薯黑斑病、甘蔗鳳梨病爲 47～48℃浸 15 分鐘，甘蔗矮化病爲 50℃浸 2 小時。溫湯浸種後，須立即放入冷水中片刻，以消除種苗內的餘溫，避免危害種苗。處理後的種苗稍經風乾後即可種植。

(2) 藥劑消毒法：可供消毒使用的藥劑種類很多，在應用前應先參考該種藥劑的詳細說明書或農委會每年出版的「植物保護手冊」（可參考官方網頁），以免使用錯誤。例如稻種消毒可使用 50% 免賴得（benomyl）可溼性粉劑的 1,000 倍液浸種 4～12 小時，就可消滅附著在稻種子上的稻熱病、稻苗徒長病、胡麻葉斑病、小粒菌核病等之病原菌。

(3) 粉劑拌種消毒法：將種子和殺菌粉劑混合攪拌後再行播種。例如落花生白絹病的預防可用大克爛（dicloran）可溼性粉劑與落花生種子拌種，每公斤種子使用 2 公克的粉劑。

3. 浸種

　　浸種就是在播種前先將種子浸於水中，使其吸收適當的水分，避免播種後種子吸水困難而陷於發芽遲延和不整齊的不良狀態。這種預措處理在水稻及園藝作物應用較多，在旱田作物則不適宜採用。

　　浸種的時間視水溫的高低而定，只要達到種子發芽所需的程度即可停止，否則種子內部的物質就會有滲漏現象而使種子受害。一般水溫高時浸種的時間要短，水溫低時浸種時間要長。例如水稻，水溫 15℃時，約需 6 天，22℃需 3 天，25℃需 2 天，

選種	種苗消毒	浸種	催芽	催醒休眠	根瘤菌及菌根菌接種
·一般利用風選及篩選進行選種，利用篩選並可選得較大顆的種子，有利於種子的發芽及幼苗生長。 ·為了選得大而充實的禾穀類作物種子，常採用鹽水選種法。	·種子或種苗之表面、內部或其附屬物都有可能感染病原菌，隨著種子發芽，這些病原菌在植物體的組織中繁殖蔓延，危害作物。 ·種子消毒時，應特別注意使用的藥劑濃度及處理的時間。 ·常用溫湯浸種、藥劑、粉劑拌種消毒法。	·在播種前先將種子浸於水中，使其吸收適當的水分，避免播種後種子吸水困難而陷於發芽遲延和不整齊的不良狀態。 ·浸種的時間視水溫的高低而定，只要達到種子發芽所需的程序即可停止。 ·一般水溫高時浸種的時間要短，水溫低時浸種時間要長。	·一般都將浸種後的種子裝入袋內或盛於容器中，灑以溫湯（約50℃），攪拌均勻後再以塑膠布覆蓋其上，以防止溫度的散失。	·常見方法包括：1.層積；2.高溫；3.藥劑處理；4.溶淋處理；及5.割傷處理。	·一般而言，未曾種植過同一種豆科作物的土壤，或根瘤菌數目少的土壤，接種根瘤菌確有助於根瘤形成及增加產量。 ·根瘤菌接種法有種子接種法及土壤接種法，前者於播種時與種子拌種，然後再播種；後者於播種時施入土中。

圖 8.9　種苗（種子）預措流程。

27℃以上只需 1 天。浸種使用流動水較佳，如在桶內進行，須注意換水，以免水中氧氣不足。

4. 催芽

在寒冷的地方或氣溫低的早春，為了促進發芽及避免種子遭受冷害，乃在播種前先行催芽，待幼芽長出後再播種。催芽的方法一般都將浸種後的種子裝入袋內或盛於容器中，灑以溫湯（約 50℃），攪拌均勻後再以塑膠布覆蓋其上，以防止溫度的散失。如此保持溫度 30～35℃，至幼芽長出為止。臺灣第一期水稻的播種期氣溫低，因此在播種前大都進行催芽處理。

5. 休眠的催醒

常見之解除休眠方法包括：

(1) 層積（stratification）：以低溫浸潤處理。寒帶溫帶林木種子，如杉、松、樺，溫帶果樹如梨、蘋果等種子，需在 5～10℃下浸潤 1～4 個月才能解除休眠。
(2) 高溫：如 40～50℃高溫一週處理可解除休眠，但必須注意不要過度乾燥而使種子活力降低。
(3) 藥劑處理：如 GAs 及 kinetin。
(4) 溶淋處理：用大量水將抑制物洗出。
(5) 割傷處理（scarification）：硬實種子或不透水種子用刀片、砂紙割破種皮，或利用濃硫酸侵蝕種皮。

6. 根瘤菌及菌根菌接種

大部分豆科作物均能與根瘤菌共生而形成根瘤，具有固氮能力，因此栽培豆科作物可減少氮肥施用量或不必施用，節省肥料用量。至於是否需要接種根瘤菌需視土壤狀況而定。一般而言，未曾種植過同一種豆科作物的土壤，或根瘤菌數目少的土壤，接種根瘤菌確有助於根瘤形成及增加產量；反之，前作根瘤菌形成良好的地區，連作時就無需實施接種。然而為了保證將來根瘤形成良好，播種時仍宜實施接種為宜。

根瘤菌接種法有種子接種法及土壤接種法，前者於播種時先與種子拌種，然後再播種；後者於播種時施入土中。另外，於接種劑添加鉬素，更有助於酸性土壤根瘤的形成。作物根部亦能被土壤中的菌根菌（mycocrrhizal fungi）所寄生，其菌絲會侵入根部細胞，並形成許多分支之末梢，延伸至土壤中。因此可增加作物根部對土壤養分的吸收，有利植株生長。

作物播種

1. 播種量與行株距

　　播種量與行株距決定了每一株作物在田間擁有的空間大小及植物類型（pattern），而最終田間之作物族群大小則決定於播種量與種子在田間之發芽率。如前所述，若田間作物有適當之族群大小與行株距則可讓葉片植冠（leaf canopy）有效地截收光線。在田間決定作物實際空間大小之因素，主要包括植株大小與水分供應。

　　作物之間利用水分之效率不同，然而最重要的決定因素是植株大小與其生命週期中究竟能長多大。較大型的植物產生較多的葉面積，意謂著有較多的水分會經由蒸散作用喪失。因此，較大型之植物其族群密度低於小型植物，例如在相同條件下玉米每公畝有 25,000 株，而小麥幾乎有 1,000,000 株。

　　當預期有較多水分可供作物生長利用時，通常播種量可以提高一些。相同作物品種之田間播種量，在有灌溉之田間可高於在乾旱之田間。於播種時若田間貯存之水分較少，則播種量應該減少。

2. 播種深度

　　作物播種深度（seeding depth）大抵決定於種子大小（size）與土壤狀況。發芽中的種子需要適當的水分與氧氣，以及土溫。良好的土壤構造也有助於種子發芽。較大的種子播種深度可以深些，因其有較多的貯存養分可提供幼苗生長發育所需能量直到出土為止。一般而言，播種深度約為種子外型大小之 3～4 倍左右。

　　於砂土播種其深度應大於黏土，乾土亦應較溼土深。乾旱時播種宜深，潮溼之處應淺播。此外，需光性種子應淺播，否則種子無法獲得光線而不能發芽。禾穀類作物之種子，不論播種深度如何，其冠根大致皆在同一深度內（地面下 2.5 cm 左右）形成。若播種過深，種子發芽後第一節間（first internode）伸長，直至離地表 2.5 cm 左右才發生冠根。因此水稻插秧過深時，容易形成二段莖，使分蘗延遲及減少。甘薯塊根大都在近地表之主莖節上形成，因此宜行淺植，插植過深則影響產量。

3. 播種日期

　　影響播種期最重要的環境因素為氣溫，熱帶地區終年溫暖，作物週年皆可生長，播種期之遲早影響產量小。溫帶地區範圍廣大，溫帶北部無霜期短，每年只能栽培作物一次，因此都在春末夏初播種，屬於春播。溫帶南部氣溫較為暖和，喜溫暖氣候的作物如水稻、玉米、大豆、花生、向日葵等可春播，喜冷涼氣候的作物如冬麥類、冬季型油菜等可秋播。

　　影響播種期的另一項環境因素為雨量，如無灌溉配合，大陸氣候型地區適合春播，地中海氣候型地區適合秋播。同屬春播或秋播，其播種適期亦有差別，氣溫較高的地方春播宜早，秋播可遲；氣溫較冷的地方春播需較遲，秋播宜早。例如臺灣第一期水稻（春播）之播種適期，北部在一月上旬至二月中旬，中部在十二月下旬至一月下旬，南部最早，在十二月上旬至十二月下旬。

(1) 春播作物：春播作物（spring-seeded crops）之播種日期決定於發芽所需之最低土

溫，通常生產者在考量環境條件與可承受之風險下，會在初春儘早播種。提早播種時可採用具有高產潛力之晚熟（longer maturing）品種或雜交種。生長季節開始後若田間沒有長出之作物，就表示喪失潛在之光合作用，若能提早播種儘速讓作物植冠覆蓋地面，可使光合作用充分發揮用於生長與產量，並改善雜草管理。

(2) 秋播作物：種植秋播作物（fall-seeded crops）如冬小麥，通常土溫接近生長適溫，所以由其他因素決定適當的播種量。冬小麥之播種必須考慮使植株在冬季低溫休眠前能有適量生長，以減少使用水分及增加對於病蟲害之保護能力。若冬小麥播種太早，在冬季休眠前將過度生長而耗掉過多的土壤水分。另一方面，若延後太久才播種則使得年輕幼苗在休眠期之前缺乏足夠時間發育，這可能增加冬季之死亡率。延後播種也可能造成冬季期間因地面無適當覆蓋物而易受到侵蝕。

4. 播種方法

作物種植之播種方法（method of seeding）（圖 8.10）包括 (1) 撒播；(2) 條播；及 (3) 點播。

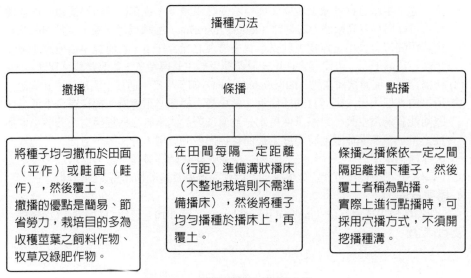

圖 8.10　**作物種植之播種方法。**

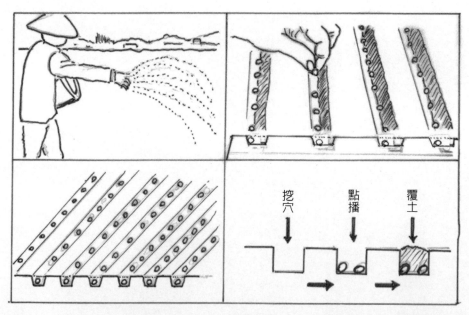

圖 8.11　**播種方式包括撒播（左上）、畦播（右上）、條播（左下）與點播（右下）。**

組織培養與人工種子

　　植物組織培養（plant tissue culture）是指採取植物某一部分組織，通常為生長點、分生組織、薄壁細胞組織或花藥，在無菌狀況下放置於含有營養成分及生長調節物質的培養基中培養（例如 Murashige and Skoog 培養基，簡稱 MS 培養基），以誘導其發根及莖（芽）之生長，所長成的小苗（試管小苗，三角瓶小苗）再移植溫室或田間，俟成長後作為種苗來源或其他用途。

　　利用組織培養生產種苗的技術主要有下列幾種方式，包括：

1. 採取生長點直接培養及誘導為幼苗，最常見於無病毒種苗的生產，例如馬鈴薯、甘薯等。
2. 採取部分組織在培養期間先誘導其形成癒傷組織（callus），然後誘導癒傷細胞分化形成擬胚（embryoids），並發根及發芽，所長成的小苗再移植田間育苗。利用本法可生產大量種苗，例如蘭花。
3. 利用花藥培養單倍體植株，供品種改良及縮短育種年限之用，亦可供生產種苗之用。
4. 採取部分組織分離為個別細胞，再以懸浮細胞培養（suspension cell culture）的方式誘導其形成擬胚，或利用上述癒傷組織所形成的擬胚，作為體胚的來源，製作人工種子（artificial seeds）（圖 8.12）。人工種子又稱合成種子（synthetic seeds）或體細胞種子（somatic seeds），指通過組織培養技術，將植物的體細胞誘導出形態上和生理上均與合子胚相似的體細胞胚，之後將其包埋於含有一定營養成分和保護功能的介質中，組成便於播種的類種子。

　　人工種子是利用懸浮細胞培養法大量生產遺傳物質相同的體胚（somatic embryos），外面加上一層人工種皮，做成狀似種子的繁殖體。外層的人工種皮尚可加入發芽時所需的養分、生長荷爾蒙、殺菌劑、菌根菌等，以輔助體胚的發芽及生長。利用細胞懸浮培養以繁殖體胚的技術進展頗速，估計約有 150 種以上的作物可以獲得體胚，但並非每一種皆可製作人工種子，有些是成本過高而不具商業價值。近年來，已有少部分作物如萵苣、苜蓿的人工種子生產及應用。

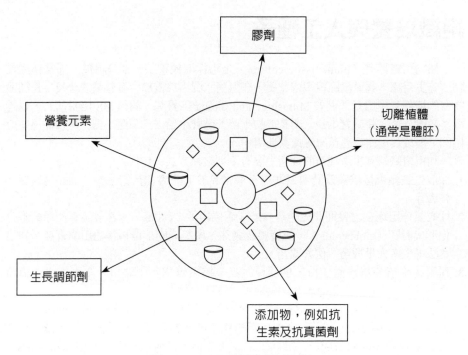

圖 8.12　人工種子基本組成。

第 9 章
作物根部

根部構造與生長

　　根部生長始於根尖（root tip）（圖 9.1），幾乎所有的吸收活動（absorption activity）均在此區域。雖然根尖部位可能僅占根部總重 1% 以下，但在整個根系中有數十萬個根尖，且在此區域發生之代謝活動決定了整個植株的生長發育。

　　根部構造以下列方式發育，位於根尖端是頂端分生組織（apical meristem），此區域細胞快速分裂，而產生之新細胞分別朝向根的尖端與後方。在此區域之下方與周圍的部位為根冠（root cap），係由來自分生組織區域之新生細胞連續性再生而成。當根尖穿過土壤時，根冠可以保護根尖，此時根冠細胞連續性脫落。根冠細胞脫落會在周邊土壤顆粒上留下微觀下極薄之凝膠狀披覆，使得根部生長容易穿過土壤。據估計，根冠細胞脫落加上根部分泌作用可能消耗光合作用產生之養分約 20～30%。

　　在分生組織區域產生之其他細胞則發育為根部組織。根部生長有些是細胞分裂，但根部伸展（增加長度）之主要區域則是發生在分生組織區域正上方之延長區（elongation zone）。此區域細胞增大主要是縱向或沿著長度方向進行，將根冠推動穿過土壤。雖然此區域也會吸收水分與養分，但其主要功能是根部伸長。

　　來自延長區之根部細胞會逐漸轉變為分化區（differentiation zone），此區域細胞開始發育成不同組織，例如木質部（xylem）與韌皮部（phloem）。許多表皮細胞產生側向擴張稱為根毛（root hairs）。在根部停止伸長之後才會形成根毛，因為任何伸長活動均會折斷脆弱的根毛。

　　根毛數目極多，大約每平方公釐的根表面有 200 支根毛。據估計四個月大的黑麥在 400 m^2 表面積約有 140 億支根毛，這些根毛生長快速於數小時內即生長至完全大小。其可增加根部吸收表面積達 20～30 倍。

　　在成熟區（maturation zone）之細胞其功能更加特化且群聚形成一些組織如圖 9.1、9.2、9.3 所示。最外層一列細胞發育成根表皮（epidermis）以保護根部，表皮層正後方區域的細胞則形成皮層（cortex），以貯存根部養分（food storage）。再往內有一層厚的細胞層變成內皮層（endodermis），此組織僅根部具有。內皮層之細胞發育成周鞘（pericycle）及維管束系統（vascular system）。周鞘是一層分生組織細胞層，會從此處長出支根。而維管束系統則包括木質部與韌皮部組織。周鞘與維管束系統統稱為中柱（stele）。

　　從成熟之單子葉與雙子葉植物根部橫切面（圖 9.2、9.3）可看出，單子葉植物根部之中柱較雙子葉植物大。此外，維管束系統排列方式亦不同，單子葉植物根部之維管束系統分散於中柱周圍附近，而雙子葉植物根部之維管束系統則在中柱中心呈十字交叉排列。

c = 皮層
x = 木質部
p = 韌皮部

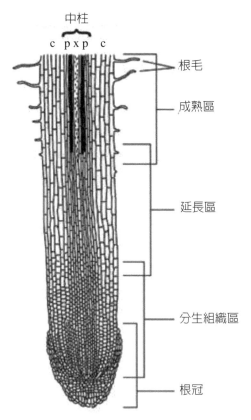

圖 9.1　植物根尖縱剖面圖。

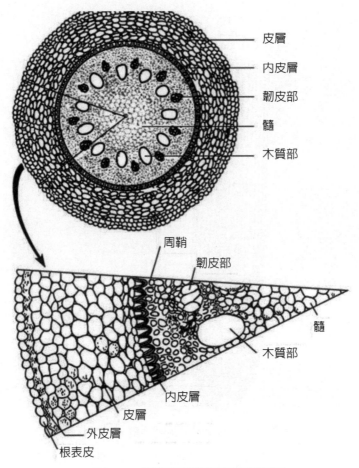

皮層

內皮層

韌皮部

髓

木質部

周鞘

韌皮部

髓

木質部

內皮層

皮層

外皮層

根表皮

圖 9.2　單子葉植物根部橫切面圖。

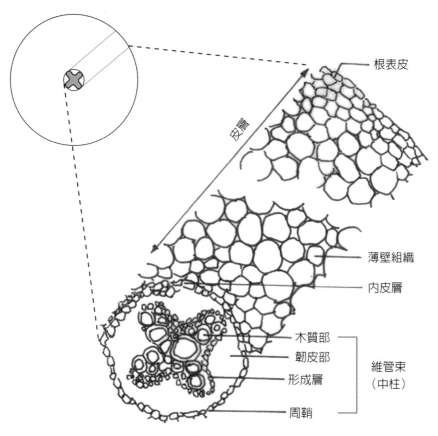

根表皮

皮層

薄壁組織

內皮層

木質部
韌皮部　維管束
形成層　（中柱）
周鞘

圖 9.3　雙子葉植物根部橫切面圖。

根的起源

　　從發芽中種子冒出的第一個構造即是胚根（radicle），其後發育為初生根（或稱主根，primary root），也是植物展現完全發育與組織分化的第一個器官。此時期幼苗最大的需求是水分，為生長時細胞伸展擴大與伸長所必需。

　　種子根（seminal roots）是種子源自胚部之根，其出現於禾本科植物幼苗，在幼苗建立期間相當重要。然而其對整個根系而言僅占極小部分。

　　不定根（adventitious roots）則是源自根組織以外的根，可從任何分生組織發育而來。在禾本科植物，自莖節上方之中間性分生組織（intercalary meristem）可發育出不定根，而形成二次根系，最終成為植物之主要根系。

　　支持根（brace roots），又稱支柱根（prop roots），是源自節（node）上之地上不定根（圖 9.4）。雖然沒有證據支持，但從支持根之名稱似乎可以推斷其可提供植物支撐笨重的莖部。此種支持根通常出現在一年生禾本科作物如玉米、高粱，多年生禾本科作物如甘蔗與竹子。

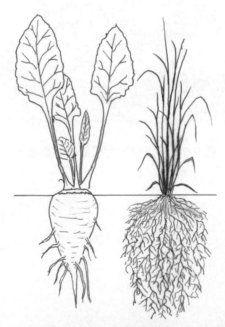

圖 9.4　根系類型，由左至右分別為蘿蔔肉質直（主）根及禾本科鬚根系。

根系

　　當源自種子胚根之初生根繼續生長發育而成為根系的重要部分，此時植物即具有主根系（或稱為直根系，taproot system）（圖 9.4）。主根系之生長入土可以很深，尤其是多年生作物如紫花苜蓿。例如茶樹之實生苗其主根系深度可達 2～3 m，而扦插苗非主根系其深度僅約 40～50 cm。大部分根類作物如甜菜或胡蘿蔔，以及大部分豆科作物及其他雙子葉植物均具主根系。

　　雙子葉作物根系屬於主根系，如大豆、落花生、棉花、油菜、菸草、黃麻等作物根系均屬之。主根系有一條由胚根發育而成的粗壯主根，從主根上發生側根，再從側根上發生多次支根，從而構成雙子葉作物龐大的根系。主根前期生長快，垂直入土也深。側根和支根先水平生長，以後轉向垂直生長，擴展較寬，但入土較淺。

　　鬚根系（fibrous root system）則是不具中央主要根部之根系（圖 9.4），其具有許多源自植株的根（非源自種子胚根）且其大小差不多。具有鬚根之大部分植物，其主根（初生根）並未繼續發育，且大部分的根屬於不定生長之二次根（secondary roots）。所有的禾本科植物均屬鬚根系，鬚根生長深度通常不如主根深，但其根系通常在土中之分布較為完全。但主根系可從較深層之土中吸收水分與養分，各具優點。

　　根系內根分支程度隨作物而異，但鬚根分支（branch roots）通常較主根少，所發育之支根如下：

　　二次根（secondary roots）：來自主根（primary root）或莖部組織。

　　三次根（tertiary roots）：來自二次根。

　　四次根（quaternary roots）：來自三次根。

　　五次根（quinary roots）：來自四次根。

　　值得注意的是，勿將「二次根」之定義與禾本科或其他單子葉植物中之「二次根系」（secondary root system）混淆。後者是鬚根系即屬於二次根系。

　　單子葉作物的根系是屬於鬚根系。如禾穀類作物的鬚根系由種子根和冠根組成。種子萌發時，胚根先發育為種子根，以後胚軸基部又可能出現數條幼根。這些根均種子根。水稻、玉米、高粱和粟的種子根僅有一條，麥類作物則有 3～7 條。水稻、高粱、粟等種子根功能侷限在幼苗階段，當鬚根形成後種子根即不再起重要作用；玉米和麥類作物種子根的功能則保持在整個生育期，並能伸入深層土壤吸收深層水分和養分。冠根則為地下莖節上發生的不定根。地上節位因未與土壤接觸，一般不再發生不定根，但玉米、高粱和粟尚能在地上部伸長節間的若干節位上發生不定根（氣生根），這些根除了增強固定植株能力外，亦具吸收功能。冠根發生數量多，且主要分布於富含水分和養分的耕犁層土壤，是穀物作物根系的主要組成部分，擔負根系的主要功能。

根的功能

　　根是作物的主要吸收器官，也是重要的同化中心。作爲強大的吸收系統和植物荷爾蒙以及某些有機物質的合成器官，作物根系是地上部光合生產系統的基礎。作物生產過程要求建立一個大小適宜、功能較強的光合體系和比較發達的產量部位，這主要決定於根系的大小及其功能。但作物根系生長與地上部器官生長之間，既存在依存關係，又存在相互制衡的複雜關係。作物根系生長及其生理機能既影響著莖葉生長與收穫部位器官之形成，又受地上部同化物質供給量的制約。如莖葉生長過於旺盛時，根的生長因碳水化合物供應不足受到抑制。氮素有利於莖葉生長而磷鉀能促進根系發育。因而作物生產過程中水分與肥料管理是調節作物地上部／地下部之乾重比的重要措施。此外，土表耕作、整枝以及應用生長調節劑亦是調節作物地上部／地下部乾重比的有效手段。

　　所有植物之根部其主要功能均相同，是從土壤吸收水分與養分以及支持與固著植物，但根部也還有其他功能分述如下。

1. 水分與養分的吸收

　　根部是植物與土壤接觸之部位，其主要功能之一是吸收植物生長發育所必需之水分與養分。實際上所有的吸收活動均在根尖部位，主要透過根毛吸收，也因爲如此根部必須連續性地生長以進入新的土壤區域，接觸土壤水分與養分。當土壤因爲雨水或灌溉而溼潤時，新根可能會生長進入溼潤區域，而原本存在之老根雖不再吸水但能送出新的分支繼續吸收。

　　根部不會朝向水分與養分方向生長，而水分與養分也不會大量移往根部。然而，當根生長時期會遭遇生長所需之這些物質。水分通常保持在土壤極小孔隙中，養分則以非常低的濃度溶解在土壤水中，或是吸附在土壤及有機質膠體表面。根部在生長穿過土壤過程中，自土壤及膠體顆粒吸收這些養分。

　　植物吸收水分與養分通常是在土壤上層，一般的歸納雖然未必準確，但顯示大約有 40% 之根部吸收是發生在根系上層 1/4 部分（圖 9.5）。大部分作物有效的根系深度是 2 m，所以約有 70% 根部是在土層上層 1 m 範圍內。雖然僅有 30% 的根部吸收發生在 1 m 以下，但此區域額外之水分與養分供應對於植物而言相當重要，尤其是在乾旱期間。

　　土壤水分管理以及施肥深度會影響根部最大活動之區域。例如經灌溉之玉米因爲土壤有固定的水分供應，所以其根部有 90% 是位於土壤上層 1 m 範圍內。反之，另一棉花研究顯示雖然有 55% 根部乾重是發生在土壤上層 15 cm 範圍內，此區域內之吸水總量卻僅占 30%（表 9.1）。

2. 水分與養分的運輸

　　根部自根尖吸收水分與養分後，經過小的支根至較大的根，最後再經莖部運送至葉部。根部在特定之運輸組織產生細胞分化，產生之木質部負責經由根部、莖部，至葉部移動水分與養分，而分化產生之韌皮部則負責從葉部經過莖部與根部，將光合產

物運送至根部生長與吸收位置。若這些運輸組織（維管束系統）因感病或傷害而受傷或失能，則植物會凋萎且可能最後死亡。

3. 貯存

大部分轉運至根部之植物養分用於根部生長、維持細胞存活，以及作爲根部吸收水分與養分之能源。二年生作物如甜菜、胡蘿蔔與蕪菁，於第一年以碳水化合物型式大量貯藏養分於其大的肉質主根中（圖9.4）。這些根類作物通常在生長第一年結束時收穫，若任其生長至第二年則從貯藏貯存物之根部開始進行生殖生長，地上部再生並開花結果。

4. 其他功能

部分作物根部具有特殊功能或用途，例如豆科作物根部與固氮根瘤菌共生而能固定空氣中之氮素。此外，一些作物如甘薯及蘆筍其根部可以用於繁殖。

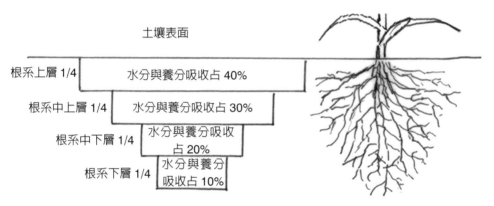

圖9.5　非灌溉作物水分與養分之吸收類型。

表9.1　在砂質壤土棉花植株根重與水分吸收相對比例

土壤深度	根重	水分吸收
公分（cm）	(%)	(%)
0～15	55	30
15～30	20	28
30～45	10	22
45～60	7	16
60～75	8	4

根部生長範圍

作物根系乾重合計至少約占植株總乾重 1/3 至 1/4，有些研究者估計植株地下部乾重約與地上部相同，而根的表面積約大於葉部與莖部表面積 20～30 倍，若是連根毛表面積也計入，則可能超過 100 倍。

在肥料施放、決定何時供應灌溉水及供水量之前，必須了解作物根部生長類型及其在各個生育時期穿過的土壤範圍。當生產者希望條施肥料以增加作物利用營養時，例如在鈣質土壤施用磷肥，必須將肥料正確放置在根部生長的地方。在決定作物能適應之土壤深度、栽培深度、排水以及選擇適當之耕作制度方面，根部生長類型之資訊也很有助益。

作物根部生長包括水平與垂直生長，其主要受到作物物種、土壤水分、土溫、土壤通氣及土壤深度影響。具有主根系之作物與鬚根系作物相較，通常穿透土壤較深，但較少側向擴展。在光照與經常灌溉下生長之作物，有較高比例之根部位於土壤上層區域。無灌溉之作物其根部則可能穿透進入較深土層以獲取水分。根部生長所需之適當溫度與氧氣量隨作物類型而異，一些作物之根系分布狀況如表 9.2 所示。

秋播小穀粒作物與春播小穀粒作物相較，其根部穿透入土壤深度較深，約多出 30～40%。此結果雖然有部分原因與遺傳有關，但部分原因則是與前者生長期較長有關。此外，比較高粱與玉米時，兩者之根部生長類型相同，但高粱的根直徑較小且單位土壤體積內根數較多，此有利於提高其耐旱性。高粱在較少氮肥供應下也能獲得相當的產量。

表 9.2　作物典型之根分布

作物	根系類型	最大吸收深度 (cm)	根部最大深度 (cm)	側向擴展 (cm)
冬小麥	鬚根系	115	210	20
春燕麥	鬚根系	75	120	20
玉米	鬚根系	105	180	105
高粱	鬚根系	105	180	90
水稻	鬚根系	3～5	15	15
棉花	主根系	30	60	97
甜菜	主根系	105	180	30
大豆	主根系	30	60	60
無芒雀麥	鬚根系	88	90	60
紫花苜蓿	主根系	120	600	60

影響根部生長之因素

1. 向性

根物生長對於某些環境條件有所反應，此種反應稱爲向性（tropism），根部向下生長稱爲正向地性（positive geotropism），或是指根部生長朝向重力拉力方向。若植株橫向放置則莖部調整生長方向向上生長，根部亦調整方向向下生長，其原因係生長荷爾蒙重新分布，可能是生長素（auxin）因重力而重新分布。生長素促使橫放之莖部下方一側生長，而抑制根部下方一側生長。

根部生長也會遠離光線，稱之爲負向光性（negative phototropism），其原因是因光線改變生長荷爾蒙之分布所致。在適當之溫度環境下，根部生長較爲快速且增生較多，此稱爲正溫週期性（或稱正向溫性、感溫週期性，thermotropism）。根部在適當水分環境下生長較爲快速，此爲正向水性（hydrotropism）。

2. 遺傳

根系類型是主根系或鬚根系乃由遺傳決定。當初生根變爲中央根而具有小的支根時，即發育出主根系。此大的中央根可能展現出大量支根，如大豆與紫花苜蓿，或是僅有少量支根如甜菜。此外，當初生根被許多不定根補充時，即發育出鬚根系。所有一年生與多年生之禾本科植物均具有鬚根系。

在根類型與根表面積方面，除了有物種間差異，在同一物種內不同品種（variety）與雜交種（hybrid）間亦有差異。作物育種家發展出之玉米雜交種其根部生長快速可以克服玉米根蟲攝食。經耐旱選拔之品種，具有高度分支與大的根部體積。

3. 土壤水分含量

作物根部可以在土壤水分潛勢 −1/3 至 −15 bars 範圍內之土壤生長，若低於 −15 bars 則對於根部生長而言土壤太乾。在水飽和土壤通氣不良狀況下不利於根部生長，而土壤水位太高或經常含有過多水分之排水不良土壤也會限制根部生長。反之，過度排水而致缺水之土壤也會限制根部生長。

通常作物根部無法直接生長進入或穿過乾旱土壤以到達溼潤土壤區域，因爲根部必須連續性生長進入新的溼潤土壤區域以吸收根尖細胞伸長所需之土壤水分。一旦土壤水分消耗，在根部重新生長之前必須藉由雨水或灌溉補充水分。降雨量會大大影響根部生長（表 9.3），當降雨減少時，根部生長之深度減少而側向擴展增加。降雨少時能貯存之水分極少，植物幾乎完全依賴生長季節落下之雨量，此時根部進一步側向生長以吸收有限之水分，因爲深層土壤未溼潤故根部不會往深層穿透。

經灌溉之作物其根系側向擴展與根部穿透土壤之深度係決定於土壤溼潤之體積。滴灌（drip irrigation）下僅有有限的土壤體積溼潤，而輕度頻繁之噴灌（sprinkler or spray irrigation）則僅溼潤上層土壤體積。然而，利用畦灌（row irrigation）可以溼潤整個根區有利根部生長。不論使用何種灌溉方法，若所供應之水量適當地滿足作物所需則可獲致預期產量。但若僅有少量土壤溼潤也可能因爲根系發育不足而造成作物

損失。

4. 土壤物理條件

作物根部生長可能受到一些物理性障礙限制，例如不透水岩層、砂礫底土、重黏土層，或是來自耕犁或重機械壓過之緊實土壤層。若障礙層之強度小於根壓，則根部可穿過物理障礙。根壓大小會隨著物種而異，其最大值可達到 9～13 bars。若根部無法穿過物理障礙則只有朝向水平方向生長。

5. 土壤肥力與酸鹼度

在肥沃土壤中作物根部生長較為擴展與多分支，在一團動物糞肥或條施肥料周圍，根部之增殖較為擴張。然而，根部不會直接生長進入高養分濃度區域，而是經常顯示於接觸高濃度養分之第一個接觸點其生長有些抑制與畸形，此肇因於高濃度肥料之「鹽分效應」（salt effect）。土壤中高濃度養分區域會影響土壤水中化學鹽分含量，而抑制根部生長。

土壤酸鹼值（pH）過高或過低均會影響根部生長。當土壤 pH 7.5 以上時，可吸收利用之磷及微量元素鐵、錳、鋅、銅、鈷均減少。作物根部生長土壤中必須要有適量可吸收利用之磷。土壤 pH 值提高可能因鈉鹽累積所致，此狀況會干擾根部吸水。當土壤處於低的 pH 時所增加溶解之鐵與鋁可能會達到毒害的程度，或是減少其他營養元素之利用性。

6. 土壤與根部溫度

作物根部生長所需之適當溫度隨作物種類而異（表 9.4），但通常因土溫低於氣溫，故根部生長適溫通常較莖部與葉部低。此外，在生長季節期間通常根部環境溫度之變化少於氣溫變化。

在適當的土壤環境下，隨著溫度增加至適溫根部生長也隨著增加。低溫會減少生化反應速率及細胞膜通透性，以及增加細胞內流體之黏性。此外，在低溫下植物養分從有機態（不可利用性）礦質化成無機態（可利用性）形式之速率也會下降。

土壤溫度受到土壤含水量影響，溼潤土壤通常溫度低於乾燥土壤，主要是因為水的比熱高於土壤其他組成約 5 倍。土壤顏色也會影響土溫，土壤原本顏色較暗，或是因富含有機質而色暗均會吸收較多熱量。土壤裸露與有作物殘株敷蓋相比，其溫度較高。

7. 土壤通氣

典型的土壤大約有 20～25% 體積是空氣，而土壤氣體中含有 20% 氧氣。氧氣是根部呼吸作用所需，可以提供細胞生長、維持與養分吸收所需之能量。在某些情況下水分吸收也需要能量。在厭氧（anaerobic）（缺乏適量氧氣）情況下，根部及土壤生物可能產生有毒物質而抑制根部生長。

作物根部生長所需之適當氧氣量隨作物種類而異，例如水稻與蕎麥可以忍受低氧，但玉米與豌豆則較大部分其他作物需要較高的氧氣量。然而，當土壤氧氣含量低於 10% 時，大部分作物根部生長即受到抑制。在土壤氧氣含量低於 10% 時，棉花與大豆根部伸長均下降，但在氧氣含量 10～21% 範圍內則表現相同之生長速率。

土壤空氣與大氣空氣相比較，其所含二氧化碳高出 10 倍且氧氣較少（表 9.5），

這些組成也會隨著土壤類型、有機質含量、生長之作物以及大氣狀況而改變。根部與土壤生物均會利用氧氣產生二氧化碳。許多土壤孔隙並未與大氣相鄰也相對減少土壤與大氣進行氣體交換。此外,粗質地土壤之通氣狀況也較細質地土壤佳。

　　對於大部分之作物而言,當土壤氧氣超過 10% 以上,根部生長並未受到嚴重阻礙,而水生植物則可忍受氧氣含量低於 10%。一般而言,二氧化碳在平常範圍內很少減低根部生長,但針對緊實或溼潤土壤所累積之二氧化碳可能會達到抑制根部生長的程度。

表 9.3　年雨量對於冬小麥根部生長之影響

年雨量(cm)	根部深度(cm)	側向擴展(cm)	株高(cm)
40～50	60	60	65
50～60	120	50	90
65～80	150	30	100

表 9.4　各種作物根部與地上部適當之生長溫度

作物	根部(℃)	地上部(℃)
小麥	18～20	18～22
大麥	13～16	15～20
水稻	26～29	26～29
玉米	25～30	25～30
紫花苜蓿	20～28	20～30
棉花	28～30	28～30
燕麥	15～20	15～25

表 9.5　大氣空氣與土深 15 公分之土壤空氣之組成分相對量

	氮氣(%)	氧氣(%)	二氧化碳(%)
土壤空氣	79.2	20.6	0.25
大氣空氣	78.1	21.0	0.03

第 10 章
作物莖部與葉部

作物莖部

作物葉部

作物莖部

　　有關莖部（stem）的另一個名稱是「地上部」（shoot），但此名詞經常用於包括莖部與葉部（leaves）。一些禾本科植物如小穀粒作物之中空莖部稱爲「稈」（culms），而如玉米或高粱其實心莖部稱爲「莖」（stalks）。而「莖」（stem）通常用於豆科植物，如大豆及紫花苜蓿。

　　禾穀類作物的莖由節和節間組成，分地上和地下兩個部位。地上部節間伸長形成爲莖（稈），它是依靠節間近基部中間分生組織的細胞分裂使節間伸長。位於地上之莖部一般呈圓筒狀，中空（如稻、麥）或以髓充填成實心（如玉米、高粱、甘蔗等）。地上之莖部節有腋芽，通常呈潛伏狀態，如萌發則成分枝。地下莖部的高度、節和節間數因作物種類及品種而異。

　　一般早熟品種莖較短，節與節間數相對較少；晚熟品種則反之。禾穀類作物莖接近地面之節間不伸長，節與節間密集於靠近地表的土內。這一節群稱爲分蘗節（不伸長節）。分蘗節有腋芽，在適宜條件下能夠萌發，禾穀類作物稱這種分枝爲分蘗（tiller）（圖 10.1）。分蘗發生有一定順序。部分分蘗能抽穗結實，成爲有效分蘗；部分則因生長差不能抽穗結實成爲無效分蘗。分蘗力（單株分蘗數）和分蘗成穗率因作物種類、品種及栽培條件有較大變化。

　　莖部可歸類爲木本莖或草本莖，前者僅出現於多年生植物。在多年生雙子葉植物中，木本莖又可進一步分爲硬木（hardwood）如橡樹，或是軟木（softwood）如榆樹。木本單子葉植物案例有棕櫚與竹子。此外，具有草本多年生莖之植物如紫花苜蓿與無芒雀麥，而所有一年生作物均爲草本莖。

　　雙子葉作物莖的生長依靠頂端分生組織的活動增加細胞數目和體積，使莖增長。莖的節數亦因作物種類及品種等而異。節部腋芽萌發形成分枝。不同作物形成分枝之能力及其利用價值有所差異；落花生和豆類作物、棉花、油菜分枝發生能力強，對產量構成影響較大，栽培上要促進分枝早生多發；然而菸草和麻類作物分枝對莖（麻類）葉（菸草）的產量和品質不利，栽培上則要抑制其發生。

　　分枝性強的作物可發生多次分枝，而以第一次分枝對產量貢獻最大。雙子葉作物分枝的發生數量、節位、長度及與主莖所成角度大小，決定株型（plant type），是栽培上確定種植密度的重要依據。

1. 莖部構造

　　莖部構造（stem structure）係由節（nodes）與節間（internodes）所組成，節是壓縮組織之區域可產生其他植株部位，如葉部、分枝及花。節間則是位於節與節之間的區域，其含有伸長的細胞。植物株高大部分決定於節間長度，而節之有無也是鑑定區分莖部與其他部位之依據，例如莖部有節而根部無節。

2. 莖內部構造

　　單子葉植物如禾本科植物之莖部，其維管束（vascular bundles）排列較爲疏散（圖10.2），然而雙子葉植物如豆科植物其維管束排列成環狀（圖 10.3）。維管束包含木

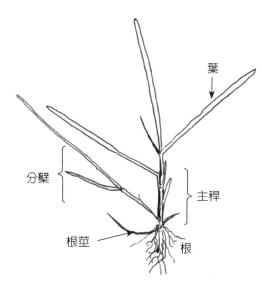

圖 10.1　禾穀類作物之分枝稱為分蘗。

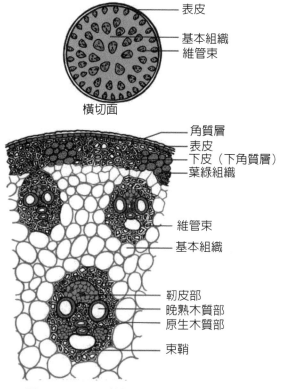

圖 10.2　單子葉植物莖部橫切面。

質部與韌皮部，前者負責將水分與養分自根部送至其他部位，而後者負責將光合作用產生之醣類與源自植株其他部位之養分送至根部與其他部位。

　　雙子葉植物之莖部木質部與韌皮部之間也具有形成層（cambium），含有分生組織能產生莖部側向生長，尤其是多年生木本植物。單子葉植物莖部則無形成層。

3. 經改變之莖部（變態莖）

　　雖然植物大部分莖部均正常具有附著之葉部與花，但也有些莖部已經修改而具特定功能，例如具有繁殖（propagation）功能，且外觀可能完全不像莖。這些經過改變之莖可能出現於地上與地下（圖 10.4）。匍匐莖（stolons）係在地上水平生長之莖，其功能是進行無性生殖（asexual reproduction），在莖上每個節位均有潛力長出新的植株。藉由匍匐莖擴展之植株形成了該物種密集的族群而往往排擠其他植物，例如白苜蓿、野牛草及草莓。此種匍匐莖僅見於多年生植物。

　　冠狀莖（crown）是由密集的莖組織（compressed stem tissue）所組成的變態莖，通常位於土壤表面附近。密集的莖部包含許多節位而沒有節間，每個節位具有腋芽（axillary bud），可產生莖部。禾本科植物來自冠狀莖之莖部稱為分蘗。大部分禾本科草皮與牧草，還有豆科牧草如紫花或白花苜蓿，具有冠狀莖可在割草或放牧後重新生長。此種特性使其能適應頻繁地去除頂部生長。在一年生、二年生及多年生之植物中均可發現冠狀莖。

　　根莖（rhizomes）是在一些多年生植物中發現生長於地面下水平方向生長之變態莖（圖 10.5），其與地上匍匐莖相似均可作為無性生殖之用。根莖每個節位均可產生新的植株，而具有根莖之植物也形成密集的族群排擠其他植物。藉由根莖或匍匐莖傳播之禾草類植物稱為草皮草（sod-forming grasses），而僅含有冠狀莖之禾草類植物稱為叢生牧草（bunch grasses）。許多草皮與牧草如藍草（又稱早熟禾，bluegrass）與須芒草（bluestem），以及許多雜草如田旋花（field bindweed）及普通乳草（milkweed），均藉由根莖傳播。

　　塊莖（tubers）則是短小但大幅增大之地下莖部，其可貯存大量的碳水化合物，以及作為無性生殖器官。常見之案例有馬鈴薯，薯眼（eye）即為變態後之節，每個節位可產生新的植株，塊莖常見於一年生植物。節上可生芽（buds）及不定根（adventitious roots），如薑、蓮藕等。

　　鱗莖（bulb）為一縮短的莖，其基部生有許多肥厚肉質的鱗葉葉片，可貯藏養分，如洋蔥與鬱金香。在一些二年生植物可發現鱗莖，於第一年鱗莖作為貯藏器官其節間不伸長，而於第二年時密生之莖部抽出可產生種子之花梗（flower stalk）。

　　球莖（corm）為縮短膨大的肉質地下莖，其上具有極少數的節及少數退化的葉片，節上可生長出側芽。球莖中貯有大量的養分，供其上的頂芽生長，如芋頭。球莖與鱗莖不同處在於前者大部分屬於莖部組織，而鱗莖大部分屬於葉部組織。

　　葉狀莖（phylloclode）之莖平展如葉片狀，富含葉綠體可行光合作用，其葉退化或呈鱗狀，刺狀，而由葉狀莖取代葉的功能，如仙人掌。

4. 莖部起源與生長

　　莖部源自種子時期之胚，在雙子葉植物如豆科植物，莖部源自上胚軸或下胚

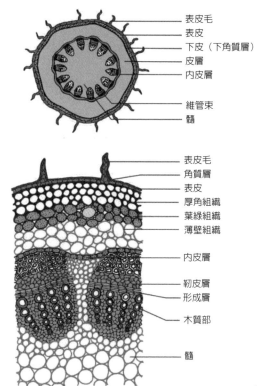

表皮毛
表皮
下皮（下角質層）
皮層
內皮層

維管束
髓

表皮毛
角質層
表皮
厚角組織
葉綠組織
薄壁組織

內皮層

韌皮層
形成層

木質部

髓

圖 10.3　雙子葉植物莖部橫切面。

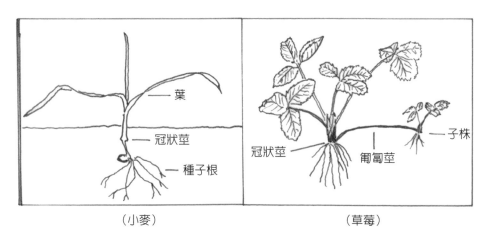

葉

冠狀莖

種子根

冠狀莖　　　匍匐莖　　　子株

（小麥）　　　　　　　　　　（草莓）

圖 10.4　植物地上部之變態莖。

軸。在某些單子葉植物如禾本科植物，莖部源自中胚軸。於幼苗出土期間，這些構造開始伸長將幼苗地上部推出或拉出土壤外。這些構造同時也包括有分生組織產生莖部及其他地上部之後續生長，在生長旺盛之地上部其活躍之分生組織稱為生長點（growing point）。

　　豆科植物及大部分其他雙子葉植物之生長點位於莖部末梢之頂端分生組織（apical meristem）（圖 10.6）。莖部生長是因為莖部頂端之細胞分裂以及下方節間內之細胞伸長所致，當細胞伸長時則開始分化出莖部各種組織，分化完成時即達成熟階段。因節位本身沒有進行細胞伸長，故株高或是莖部長度大部分是由節間長度決定。植物之葉片源於節位上，而節上也含有腋芽可生長出新的莖（分枝）或花。腋芽含有分生組織會受到頂端分生組織控制。

　　禾本科植物莖部具有許多生長點，稱為中間性分生組織（intercalary meristems），其位置在節位上方（頂部）（圖 10.6）。莖部生長時此分生組織進行細胞分裂，以及節間進行細胞伸長。禾本科植物在莖頂亦具有頂端分生組織，於花的起始期（floral initiation）之後即發育出花的構造。

　　頂端分生組織與中間性分生組織主要的差異是莖部生長之位置與方向，前者位於莖部頂端而由上往下生長，而後者則位於每個節上而由下往上生長。除非頂端分生組織受傷或去除，大部分的腋芽均不會活動，此過程稱為「頂端優勢」（apical dominance）。所有高等植物均有頂端優勢，使得植物在遭受病蟲害或氣候傷害、割草，或放牧之後能繼續生長與繁殖。若頂端生長點受傷，則植物可活化一個以上之腋芽而長出分枝恢復生長。這些分生組織之生長受到頂端分生組織生產之植物荷爾蒙生長素（auxin）調控，生長素會抑制下方分生組織之細胞分裂，一旦頂端生長點受傷或去除而不再合成生長素，則腋芽受抑制之情況解除。

5. 莖部功能

　　禾穀類作物強稈與抗倒伏，強稈與穗重即為其間密切關係的例證。但莖也是植株光合產物積儲（sink）器官，如中、高產小麥莖的乾重占單株地上部總乾重 1/4 至 1/3。近代育種家在選育矮性和半矮性品種時，均設法提高收穫指數和經濟產量，其中亦與減少莖部生長量及乾物質消耗有直接關係（圖 10.7）。

6. 影響莖部生長之因素

　　如前所述，莖部生長是藉著頂端或中間性分生組織之細胞分裂，以及節間內之細胞伸長所致。影響莖部生長有許多內在與外在因素，其中有許多因素可透過生產者直接或間接控制。

　　在低光度下會刺激莖部產生生長素引起細胞快速伸長，造成節間長度增加或黃化（etiolation）。過多的生長素也會減少莖部細胞壁之木質素使莖部較為脆弱。這些因素導致植株變高瘦弱且容易倒伏（lodging）。

　　多雲氣候時間較長可能造成低光度，但常見的是遮蔭所致。當田間作物族群密度高時，使得相鄰作物植株互相遮蔭。此外，氮肥施用過量或土壤水分多均會刺激作物快速生長。過量氮肥不僅刺激作物快速且過度生長而增加遮蔭，其亦減少細胞壁木質素弱化莖部而直接影響莖部。

圖 10.5　植物地下部之變態莖。

　　另外還有些因素會減低莖部生長，例如乾旱減緩光合作用速率及影響整個植株之代謝。嚴重乾旱下，莖部減少節間伸長而抑制植物生長。其他如營養缺乏與病害，或是任何影響健康與生長速率之因素均會影響莖部生長。

　　植物倒伏造成葉冠迷失方向而減少光線截取效率，進而影響光合作用效能。倒伏也會增加機械收穫之問題及增加收穫時之損失。引起倒伏之原因包括遮蔭、土壤氮肥過多，以及土壤水分過多。通常結合諸多因素造成倒伏，常見於土壤肥沃、水分過多、作物種子發芽與幼苗生長佳之低窪地區土地。雜草競爭產生之遮蔭效應也與作物高密度栽培之效應相同。此外，其他因素也會影響倒伏，例如直接攻擊莖部之病害，常見如玉米莖腐病（stalk rot）、高粱炭腐病（charcoal rot）與大豆之褐莖腐病（brown stem rot）。另有昆蟲取食莖部組織也增加倒伏，如歐洲玉米螟。

　　藉由小心控制影響倒伏之諸因素相信可以克服上述問題，包括適合的播種密度、避免過度施肥尤其氮肥、減少病蟲草害之管理措施等。此外，作物育種家也可朝向抗倒伏之育種目標努力。

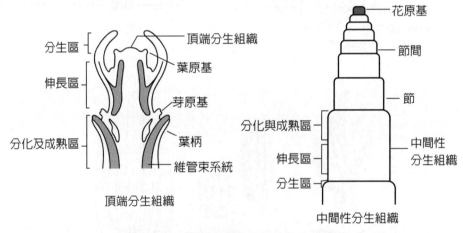

圖 10.6　植物頂端與中間性分生組織。

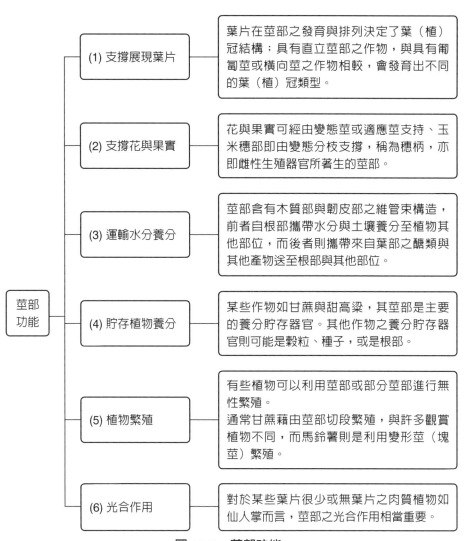

圖 10.7 莖部功能。

作物葉部

　　葉片功能主要用以產生植株生長與維持所需之碳水化合物，所有動物直接或間接依賴葉片所產生之有機產物以維持生命。

1. 葉部構造

　　植物葉片有許多形狀與大小，這些特性在鑑定植物物種上相當重要。根據這些基本特性可以很快地知道是單子葉植物或雙子葉植物，甚至是禾本科、豆科或是其他科別。

(1) 葉部外部構造：葉片總是附著於莖部節位上，並包含扁平狀之葉身（blade）以擷取光線進行光合作用（圖 10.8、10.9）。禾本科植物之葉身係附著於包圍莖部之葉鞘（leaf sheath），而在葉身與葉鞘之間的區域稱為葉領（collar，或稱葉枕），以支撐脫離莖部之葉身。葉領不一定含有葉耳（auricles），亦即位於葉領邊緣之爪狀附屬物，但位於葉領內側近莖部處有葉舌（ligule）。葉舌有各種大小與形狀，可由長、短毛或薄膜構成。葉舌與葉耳存在與否，以及存在時之大小與形狀，均可作為物種鑑定之良好特性。例如：水稻有葉耳與葉舌，稗草則沒有；高粱、玉米有葉舌而無葉耳；大麥葉耳大，小麥葉耳小有茸毛，黑麥的葉耳不明顯，燕麥無葉耳。

　　禾穀類作物發芽出苗過程中最先出現的葉片為保護幼苗出土的芽鞘（coleoptile），同時每一個分蘗出現時亦最先抽出一片前葉（分蘗鞘）。芽鞘和分蘗鞘僅有葉鞘而無葉片，屬於不完全葉。以後從主莖或分蘗陸續出現的是由葉片和葉鞘組成的完全葉。葉片為作物主要同化器官，葉鞘亦具同化、貯藏和保護幼莖增強支持能力等功能。

　　典型之雙子葉植物葉部也是由一些特化構造所組成（圖 10.9），其葉身不一定附著於主要由維管組織組成之葉柄（petiole）或短柄（short stalk）上。若沒有葉柄則葉身直接附著於莖部，此葉片稱為無柄（sessile）。葉柄與莖部形成之夾角稱為葉腋（leaf axil）。雙子葉植物之葉片在葉片基部之節位上不一定附著有托葉（stipules），亦即小的葉狀苞片（small leaf-like bracts）或是變態葉。

　　雙子葉作物出苗後莖從子葉節以上伸長，莖節上陸續長出葉。雙子葉作物完全葉由葉身、葉柄和托葉三部分組成（如棉花、苧麻、大豆、向日葵的葉），不完全葉則三者不全（如甘薯、油菜的葉缺托葉，莎草的葉缺葉柄）。雙子葉作物的真葉又分為單葉與複葉兩大類。a. 單葉：每一個葉柄上只著生一片葉，不論其完整與否均屬單葉（如棉花、芝麻、向日葵、油菜、甘薯的葉）。b. 複葉：在一個葉柄上著生兩片以上完全獨立的小葉片，稱為複葉（如落花生、大豆、綠豆、苕子等）。複葉中又可分為羽狀複葉（如豌豆、落花生、紫雲英）、掌狀複葉（如洋麻）和三出複葉（如大豆）。

　　葉緣（leaf margin）乃是指葉身邊緣，其形狀可能為平滑、鋸齒狀或是分裂狀，此性狀有助於物種鑑定（圖 10.10）。葉脈絡（leaf venation）則是指葉片中葉脈

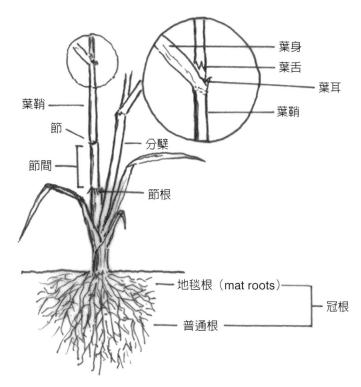

圖 10.8　禾本科植物之構造，如水稻。

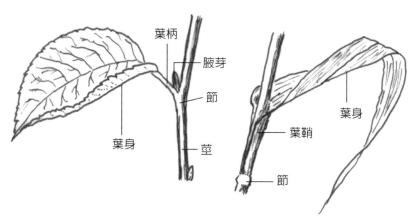

圖 10.9　雙子葉植物（左）與單子葉植物（右）葉片構造差異。

（veins）或維管束之類型。單子葉植物具有平行脈，其葉脈平行於葉長方向而無分支。雙子葉植物則具有網狀脈，其葉脈高度分支形成網路狀。網狀脈若是羽狀脈（pinnate）則有一中央葉脈稱爲中肋或主脈（midrib），沿葉片長度方向，且由此主脈分支出其他葉脈；若網狀脈是掌狀脈（palmate），則有一些主脈源自葉身基部再與其他葉脈互聯。

其他有價值之鑑定特性是葉序（leaf arrangement）（圖 10.11）。對生葉序（opposite leaf arrangement）表示在莖部同一節位上有兩枚葉片著生於相對位置。另有十字對生即同一節上有兩枚葉子對生，而且上下兩節的對生葉彼此呈直角。互生葉序（alternate leaf arrangement）表示一節位上之一枚葉片與相鄰另一節位上之一枚葉片處於交互位置。亦有認爲互生葉序爲葉序的一種形式，即莖的每節著生一枚葉片時，不論其如何排列，均稱爲互生葉，此種葉序最爲常見。而輪生葉序（whorled leaf arrangement）則表示在莖部每個節位上有三枚以上葉片，排成輪軸狀。叢生則是指多數的葉子生長在同一節位或根際，例如蒲公英。通常禾本科作物爲互生葉序，而雙子葉植物可能包括對生、互生與輪生任何一種。

所謂葉冠（leaf canopy，或稱植冠）係指田間相鄰植物植株之所有葉片所構成之結構類型，此受到許多葉片外部特徵的影響，包括葉片大小、形狀、附著角度以及葉序；其他尚有行株距及栽培密度等。這些因素大大地影響田間作物葉片擷取光線進行光合作用之效率。如果植物葉片可以截收所有入射光線且光線可以穿透深入葉冠讓許多葉片進行光合作用，則光線截收效率可以達到最大。

作物植株密度會影響各個葉片大小進而影響葉面積，常見指標爲「葉面積指數」（leaf area index, LAI），即單位土地面積上所種植作物之所有葉面積總和。對於多數作物而言，LAI 約在 2.5～4.0 之間，若 LAI 值太低則作物無法截收所有光線，若數值太高則下位葉被遮蔽太多可能造成死亡。由於植株栽培密度直接控制 LAI，所以作物適當的播種量（seeding rates）相當重要。

葉面積分布（leaf area distribution）係指葉面積沿著莖部不同位置之相對比例，多數作物在莖部中段擁有較高比例的葉面積，而兩端相對較少。此種葉面積分布類型可有效提高葉冠內部之光線截收效率。另一種有效方式是葉面積分布從莖部頂端至基部依序增加，例如聖誕樹之外型。

葉片角度（leaf angle）會影響植物上位葉截收光線的量。若葉片位置與陽光垂直，則可截收最多的光線而只有少數到達下位葉；若葉片較直立，則有較多光線穿透進入葉冠內使更多葉片能進行光合作用。葉片角度可以經由遺傳控制，在某些作物研究方面已有極大進展，尤其玉米可以經由改變葉片角度增加葉冠效率。植物有些葉片是屬於向光性（phototropic），其本身位置垂直於陽光且隨著太陽移動，例如大豆。此外，在嘗試增加光線截收效率時，也必須考慮其他因素如葉片形狀與大小。經由與窄葉植株雜交育種也可以改進大豆葉冠之光線截收率。

葉片持續期（leaf duration），即葉片能維持進行光合作用之時間，此會影響葉冠利用光線之效率。在發展作物減少損失下位葉方面，育種人員已有很大的進展。其他因素如養分利用性也會影響葉片壽命，如缺氮與鉀會導致下位葉於成熟前即

全緣　　全緣　　　　　細鋸齒狀　　　　全緣　　　　　粗鋸齒狀

平行脈　　　　網狀脈　　　　網狀脈　　網狀脈　　　　　網狀脈

圖 10.10　植物葉脈絡與葉片邊緣類型。

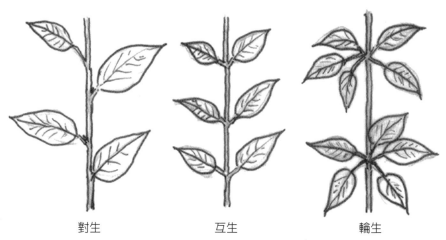

對生　　　　　　　互生　　　　　　　輪生

圖 10.11　植物莖部葉序類型。

死亡。
(2) 葉部內部構造：植物之葉鞘與葉柄大部分由維管組織所組成，其負責連接葉身與莖部之維管系統。維管系統內則有負責運輸水分與養分至葉部的木質部，以及負責將光合產物由葉部輸出之韌皮部。此外，葉身具有許多特化構造以協助光合作用過程（圖 10.12）。

葉片的表皮（leaf epidermis）是指位於葉身上下表面之一層透明細胞，上覆一層角質（cutin）的蠟質層，稱為角質層（cuticle），防止水分從表皮細胞流失。表皮可能具有毛，稱為柔毛（pubescence），可藉由反射光線與減低葉片表面風速以保護葉片表面。若葉片不具柔毛則稱為無毛（glabrous）。

表皮也具有綠色的特化細胞，稱為保衛細胞（guard cells），其形成特殊可進入葉片之孔隙或開口稱為氣孔（stoma 或稱 stomate，複數稱 stomata）（圖 10.12、10.13）。氣孔之功能在於交換氣體進出葉片，其數目隨著物種種類而異。玉米葉片上表皮每平方公分約有 5,200 個氣孔，下表皮約有 3,800 個氣孔。紫花苜蓿之上下表皮每平方公分分別有 17,000 及 14,000 個氣孔。植物可調控氣孔開關以控制二氧化碳進入葉片進行光合作用，以及水蒸氣自葉片喪失，即蒸散作用（transpiration）。

葉身之內部包含有葉肉組織（mesophyll tissue）與維管束（vascular bundles）。在許多植物中，葉肉是由柵狀葉肉（palisade mesophyll）細胞與海綿葉肉（spongy mesophyll）細胞所組成，前者圓柱形位於上表皮正下方，而後者圓形位於柵狀細胞與下表皮之間。這些葉肉細胞含有許多葉綠素且排列疏鬆以利葉片內之二氧化碳移動。有些作物尤其玉米在其葉肉僅有海綿細胞。實際上植株內所有光合作用均發生於葉肉組織。

葉片之維管束（vascular bundles）又稱為葉脈（veins），其數量相當多以協助轉運光合作用產生之醣類。除了木質部與韌皮部之外，葉脈亦含有維管束鞘細胞（bundle sheath cells），這些特化細胞之光合作用極為旺盛。在某些植物如玉米，多數光合作用發生於束鞘細胞中。由於束鞘細胞內產生之光合產物容易直接移動至韌皮部以轉運至其他部位，故其光合作用效率極高。

2. 葉部起源與生長

雖然植物之第一枚葉片源自種子的胚，但其後出現之葉片均源自莖部之分生組織區域（meristematic region）或生長點（growing point）。生長點在每一節位上產生葉片始原體（又稱葉原基，leaf primordium）（圖 10.6），後者含有旺盛之分生組織可發育為葉片。沿著葉緣發生細胞分裂，新產生之細胞則伸長與分化為各種組織，一旦葉片發育完全則分生組織停止其功能。正發育中之葉片受光後會儘速開始進行光合作用，製造光合產物碳水化合物供本身生長需要。

3. 葉部功能

(1) 光合作用：植物體大部分之光合作用（photosynthesis）均在葉部進行，其將太陽輻射能轉變為化學能供所有高等植物之生長與維持之用。
(2) 貯存植物食物：雖然葉部產生之光合產物大部分快速移出葉部送至植株其他部

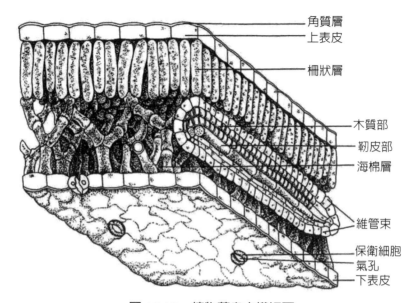

圖 10.12　植物葉身之橫切面。

（資料來源：Claassen and Shaw, 1970）

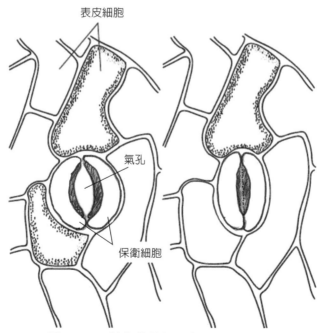

圖 10.13　植物葉片氣孔之開啟與關閉。

位，但葉部爲了維持本身生長也貯存一些碳水化合物、蛋白質及其他植物養分，且貯存量隨物種而異，此對於一些作物特別重要。

(3) 轉運植物食物：植物必須有能力快速將光合產物轉運出葉部，否則當光合作用產生之醣類開始累積時光合作用速率即下降。此外，大部分植物吸收之水分經由葉部蒸散作用而移動，水分能在植體葉部內轉運也可防止氣孔關閉，造成葉部凋萎而中斷光合作用。

(4) 氣體交換：氣孔負責氣體進出葉部，當葉部旺盛地進行光合作用時，有二氧化碳淨流入葉部，而氧氣淨流出葉部。當氣孔開啟時，主要發生於白天，也有水蒸氣淨流出葉部，此稱爲蒸散作用。

(5) 蒸散作用：植物體之蒸散作用約有 95～97% 是經由氣孔散失水分，僅有 3～5% 是經由上表皮之角質層喪失。在木本植物另有特殊孔隙稱爲「皮孔」（lenticels），也可進行蒸散作用，但此對於作物而言並不重要。

氣孔蒸散作用所散失之水分量令人印象相當深刻，許多本本科植物單日內蒸散損失之水分爲其本身體積之數倍量。玉米單株每日蒸散量可高達 1.9 公升，而在生長期間爲每公頃 370 萬公升。

4. 氣孔開閉機制

氣孔藉由保衛細胞（guard cells）控制開閉，保衛細胞之膨脹度（turgidity）控制氣孔開啟，而增加膨脹程度可以增加氣孔開啟程度。

影響氣孔開啟有三個主要環境因素，包括光照、溫度與水分。保衛細胞含有葉綠素可進行光合作用，在光照下大部分植物之保衛細胞增加其膨脹度而打開氣孔。光合作用會增加保衛細胞內之醣類濃度與減少二氧化碳濃度，因此而增加滲透壓（osmotic pressure）。滲透壓增加促使植物水分進入保衛細胞增加膨脹度，導致氣孔開啟。

在夜間因不需要二氧化碳進行光合作用，故氣孔關閉也使得植物能保留較多水分。少數植物，即大部分的旱生植物（xerophytes），在夜間相對溼度較高時氣孔開啟，而在白天關閉。這些植物具有特殊之代謝路經，能貯存二氧化碳供白天利用，如鳳梨。然而，針對多數作物之生產而言，此種氣孔關閉類型並不符合期望。

溫度也會影響氣孔開關，極度高溫或低溫會降低保衛細胞內光合作用，而引起氣孔關閉。因爲極度溫度使葉片光合作用下降，也連帶使植物減少水分喪失。影響氣孔開啟之第三個因素是植物本身的水分狀況，若是植物歷經缺水則保衛細胞失去膨脹度導致氣孔關閉。保衛細胞對於植物水分狀況非常敏感，於葉片出現任何凋萎徵狀之前很早就開始關閉氣孔。氣孔之開關並非全閉或全開，也可能有不同程度之開啟。

5. 蒸散作用機制

蒸散作用是水分由植物體內擴散（diffusion）出體外的過程。葉片內部水分呈飽和狀態，而葉肉則是由鬆散堆積之細胞組成，其間具有大量氣體空間（又稱氣室，air space），因此葉內空氣呈現水飽和狀態，或謂相對溼度達 100%。由於葉片外部空氣通常是非飽和狀態，故水分會由葉內向葉外擴散，此過程係被動式而不需能量，水分子單純地由高濃度往低濃度方向移動。

6. 影響蒸散作用速率之因素

蒸散作用速率會受到環境與土壤因素影響（圖 10.14）。

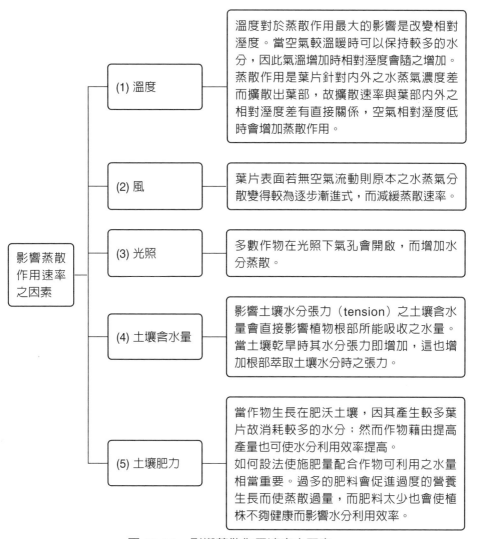

圖 10.14　影響蒸散作用速率之因素。

第 11 章
光合作用與呼吸作用

光

光合作用

呼吸作用

光

　　光是光合作用之驅動力，本章節簡短地討論植物如何與光發生反應，以利了解光合作用及其他植物的相關過程。來自太陽之光能電磁頻譜（electromagnetic spectrum）中，可見光僅占一小部分（圖 11.1），而植物則吸收大部分的可見光用於光合作用。

　　當光能撞擊任何物體時，可能會被物體吸收、反射，或是穿透過物體，主要決定於物體之性質。人體肉眼可偵測到反射之光線，而根據所反射之顏色或波長決定物體之顏色。

　　由於光線撞擊植物葉片時，不是吸收、反射，就是穿透，因此可利用這些資訊去決定葉片特性及測量葉片內發生之特定過程。例如，葉綠素（chlorophyll）吸收大部分的藍色與紅色波長而反射綠色波長，所以葉片看起來是綠色，且葉綠素愈多其葉色愈綠。藉由測量葉片所反射之綠色深淺即可測量出葉片之葉綠素含量。反之，若植物沒有足夠養分或是處於環境逆境與病蟲害逆境下，亦可藉由此方式加以偵測。

　　在最近十年，有愈來愈多的研究在利用遙感技術（remote sensing techniques）於偵測作物生長狀況，此技術藉由測量光波反射（reflectance），或作物所反射光線之特定波長以推估作物生長狀況。雖然可以直接測量田間生長作物之反射光波，但大部分是利用飛機（航空器）或是在地球軌道上運行之衛星，配備特殊相機或是感應器以測量光線之特定波長。

　　很多遙感技術也包括可見光以外之波長，尤其紅外光（infrared light）。例如經歷乾旱逆境之植物因為蒸散作用下降，從中獲得較少的冷卻效果，故植物會在此波段釋放較多能量以降溫。因此，遙感技術是偵測作物生長狀況的另一種工具。

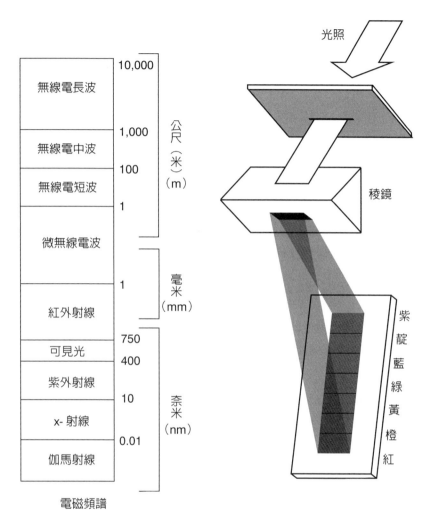

圖 11.1　太陽光能之電磁頻譜（參考維基百科）

光合作用

　　光合作用英文稱爲 photosynthesis，是由 photos（light，光）與 synthesis（合成）兩字所組成。光合作用將光能轉變爲化學能，是所有農業之基礎，尤其是作物生產所必需。光合作用產生了地球上目前已知之所有生命，其爲地球所有生物食物鏈之開端，也提供生物所需之氧氣。

1. 光合作用反應

　　光合作用之整體反應是在有光照與葉綠素的情況下，以二氧化碳與水分子作爲反應物，產生醣類、氧氣與水分子。事實上其過程是一連串的生化反應路徑，包含許多相互關聯之步驟，將分述如下（圖 11.2）：

(1) 光反應：光反應（light reactions）之名稱係因此反應直接利用太陽輻射能（radiant energy），將其轉變爲植物代謝上可利用之能量。此反應之發生必須同時具備光與葉綠素，首先是電子轉移（electron transfer）反應，之後是進行光磷酸化作用（photophosphorylation）。

由於原子係由原子核與圍繞原子核軌道上之一些電子所組成，因此當輻射能撞擊葉綠素分子中心之鎂原子時，鎂原子之電子吸收能量而從軌道偏移，處於高能階狀態，此即爲電子轉移過程。後者光磷酸化作用即利用光能進一步產生 ATP 高能磷酸鍵。在此反應中，腺 [核] 苷二磷酸（adenosine 5'-diphosphate, ADP）藉由來自光之能量注入與激化電子與無機磷酸根離子結合，而形成腺 [核] 苷三磷酸（adenosine 5'-triphosphate, ATP）中之高能磷酸鍵。

光反應（圖 11.3）之最後步驟則爲光分解作用（photolysis），即將水分子裂解與捕獲額外之輻射能。在此反應中，在光能與菸鹼醯胺腺嘌呤二核苷酸磷酸〔nicotinamide adenine dinucleotide phosphate, $NADP^+$（氧化態）〕存在下，兩個水分子裂解，後續產生氧氣與帶有能量之 $NADPH_2$（還原態），此光分解反應又稱爲希爾反應（Hill reaction）。

ATP 與 $NADPH_2$ 是植物與動物常利用之能量攜帶者。ATP 用以貯存代謝所需能量，當鍵結打斷使貯存於高能鍵上之能量釋出即可驅動其他反應，而 ATP 則變回 ADP。在光合作用中，光反應用以捕獲太陽輻射能，將能量貯存於 ATP 及 $NADPH_2$，再利用於其他反應。光反應與植物所截收之光線有關，但與溫度無關。

(2) 暗反應：光合作用之暗反應（dark reactions）又稱爲卡爾文循環（Calvin cycle）（圖 11.4），因這些反應不需要直接利用光能，故稱爲暗反應。其所利用之能量係來自光反應所捕獲之光能轉換後的高能磷酸鍵化合物 ATP 與 $NADPH_2$。必須注意的是，不要誤以爲光反應在光照下進行，而暗反應在夜間進行。事實上，兩組反應同時發生，於光反應停止之後數分鐘內暗反應也會停止。暗反應速率與溫度有密切關係，當溫度上升時其速率加快。

暗反應之第一步是固定二氧化碳（carbon dioxide fixation），係將二氧化碳分子併入碳鏈（crbon chain），此過程利用來自 ATP 之能量，以及來自 $NADPH_2$ 之能量

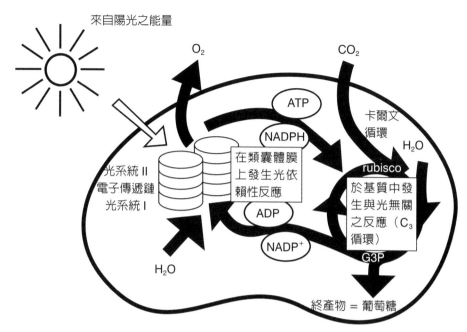

圖 11.2　光合作用光反應與暗反應。

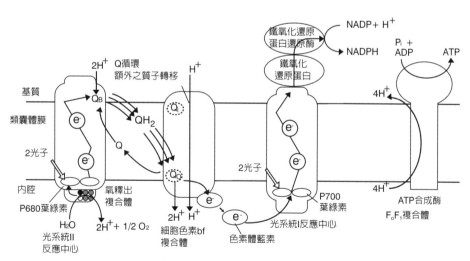

圖 11.3　光反應（希爾反應）路徑圖。

與氫，並產生新的水分子。暗反應之第二步是形成醣類（sugar formation），根據先前反應所形成之碳鏈，給予 ATP 與 $NADPH_2$ 能量之後可重組碳鏈成簡單之醣類分子稱爲葡萄糖（glucose, $C_6H_{12}O_6$）。

不同的植物類型之間，其實際參與暗反應之化合物也不同，C_4 型植物可較 C_3 型植物固定較多的二氧化碳。兩型植物不僅在生化學與解剖學上有明顯不同，其在生產能力上亦有極大差異。在代謝上，C_3 型植物利用核酮醣二磷酸鹽羧化酶（ribulose diphosphate carboxylase/oxygenase, Rubisco）將 CO_2 先行固定爲三個碳之化合物磷酸甘油酸（phosphoglyceric acid），而 C_4 型植物則先利用磷酸烯醇丙酮酸羧化酵素（phosphoenolpyruvate carboxylase, PEPC）及磷酸烯醇丙酮酸鹽（phosphoenolpyruvate, PEP），將 CO_2 先行固定爲四個碳之化合物如草酸鹽（oxaloacetate）、蘋果酸鹽（malate）等，之後再釋出 CO_2 經由 Rubisco 進行 C_3 型固碳。而在解剖構造上，C_3 型植物之 Rubisco 存在於葉肉細胞（mesophyll cells），但 C_4 型植物之葉肉細胞則存在 PEPC，至於 Rubisco 改存在於接近維管系統之維管束鞘細胞（bundle sheath cells）（圖 11.5）。

在 C_3 型植物中 Rubisco 兼具羧化酶與氧化酶之特性，大氣中 O_2 濃度（20.9%）比 CO_2 濃度（0.0352%）高，C_3 作物的葉肉中所有海綿組織細胞和柵狀組織細胞都利用 Rubisco 固定二氧化碳，空氣由氣孔進入後直接接觸葉肉細胞，此時氧氣和二氧化碳會競爭 Rubisco 和 RuBP。雖然 Rubisco 對二氧化碳的結合力較氧氣強，但懸殊的濃度差異使得光呼吸作用旺盛而暗反應的固碳作用下降，此爲造成光呼吸之原因（詳見「呼吸作用」部分）。

2. 光合作用之物流

　　來自大氣中之二氧化碳經由氣孔進入葉片後，即溶於水中而以碳酸氫根離子（bicarbonate ion, HCO_3^-）形式用於光合作用。二氧化碳進入氣孔是屬於簡單的擴散（diffusion）過程，不需消耗能量。因爲二氧化碳在葉片內被利用掉，故其在氣室內之濃度低於氣孔外。如此會造成氣體與液體自濃度高的區域移（擴散）向濃度低的區域。光合作用所需要的水分係由根部自土壤吸收，再經木質部組織運往葉部，此過程爲主動過程需要代謝能量。

　　葉片中之葉綠素吸收光能後轉變爲可供代謝利用之化學能。而光合作用產生之氧氣則經由氣孔擴散至葉外，或留在葉內供呼吸作用或其他代謝反應利用。在光合作用大部分時間，植物產生之氧氣其生產量大於利用量，故釋放至大氣中。類似地，光合作用產生之水分子不是用於其他反應，就是經由氣孔擴散出葉片。

　　光合作用產生之醣類，大部分轉變爲蔗糖（sucrose），經由韌皮部立即轉運至植株其他部位。蔗糖是指一般的食用糖（table sugar），也是植物生長與生殖所需。然而，有些醣類可貯存於葉肉中，也可轉變爲澱粉。澱粉也可在植株其他部位形成，例如根部與穀粒。

3. 影響光合作用之因素

　　光合作用是極爲複雜之多種反應組成之系統，這些反應彼此相互依賴且與其他代謝過程均互有關聯，因此影響光合作用速率之因素很多（圖 11.6）。有些因素易受生

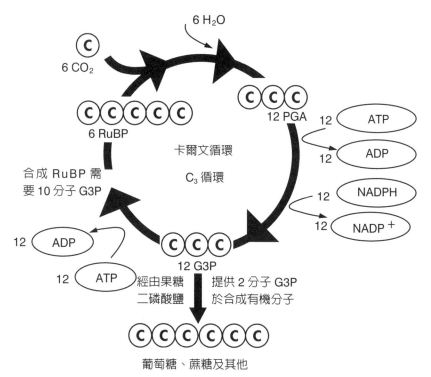

圖 11.4 暗反應（卡爾文循環）路徑圖。

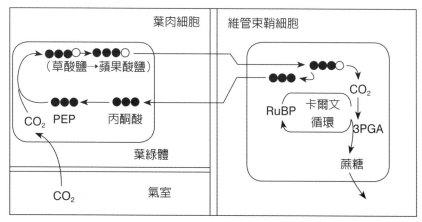

圖 11.5 C₄ 型植物之葉肉細胞則存在 PEPC，而 Rubisco 則存在於接近維管系統
之維管束鞘細胞。

產者控制，有些則受自然環境控制。作物生產者有許多田間管理措施之目的是在透過一些影響因素使光合作用達最佳化。

(1) 二氧化碳：通常大氣中之二氧化碳濃度低於 400 ppm（0.04%），當濃度提高時，對於 C_3 與 C_4 兩型植物之光合作用則有不同表現（圖 11.7）。根據溫室與生長箱（growth chambers）之研究顯示，進入氣孔內之空氣若能增加其中之二氧化碳含量，可大大地提高光合作用速率。然而，因為田間作物形成葉（植）冠使得空氣進入植冠中，氣孔並非直接與大氣接觸，故難以提高二氧化碳濃度。因此，針對提高田間作物之二氧化碳供應，唯一能做的事就是利用栽培措施提供適當的水分供應，使作物能維持氣孔開啟有利二氧化碳進入。

(2) 水分：因為植物所吸收的水分僅有 1% 以下用於光合作用，所以光合作用本身並不缺水。在缺水下，早在水分限制光合作用之前很久，氣孔即會關閉以保存水分。因此，乾旱逆境下作物產量下降是因為氣孔關閉使得二氧化碳供應受限所致。

(3) 光：光合作用所需要的光（light）係以強度（intensity）及持續時間（duration）方式測定。持續時間是指陽光撞擊葉片之時間長度，而光強度則是指撞擊葉片之輻射能量（radiant energy）。

植物體並不會吸收所有撞擊葉片之太陽能，葉綠素僅吸收大部分之藍光（約 450 nm）及紅光（約 660 nm）波長（圖 11.8）。葉綠素所吸收用以驅動光合作用之輻射能稱為「光合作用有效輻射能」（photosynthetically active radiation, PAR）。因葉綠素吸收極少綠光，故葉片看起來是綠色。

光合作用達到最大速率時之光強度稱為光飽和點（light saturation point）。植物利用太陽輻射能之程度主要決定於在完全光照下是否達到光飽和點。許多 C_3 型植物如大豆、棉花、馬鈴薯、紫花苜蓿，及冷季禾草類植物，當光強度超過全光照 1/3 至 1/2 以上時，其光合速率不再增加。換言之，這些植物在 1/3 至 1/2 全光照下已達光飽和。大部分 C_4 型植物則沒有光飽和點，甚至在全光照下亦然，包括玉米、高粱、甘蔗，及大部分暖季禾草類植物。有些 C_3 型植物如大麥、落花生與向日葵也沒有光飽和特性。通常具有光飽和特性之植物因其光合速率較低，故產量較少。玉米與大麥作物之光飽和狀況如圖 11.9 所示。

(4) 葉綠素：葉綠素（chlorophyll）是在特化的細胞構造葉綠體（chloroplast）內發現之綠色色素（圖 11.10）。葉綠體用以有效地捕獲太陽輻射能，並轉化為化學能。光合作用整個過程均在葉綠體內發生，而典型之葉片葉肉細胞約含有 20～100 個葉綠體。因為負責光能吸收主要是葉綠素，故葉綠素量影響光合速率極大。

當植物缺乏葉綠素或是葉綠素退化（deterioration）則發生萎黃褪綠（chlorosis）現象。良好的栽培措施可以確保產生適量的葉綠素以獲得最大的光合作用。

(5) 溫度：溫度會影響許多植物代謝反應及光合作用，通常 Q_{10} 用於表示溫度變化所引起之反應速度（reaction velocity）或是反應活性（reaction activity）改變之速率。凡特何夫定律（Van't Hoff's law）表示溫度每增加 10℃，化學反應速率近似倍增，如 Q_{10} 約為 2.4。然而，對於植物體內經催化之生化反應如光合作用，因有許多因素會限制生物體內之反應速率，故其 Q_{10} 僅有 1.2～1.3。

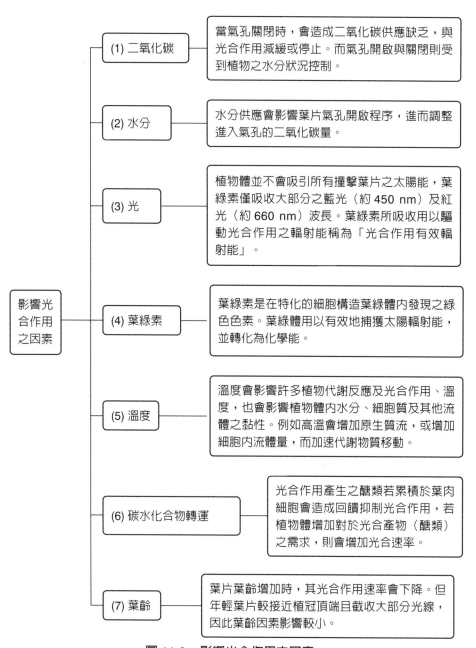

	(1) 二氧化碳	當氣孔關閉時，會造成二氧化碳供應缺乏，與光合作用減緩或停止。而氣孔開啟與關閉則受到植物之水分狀況控制。
	(2) 水分	水分供應會影響葉片氣孔開啟程序，進而調整進入氣孔的二氧化碳量。
	(3) 光	植物體並不會吸引所有撞擊葉片之太陽能，葉綠素僅吸收大部分之藍光（約 450 nm）及紅光（約 660 nm）波長。葉綠素所吸收用以驅動光合作用之輻射能稱為「光合作用有效輻射能」。
影響光合作用之因素	(4) 葉綠素	葉綠素是在特化的細胞構造葉綠體內發現之綠色色素。葉綠體用以有效地捕獲太陽輻射能，並轉化為化學能。
	(5) 溫度	溫度會影響許多植物代謝反應及光合作用、溫度，也會影響植物體內水分、細胞質及其他流體之黏性。例如高溫會增加原生質流，或增加細胞內流體量，而加速代謝物質移動。
	(6) 碳水化合物轉運	光合作用產生之醣類若累積於葉肉細胞會造成回饋抑制光合作用，若植物體增加對於光合產物（醣類）之需求，則會增加光合速率。
	(7) 葉齡	葉片葉齡增加時，其光合作用速率會下降。但年輕葉片較接近植冠頂端且截收大部分光線，因此葉齡因素影響較小。

圖 11.6　影響光合作用之因素。

溫度也會影響植物體內水分、細胞質及其他流體之黏性（viscosity），高溫會增加原生質流（streaming of the cytoplasm），或增加細胞內流體量，而加速代謝物質移動。高溫也會增加細胞膜對於水分及其他物質移動之通透性，而增加代謝反應必要物質之利用性。極度高溫可中斷植體內代謝過程及停止光合作用，而極度低溫也會中斷光合作用。在田間雖然無法控制溫度變化，然而生產者可藉由適時播種及選擇霜害來臨前即成熟之品種，以減少極端溫度造成之影響。

(6) 碳水化合物之轉運：光合速率與光合產物需求之關係稱為「供源—積儲關係」（source-sink relationship）。供源是指醣類供應者，亦即葉片；而積儲是指醣類需求者，可能是根部或生長旺盛之組織或生長點。迄今為止，正發育中之種子是光合作用最大的積儲。

(7) 葉齡：如果植株上部葉片因蟲害或天氣等因素受損時，則葉齡因素影響程度增大。植株下位葉即便在全日照下，其發揮之功能也無法完全補償上位葉之損失而致減產。

4. 提高作物光能利用率的途徑

　　來自太陽到達地球表面之光能約有 1～2% 利用於植物光合作用，而其中在可見光波長 400～700 nm 範圍內，最大利用率約占 5～7%。事實上尚有增加光能利用之空間，提高光能利用率之途徑包括：

(1) 提高光合作用能力：

　　a. 透過育種選拔高光合作用品種：高光合效率之作物品種特點包括生育期短、植株矮抗倒伏、植冠葉片分布合理、葉片較短且直立、耐陰性強且適合密植，以及光呼吸較弱等。在過去研究者也嘗試將 C_4 型作物之 PEPCase 編碼基因轉殖入 C_3 型作物中，以提高光合效率。

　　b. 改善作物進行光合作用之條件：首先要適地適作，選擇適合作物生長發育之良好氣候和土壤條件。其次要加深耕犁層，增施有機肥，改良土壤，保證株間通風透光，並且合理施肥、灌溉、加強病蟲防治，預防自然災害等。此外，可於低溫下採用塑膠布或薄膜於育苗，使溫度提高，促進作物生長和光合作用進行。再者，果園內地面敷蓋反光薄膜（銀白色），亦可促進果樹下部葉片吸收利用反射光，提高光能利用率。

　　c. 提高 CO_2 濃度：CO_2 是光合作用的原料，空氣中的 CO_2 濃度只有 330 ppm 左右，與光合作用最適 CO_2 濃度（約 1,000 ppm）相差甚遠，因此，增加空氣中的 CO_2 濃度，即可提高光合速率。作物田間 CO_2 濃度雖然難以有效控制，但可改善田間通風狀況、深施碳酸氫銨肥料（含 50% CO_2）、增施有機肥料、促進土壤微生物分解發酵等措施，以增加作物植冠層中的 CO_2 濃度。在玻璃溫室內，則可通過 CO_2 發生裝置，直接施放 CO_2。

(2) 增加光合作用面積：光合作用面積，即指植物的綠色面積，主要是葉面積，其對產量影響最大，同時又也是最容易控制的一個因素。通過合理密植，或改變株型等措施，可增大作物光合面積。

　　a. 合理密植：所謂合理密植就是使作物族群得到合理發展，使之有最適合的光合

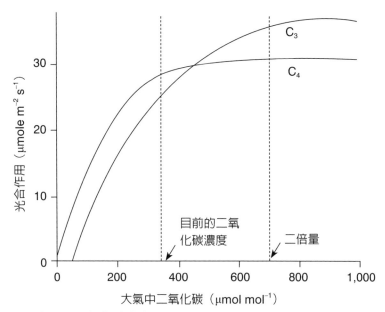

圖 11.7　在不同二氧化碳濃度下，C₃ 型與 C₄ 型植物之光合作用表現差異。

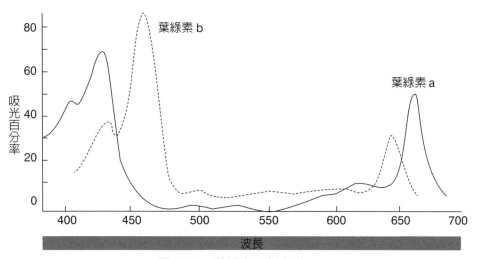

圖 11.8　葉綠素吸收光譜。

作用面積及最高的光能利用率，並獲得最高產量的種植密度。種植密度過小，雖然單株發育好，但族群葉面積不足，光能利用率低。種植過密，則使下層葉片光照不足、作物植冠層通風不良和 CO_2 濃度過低而影響光合速率。因此只有合理密植，才能協調單株與族群間的矛盾，有效利用光能，達到最高的產量。合理密植之指標有多種，例如播種量、總分蘗數、葉面積指數等，其中以葉面積指數較爲科學。所謂葉面積指數（LAI），是指單位土地面積上作物的總葉面積之比值。在一定範圍內，作物葉面積指數愈大，光合產物累積愈多，產量愈高，但也並非愈大愈好。水稻最大在 7.0 左右，小麥 6.0 左右，玉米 6.0～7.0，可能獲得較高產量。

b. 改變株型：近年來農業專家所培育出的水稻、小麥、玉米等高產新品種，多爲矮稈或半矮稈、葉片較厚、分蘗密集、株型緊實、耐肥抗倒伏的類型。種植此類作物品種可適當增加栽培密度，以提高光能利用效率。果樹生產上，通過整枝修剪，培育矮小而開放的株型結構，也可達到增大光合作用面積、提高光能利用率的目的。

(3) 延長光合作用時間：延長光合作用時間就是最大限度地利用光照時間，可經由提高複作指數、延長生育期或人工補充光照等措施來適當延長光合作用時間。

a. 提高複作指數（index of multiple cropping）：複作指數就是全年內農作物的收穫面積與耕地面積之比。提高複作指數就相當於增加收穫面積，延長單位土地面積上作物的光合作用時間。通過輪作、間作等傳統措施以及溫室栽培、育苗後移栽等技術，都可有效提高複作指數，縮短土地閒置時間，增加收穫面積，從時間和空間上更好地利用光能。再者，改一年一期作爲一年兩期作甚或三期作、農林間作、開發立體農業及園林綠化實行喬灌草相結合等，也都是經由增加複作指數而提高光能利用效率的有效措施。

b. 延長作物生育期：在不影響耕作制度的前提下，適當延長作物生育期能提高產量。例如作物生長前期加強土壤肥料與水管理，促進根系發育，促進葉片生長，提早獲得較大的光合面積，生長後期則防止葉片老化，以延長葉片光合作用時間、提高作物產量。此外，適時提早種植作物或是採用敷蓋、溫室或塑膠棚架等保護栽培措施，均可延長生育期，增加光合時間，提高光能利用率。對於藥用植物，摘採葉片時在不影響葉片品質的前提下，可適當地延後採收，並且切忌過度摘採。

c. 補充人工照光：在小面積栽培、加速重要作物材料與品種繁殖時，可採用生物燈或日光燈作爲人工光源，以延長照光時間。

(4) 降低有機物質消耗：正常的呼吸消耗是植物生命活動所必需的，作物生產上應注意提高呼吸效率，儘量減少浪費型呼吸。如 C_3 植物的光呼吸消耗光合作用同化碳素的 1/4 左右，是一種浪費型呼吸，應加以限制。

目前降低光呼吸主要從兩方面入手：一是利用光呼吸抑制劑去抑制光呼吸。例如乙醇酸氧化酶的抑制劑 α- 羥基磺酸鹽類化合物，可抑制乙醇酸氧化爲乙醛酸。用 100 mg/L $NaHSO_3$ 噴灑大豆，可抑制光呼吸 32.2%，平均提高光合速率 15.6%，

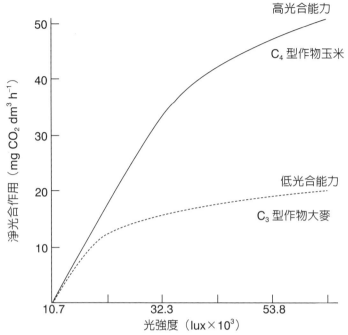

圖 11.9　不同光照強度下玉米與大麥之光合速率。

（資料來源：Taiz and Zeiger, 1991）

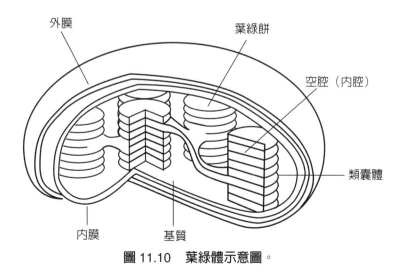

圖 11.10　葉綠體示意圖。

施用 2,3- 環氧丙酸也有類似效果。二是增加 CO_2 濃度，提高 CO_2/O_2 比值，可促使 Rubisco 朝向羧化反應而抑制光呼吸，提高光能利用率。此外，及時防除病蟲草害，也是減少有機物消耗的重要方面。

作物生產上也可通過合理密植和整形修剪，減少樹冠無效體積和器官；通過疏花疏果、病蟲防治和減少由於農藥、葉面施肥不當等葉片傷害而造成的葉片壞死、脫落等現象，以減少無效消耗，增加營養累積。

(5) 提高經濟係數：作物生產上，可通過整形修剪、化學調控等人工調節措施，調節養分在營養器官和生殖器官間的分配，促進花芽形成和提高著果率，使光合產物定向分配流動，增加向果實等經濟器官的養分供應，從而提高經濟係數，以提高經濟產量。

呼吸作用

　　植物進行細胞分裂、伸長及維持，以及水分與養分吸收均需要能量，此能量來自醣類於低溫下之氧化反應，稱爲呼吸作用（respiration）。呼吸作用不同於高溫氧化，因爲此過程中需要催化反應之酵素（enzymes）作用。

　　植物體內進行光合作用之同時也在進行呼吸作用，因爲兩種作用之反應物與終產物彼此相反，故常認爲互相對立。然而，參與呼吸作用之路徑完全不同於參與光合作用之路徑。

　　植物體內所有活細胞都一直在進行呼吸作用，其所產生之能量可用於許多目的，包括細胞分裂、伸長與維持，以及水分與養分吸收外，也用於合成更複雜的化合物，例如蛋白質、脂質及油分。由於呼吸作用放出二氧化碳，而光合作用利用之，故可藉由測量二氧化碳之淨輸入或淨輸出以確認植物是否有淨成長（圖11.11）。

　　在夜間葉片繼續進行呼吸作用，其利用醣類後釋出二氧化碳。於太陽升起之後，光強度增加會造成光合作用與二氧化碳固定隨之增加，當光合作用固定之二氧化碳量與呼吸作用釋出之二氧化碳量相等時，即表示植物接受之光強度已經達到光補償點（compensation point）。若光強度繼續增強，則二氧化碳固定量多於釋出量。植物在增加乾物質與生長之前，光強度必須高於光補償點。作物在光補償點時之光強度隨著作物種類而異，也隨著影響光合與呼吸速率之其他因素而改變。對於多數作物而言，除了非常陰天之外均容易到達光補償點。陽性植物與陰性植物達到光補償點與光飽和點之光照強度亦有差異（圖11.12）。

1. 呼吸作用種類

　　植物體內呼吸作用依照氧氣供應與代謝條件，可以不同方式進行，但不同呼吸作用方式轉換醣類爲代謝能量之效率也不同。

(1) 有氧呼吸：當有適量氧氣存在下，植物可以進行有氧呼吸（aerobic respiration），此爲普遍存在植物體內最有效率的呼吸。整個反應如下：

$$C_6H_{12}O_6 + 6\ O_2 + 40\ ADP + 40\ Pi \rightarrow 6\ CO_2 + 6\ H_2O + 40\ ATP$$

此反應中，在適量氧氣下葡萄糖（$C_6H_{12}O_6$）分解產生二氧化碳與水分子，以及存在於40個ATP分子之能量。有氧呼吸過程相當複雜，包括數個步驟稱之爲克氏循環（Krebs cycle）。有氧呼吸雖然有效地將葡萄糖完全氧化爲二氧化碳與水，但氧化過程中釋出之總能量僅有一半存在ATP中。每分子葡萄糖686卡能量，但40個ATP分子僅有340卡，其餘則轉爲熱能。

(2) 無氧呼吸：當植物進行呼吸作用缺乏適量氧氣時，其細胞會將呼吸作用轉爲效率較差的形式，以努力獲得生長與維持所需要的能量。無氧呼吸（anaerobic respiration）整個反應如下：

$$C_6H_{12}O_6 + 2\ ADP + 2\ Pi \rightarrow 2\ C_2H_5OH + 2\ CO_2 + 2\ ATP$$

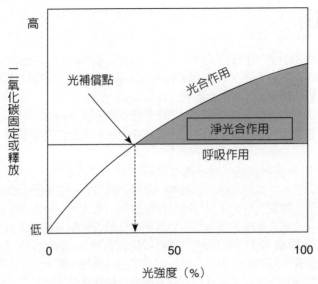

圖 11.11　因呼吸作用與光合作用造成之淨二氧化碳交換速率變化。

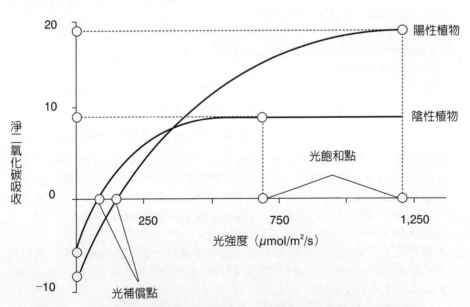

圖 11.12　陽性植物與陰性植物達到光補償點與光飽和點之光照強度。

在此反應中，葡萄糖分子並未完全氧化為二氧化碳與水分子，而僅產生 2 分子二氧化碳，其餘碳素則轉變成乙醇（ethyl alcohol, C_2H_5OH）。因此淨所得是 2 分子 ATP 而已。

植物細胞僅能在其感受缺乏代謝能量 ATP 之前短時間內利用無氧呼吸，之後開始聚積有毒化合物如乙醇。此反應對於產生乙醇當作燃料或是釀酒方面有其價值，但對於植物本身而言並不合適。

(3) 光呼吸：光呼吸作用（photorespiration）與呼吸作用係同時發生。在光照下，光合作用大於呼吸作用，並增加植物乾物重。在黑暗下，光合作用停止但呼吸作用繼續進行。在夜間植物因為細胞分裂與伸長可能增加體積大小，但重量不會增加，甚至可能減少重量。目前已知有些植物在光照下之呼吸速率大於黑暗下之速率，此稱為「光呼吸作用」，其原因係此種呼吸作用類型僅發生於葉綠體內及綠色細胞內之其他構造。正常之呼吸作用則發生於所有活細胞中。光呼吸在大致與光合作用相同的方式下利用光能驅動反應。

由於光合作用剛產生之醣類，在用於維持細胞生存或轉運至其他部位供生長之前，即被光呼吸作用氧化利用，故一般認為光呼吸不利於植物。光呼吸會隨著光強度、溫度與氧氣增加而增加，但隨著二氧化碳減少而增加（圖 11.13）。光合作用旺盛之細胞通常其二氧化碳較少而氧氣較多，植物從光呼吸作用中沒有得到可利用的能量，但為何會在植物中發展出光呼吸系統仍有待研究。

由於在較高之光強度下，光呼吸與光合作用以相同速率增加，故具有光呼吸作用之植物容易達到光飽和。此結果導致淨光合作用（net photosynthesis）大大降低與乾物質生產下降。淨光合作用速率是指光合作用速率減去呼吸作用速率，所得到的生長速率準確量，又稱為淨同化作用速率（net assimilation rate）。

在 C_4 型植物中即便有光呼吸作用也是微乎其微，但許多 C_3 型植物則具有高光呼吸速率，光呼吸僅存在於 C_3 型植物中之原因不明。有些 C_3 型植物之光呼吸極微小或無，例如向日葵與落花生，其光合速率與 C_4 型植物一樣高。有研究指出施用光呼吸作用抑制劑於高光呼吸速率之作物，結果其淨光合速率大增且沒有光飽和現象。事實上，不可能施用光呼吸抑制劑於田間作物，因此唯一的方式是發展低光呼吸速率之作物品種，但此過程非常緩慢，成敗也難以預料。

2. 影響呼吸作用之因素

(1) 組織種類：植物體內某些組織種類具有高呼吸速率，而其他組織即便有也微乎其微。有些組織之細胞一旦形成之後可能死亡或是呈現休眠狀態，這些組織包括提供機械強度及支持莖部功能的組織，以及在莖部與根部年老部位維管束內之許多細胞。具有高呼吸速率之細胞或組織則包括植物生長點之分生細胞（meristematic cells）以及正發育中之種子。在任何細胞中之呼吸速率決定於細胞的活性與功能、用於氧化之糖分可用量、細胞水分含量，以及催化呼吸反應之酵素活性。

(2) 溫度：植物在生長溫度上下限範圍內，其呼吸速率隨著溫度而增加，其主要原因是溫度增加時酵素活性增加，以及細胞對於醣類或其他化合物移動之通透性增加。然而，當溫度增加超過生長適溫時，因酵素活性下降造成呼吸速率下降。極

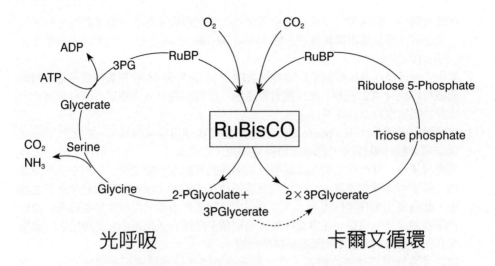

圖 11.13　光呼吸與卡爾文循環之間係藉由 Rubisco 酵素控制代謝走向，當 CO_2 濃度較高時，進行羧化反應；當 O_2 濃度較高時，進行氧化反應。

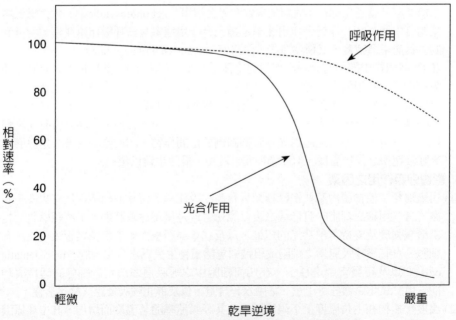

圖 11.14　乾旱對於光合作用與呼吸作用之影響。

度高溫也會中斷植物代謝甚至引起死亡。

(3) 氧氣：植物有適量氧氣時可以進行有效率的有氧呼吸作用，若氧氣不足則植物轉向較無效率之無氧呼吸，而大大減少可用的代謝能量，而導致累積有毒物質。通常作物植株之地上部很少有缺氧問題，但根部則不然。當土壤結硬皮（crusting）、重壓緊實及水分飽和時，可能造成土壤呈現無氧狀況，最後引起根部組織死亡。

(4) 光：當有光呼吸作用存在時，光照直接影響葉片總呼吸速率（total respiration rate），但光照並未直接影響植物其他形式的呼吸作用。因為來自太陽輻射能之大部分能量均轉為熱能，所以陽光可能經由影響氣溫而間接影響呼吸作用。

(5) 其他化合物之濃度：除了氧氣以外其他化合物之濃度也會影響呼吸速率，例如葡萄糖供應不適當則無反應物質可以氧化，而使呼吸速率下降。當植體內光合產物轉運中斷，或是光合作用中斷時，則可能發生葡萄糖不足。然而，因乾旱或其他逆境引起的光合作用中斷並不會立即影響呼吸速率，而是在其隨時可用的碳水化合物耗盡之後（圖11.14）。

當呼吸作用產物開始累積時，呼吸作用也會產生回饋抑制現象。最值得注意的是二氧化碳與ATP，這些物質濃度提高會減緩甚至停止呼吸作用。ATP累積會傳訊給細胞，使代謝減緩或是中斷。影響細胞代謝之其他因素基本上與影響呼吸作用之因素相同，所以通常呼吸作用產生之ATP與其他路徑用掉之ATP會達到平衡。二氧化碳累積也會減緩呼吸作用，但多數案例中僅有在組織附近氣體交換不良時才會累積二氧化碳，此狀況也導致缺氧。

(6) 傷害：植物體任何組織在受到傷害之後，為了修補傷害或使傷口癒合，通常會引起受傷組織之呼吸速率增加。例如冰雹、強風、病蟲害以及栽培過程中修剪根部所造成之物理或機械傷害。此外，化學傷害也會影響呼吸速率，除草劑或殺蟲劑是否增加或降低呼吸速率，也與其對植物代謝之影響有關。這些化學藥品可經由酵素活性直接影響呼吸作用，或是藉由改變其他代謝過程而間接影響呼吸作用。除草劑中有些作用機制則是中斷植物之呼吸作用。

第 12 章
開花與生殖

　　作物生長、發育與分化週期首先是種子發芽，然後是營養生長之幼年期與成熟期，最後是開花（flowering）。當植物具有生殖之潛在能力時，即表示植物已經達到營養生長之成熟期（vegetatively mature），而在開花前之所有發育期間均屬幼年期（juvenile period）。

　　開花第一步驟是將營養生長之莖部始原體（vegetative stem primordium），或生長點（growing point），轉變為花的始原體（floral primordium）。換言之，生長點停止產生新的莖部與葉部組織（圖 12.1），而開始產生花的組織，此種改變稱為花的起始（floral initiation）。在有限型植物（determinate plants），此種變化非常急遽，於花起始後即停止營養生長。有限型植物之開花僅有一次，例如所有的禾本科作物，包括小穀粒作物、玉米與高粱。另一種植物於花起始之後仍繼續其營養生長，這種植物稱為無限型植物（indeterminate plants）。無限型植物之開花期間很長，例如有些大豆與棉花品種。

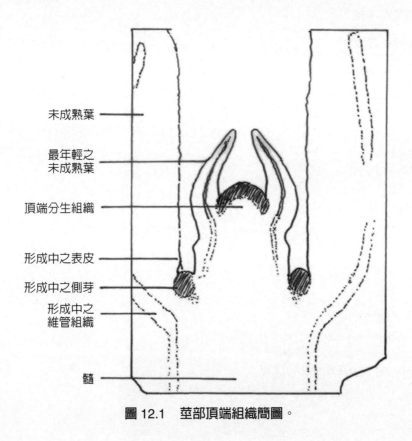

圖 12.1　莖部頂端組織簡圖。

花的構造

　　花有多種形狀、大小與顏色。花的特徵（characteristics）可能是鑑定植物物種最普遍而容易的方法。在作物學上了解花器構造相當重要，不僅可利用於物種鑑定，其也影響授粉（pollination）與種子收穫等。

　　花器構造可分為兩大類別，第一部分是主要花部（essential flower parts），包括雌蕊（pistil）與雄蕊（stamens）直接參與物種有性生殖（sexual reproduction）之生殖器官。而第二部分則為附屬花部（accessory flower parts），包括花瓣（petals）與萼片（sepals）參與保護生殖部位，以及吸引昆蟲與其他授粉媒介。

1. 雙子葉植物的花

　　雙子葉植物典型的花（圖 12.2），其萼片形小、綠色、似葉片構造，位於花瓣最外一輪之下方。在花芽階段，萼片包封花器。所有萼片通稱為花萼（calyx）。花瓣位於萼片上方或裡面，通常很醒目且高度彩色，在演化上主要經由顏色以吸引蜜蜂或其他昆蟲授粉。所有花瓣統稱為花冠（corolla），由一至許多輪花瓣所組成。花萼與花冠總稱為花被（perianth）。

　　雄蕊是花的雄性生殖構造，通常三枚以上，係由產生花粉（pollen）之花藥（anther）及支持花藥之花絲（filament）所組成。在雄蕊基部有特殊腺體稱為蜜腺（nectaries），可產生黏性之含糖物質，可能也具有香味用以吸引昆蟲授粉。所有的雄蕊總稱為雄蕊群（androecium）。

　　雌蕊是花的雌性生殖構造，雖然多數花僅具一個雌蕊，但也有可能超過一個雌蕊。雌蕊是由接受花粉之柱頭（stigma）、連接柱頭與子房之花柱（style），及含有卵細胞〔存在胚珠（ovules）中〕之子房（ovary）所組成。若雌蕊數目超過一個，則統稱為雌蕊群（gynoecium）。

　　其他構造還有花托（receptacle）及花梗（pedicel）（圖 12.2），這些構造並不被認定是花的部分，但因其支撐與連接花與其他部位，故與花部有密切關聯。花托位於花的基部，於花萼正下方。某些花的子房凹陷入花托，如蘋果。另有未顯示之花梗（又稱穗梗，peduncle），其為支持花部與連接莖部之莖桿（stalk）構造。當花梗上之花朵超過一朵以上，則支持各個花的分枝稱為小花梗（pedicels）。

2. 禾草類植物的花

　　所有的禾草類植物均有經改變的花器，其花萼與花冠被特化之葉片取代，稱為苞片（或稱苞葉，bracts）。典型之禾草類植物的花如圖 12.3 所示。禾草類植物個別的花稱為小穗（spikelet），在每個小穗基部有兩個護穎（或稱為稃，glumes）或類葉片苞片（leaflike bracts）。在某些物種，護穎完全包封小穗。在護穎上方有一枚以上的小花（florets），具有雄蕊、雌蕊與其他苞片。在每個小穗具有數朵小花之部分禾草類植物，其最上面之小花可能減少或不育。當小穗上之小花數目超過一朵，則其藉由類莖桿（stalk-like）之構造相連，此構造稱為小穗軸（rachilla），即小穗之中央軸（圖 12.3）。

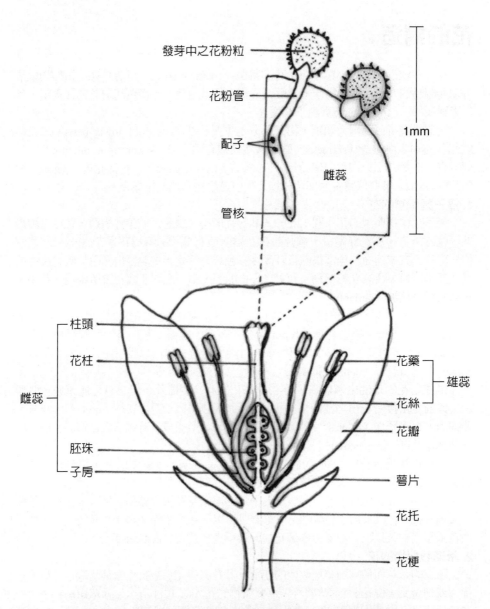

圖 12.2　典型之雙子葉植物花部與發芽中之花粉粒圖解。

　　每個小穗通常含有三枚雄蕊，而雌蕊有 2 個柱頭但僅有一個子房，這些生殖構造均包封在 2 個苞片內，即外穎（lemma）與內穎（palea），以受保護。外穎通常較大，可能在其尖端或背面具有附加物，稱為芒（awn）。內穎則位於外穎之對立位置上方，通常無芒。在雌蕊基部內穎與外穎上方有 2 片極小苞片則稱為鱗被（lodicules）。

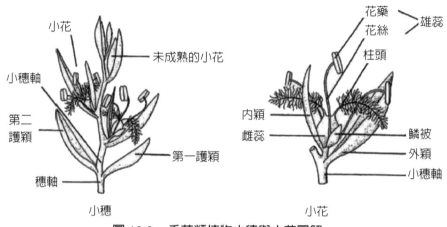

圖 12.3　禾草類植物小穗與小花圖解。

花與花序種類

花可根據花不同部位存在與否進行分類，成爲物種鑑定之工具。

1. 花的種類

完全花（complete flower）（圖 12.4）是指同時具有花萼、花瓣、雄蕊與雌蕊四個部位的花。而不完全花（incomplete flower）則是指缺乏其中一種以上部位的花。多數雙子葉植物的花屬於完全花，而禾草類植物因缺乏花瓣與花萼故屬於不完全花。

兩性花（perfect flower）是指同時具有雌蕊與雄蕊的花，而非兩性花（imperfect flower）則是缺少雄蕊或雌蕊。非兩性花僅有雌蕊的花稱爲雌（蕊）花（pistillate or female flower），而僅有雄蕊的花稱爲雄（蕊）花（staminate or male flower）。同時具有雄蕊花與雌蕊花的植物，稱之爲雌雄同株（monoecious），例如玉米屬之，其玉米穗（ear）含有雌蕊花而雄穗（tassel）含有雄蕊花。當植物僅有雄蕊花或雌蕊花時，稱之爲雌雄異株（dioecious）。具有兩性花的植物稱爲雌雄同花株（synoecious）。網路或部分資料將 perfect flower 誤譯爲完全花，易造成混淆。

2. 花序的種類

花序（inflorescences）是指在相同花梗上之一群（叢）花。花序類型（圖 12.5）也可作爲物種鑑定之工具。

所有花直接著生於中央軸的花序稱爲穗狀花序（spike），而穗狀花序之中央軸稱爲穗軸（或稱花序軸，rachis）。若花直接著生於穗軸或其他主要支持稈（supporting stalk），則稱爲無柄（或無梗，sessile）。具有穗狀花序之作物包括小麥、大麥與黑麥。玉米穗則是改變後之穗狀花序，其玉米穗（cob）屬於改變後的肉質穗軸。另總狀花序（raceme）類似穗狀花序，但各個花藉由花梗（pedicel）連接在穗軸上。這種花稱爲小梗花（pedicellate）。具有總狀花序的作物有紫花苜蓿、甜苜蓿與大豆。圓錐花序（panicle）則是具有許多分枝（branches）以連接花的花序。此種花序之花本身可能是無柄花或小梗花，例如高粱、柳枝稷及粟（小米）。大部分作物屬於穗狀、總狀或圓錐花序。

在作物中尚有其他花序類型（圖 12.5），繖房花序（corymb）係指花序主軸上有不同長度之花梗所產生之平頂（flat-topped）花序。繖房花序不同於圓錐花序，後者有廣泛分枝；與總狀花序亦不同，後者之花梗長度大約等長。具繖房花序之作物如馬鈴薯。另一種平頂花序之類型則爲傘狀花序（又稱繖形花序，umbel），此不同於繖房花序，其無中央穗軸，而所有花梗均源自花序基部相同地點，例如洋蔥。頭狀（head）花序則具有許多無柄小花緊密聚集在扁平之花托上，大部分的頭狀花序有兩類型的花，舌狀花（ray flowers）具有花瓣且僅僅圍繞花序的外側，管狀花（disk flowers）位於花序中央通常沒有花瓣。在大部分頭狀花序，其舌狀花通常不稔，而管狀花可稔。具頭狀花序之作物如向日葵。另一種頭狀花序稱爲 capitulum inflorescence，類似頭狀花序但其花托爲圓形非扁平狀，其花可能爲有梗（柄）或無梗（柄），此類作物如紅苜蓿及白苜蓿。

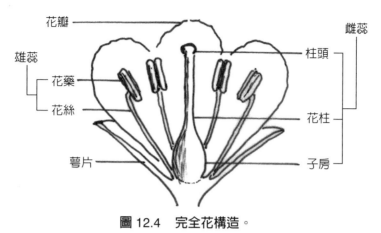

圖 12.4　完全花構造。

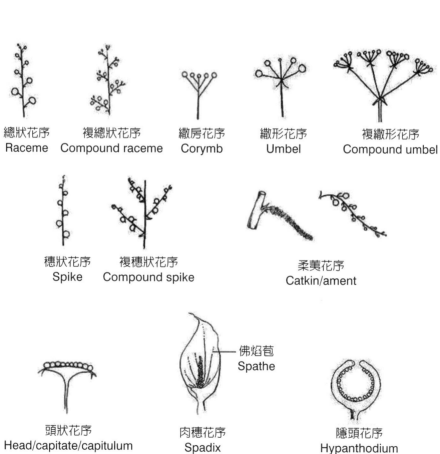

總狀花序 Raceme	複總狀花序 Compound raceme	繖房花序 Corymb	繖形花序 Umbel	複繖形花序 Compound umbel

穗狀花序　複穗狀花序　　　　　　　柔荑花序
Spike　Compound spike　　　　Catkin/ament

頭狀花序　　　　肉穗花序　　　　隱頭花序
Head/capitate/capitulum　Spadix　Hypanthodium

佛焰苞
Spathe

圖 12.5　花序類型。

影響開花之因素

　　花的起始（floral initiation）包括生理學與形態學上的改變，其影響因素有植物營養、光照及溫度。

1. 植物營養

　　許多植物開花受到植體內碳氮比例（ratio of carbohydrates to nitrogen）影響，此比例主要影響植物營養生長速率，進而影響開花。作物如番茄在高光合成率及高氮肥下，其營養生長過於旺盛而阻止開花。當減少氮肥時，可減少營養生長而大量開花。但若光合作用或氮素受限，則植物發育不良而不開花。

2. 光與光週期性

　　光週期性（photoperiodism）最早由美國農業部 Garner 和 Allard 於 1920 年在菸草及大豆的試驗中所發現，此後復經許多學者的研究，發現大部分植物必須在適當的日長下才能正常開花，否則開花延遲或不開花，並且得知大多數植物都各有其一定的臨界日長（critical daylength）。光對於植物開花最直接的效應是影響其光週期性，光週期（photoperiod）係指在一天 24 小時中光期的長度。而光週期性則是指植物對於光期改變產生之反應。光週期性讓植物可以感受季節變化並作出適當反應，以確保能順利開花及產生種子。

　　光週期性包括利用色素蛋白光敏素（phytochrome）（圖 12.6）以控制花的起始。光敏素具有兩型，包括吸收紅光（660 nm）之光敏素 Pr 型，以及吸收遠紅光（far-red light, 730 nm）之光敏素 Pfr 型，在光照與黑暗下光敏素會在兩型之間轉變。

$$\text{Pr} \xrightleftharpoons[\text{黑暗下，緩慢轉變}]{\text{光照下，快速轉變}} \text{Pfr}$$

　　在白天，光敏素以 Pfr 型式（form）存在，而在夜間其緩慢轉變回 Pf 型式。在長暗期（較短日長）下，有較多之 Pfr 轉變回 Pr。在短夜（長日）下，Pfr 較少轉變回 Pr。對於光期變化敏感之植物，期可藉由日出時 Pfr/Pr 比值測量暗期長度。當黑夜達到遺傳決定之臨界長度（critical length），則植物起始開花或其他過程。實際上之臨界夜長（critical night length）決定於特定物種，甚至品種。利用此系統，植物可以決定關鍵事件的時間，例如何時開花，以避開不適合的天候狀況。

　　有些植物僅在某些營養生長期對光期敏感，其他植物包括許多雜草在幼苗出土（emergence）時對光期敏感。對於某些植物而言，溫度可影響光期敏感度。

　　根據植物對於光期之反應，其可分類為短日（short-day）、長日（long-day）或中日（day-neutral）性植物。以 12 小時為臨界夜長為例（圖 12.7），說明短日與長日植物。另有中間性植物（intermediate plants），期僅在某一光照長度下才能開花，超過或不足均不會開花，例如蘭草（boneset, *Eupatorium hyssopifolium*）及大麻草（hempweed, *Mikania scandens*）。

　　Hillman（1962）將植物依照日長反應分為：

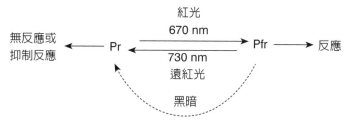

圖 12.6　色素蛋白光敏素（phytochrome），Pr 型不具生物活性，Pfr 型具有生物活性。

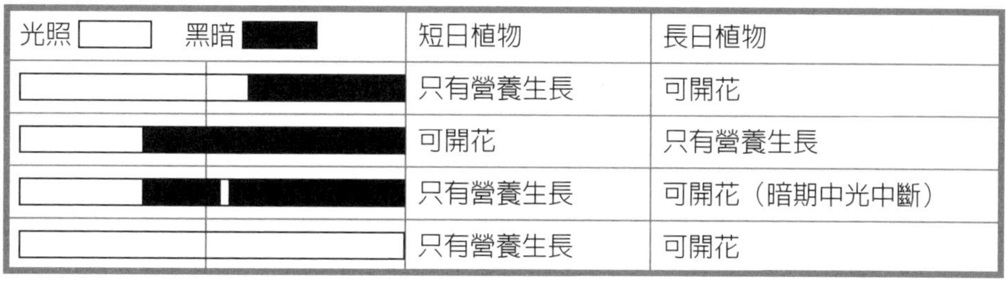

光照 □　黑暗 ■	短日植物	長日植物
	只有營養生長	可開花
	可開花	只有營養生長
	只有營養生長	可開花（暗期中光中斷）
	只有營養生長	可開花

圖 12.7　植物對於光期變化之反應。本案例以12小時（中線位置）作為臨界日長。

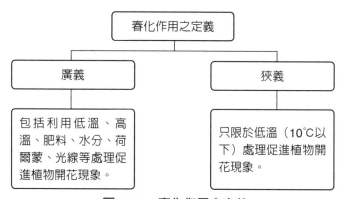

圖 12.8　春化作用之定義。

1. 短日植物（short-day plants, SDPs），當日長短於臨界最大日長（critical maximum day length）時可促進開花，如馬利蘭巨象菸草。
2. 長日植物（long-day plants, LDPs），即當日長超過臨界最小日長（critical minimum day length）時會促進開花，如 Wintex 品種大麥。
3. 短長日植物（short-long-day plants, SLDPs），先經短日再經長日處理可以開花，例如一些溫帶多年生禾草類植物果園草，其日長反應較為複雜，其中涉及低溫需求之春化作用（vernalization）。
4. 長短日植物（long-short-day plants, LSDPs），如夜來香。
5. 中日性植物（day-neutral plants, DNPs），其開花對於光照不敏感，但與株齡有關，例如蒲公英、番茄與蕎麥。

　　作物光週期性在栽培及育種上具有利用價值：
(1) 可據以釐訂作物的栽培適期，避免作物開花期過早或過遲而影響產量及品質。此外，只利用莖葉的作物（如蔬菜、牧草）可選擇不會開花的季節來栽培，讓營養生長得以充分進行而提高產量。
(2) 可據以調節作物的開花期，使開花期不同的兩個雜交親本得以同時開花，便於自然雜交或人工雜交之進行。另如花卉，由於花期的調節，而能在預定的期間開花，以掌握市場銷售旺季及價格，增加收益。臺灣彰化、員林一帶，花農種植之多菊，於夜間以日光燈延長照光時間，調整開花期在花卉銷售最旺之春節，就是一個很好的實例。

3. 溫度
　　溫度可直接或間接影響開花，經由春化作用（vernalization）（圖 12.8）或去春化作用（devernalization）可直接影響開花。
　　春化作用是指植物在起始開花之前對於冷溫（cold temperature）之需求。多數多季一年生或二年生之植物在開花（花芽形成）之前必須要經過春化處理。通常需要將植物暴露在 10℃以下接近凍溫（2～10℃）下至少 6～8 週以啟始開花（誘導花芽分化）。如同光週期性，此春化作用（即感溫週期性，thermoperiodism）亦有植物荷爾蒙參與調控。例如將經過春化處理之植株嫁接於未春化之植株，則未春化之部位也能開花。需要春化作用之作物有冬小麥、大麥、黑麥及甜菜。因此春播冬季一年生作物時，僅有營養生長不會開花。
　　春化處理之對象為許多需要層積（stratification）處理以打破休眠之溫帶植物，在溼潤貯存環境下以低溫處理其種子、鱗莖、球根、球莖或芽達數週之久。春化作用感受部位（locus of vernalization）是分生組織（meristems）或芽，而非葉部。研究發現浸潤之種子較易接受春化刺激，且若僅針對根、莖、葉冷處理無效。另在母植株上正發育中之種子，若冷處理持續至種子乾燥之前有時候會有春化效果。
　　「去春化作用」是將春化作用效果逆轉，藉由將春化後之植株暴露於溫暖溫度（30～35℃）下使原本能開花之植株無法開花。因為春天溫度係逐漸溫暖，故去春化作用很少自然發生。例如保存於冷藏庫之洋蔥於春天銷售前即可藉由去春化作用防止

之後開花，而能產生鱗莖（球根，bulb）。

　　溫度也可藉由影響從花的起始至實際開花的時間，以達到間接影響開花之效果。通常低溫下會延緩開花。此外，溫度亦可經由影響某些植物之光期反應而間接影響開花，例如溫度若高於 19℃則六月草莓表現如短日植物，但若溫度維持在 19℃以下則表現如中日性植物。

　　作物利用低溫或高溫進行春化處理，前者為為秋播型，如大麥、黑麥、小麥、甜菜、三葉草、馬鈴薯、禾本科牧草等，此種作物在生育期中需要經過嚴寒冬季，方能開花結實。一般球根花卉行低溫處理以促進其花芽形成提早開花。適應於高溫處理的作物為春播型，如稻、玉蜀黍、高粱、棉、菸草、大豆等，此種作物需經炎熱夏季。

　　溫度對於作物的開花，尤其是對於花芽的形成有密切關係；有的作物需要較高的溫度，才能開花，有的作物需要低溫的刺激，才能形成花芽。通常溫度對於作物的開花結實，有下列影響：

(1) 低溫能刺激花芽形成：很多作物的開花，受光期性的影響，而低溫對於光期性，則具有促進作用。低溫對開花的數目，也有增多的作用。

(2) 溫度能影響開花時間：作物開花的時間也受到溫度影響，如臺灣第一期水稻開花時間較第二期為早。

(3) 溫度能影響結實時期：臺灣第一期稻作結實時間因氣溫較高，自開花到成熟所需的時間較第二期稻作（氣溫較低）約早 5 天。

　　作物進行春化處理時必須要具備 4 個條件（圖 12.9）。作物進行春化處理時，對低溫需求之感受性包括直接型與間接型；前者即春化處理期間，低溫不能中斷，直到所需時間處理完成。而對低溫需求間接型則為春化處理期間，處理時間可容許中斷，只要累積所需處理時間即可。

　　作物進行春化作用有兩個最適宜的生育時期，但依作物種類有所不同：

(1) 種子春化型（seed vernalize type）：在種子發芽階段進行春化處理最有效，例如豌豆、蠶豆、蘿蔔等。

(2) 綠色植株春化型（green plants vernalize type）：在幼苗期有若干葉片時，此時春化處理效果最佳，例如唐菖蒲、甘藍、小麥等。

　　可進行春化處理的作物有：

(1) 越冬一年生作物：此類作物對低溫有定量要求，屬於對低溫需求間接型。例如種子春化型的十字花科作物。

(2) 越冬二年生作物：此類作物為定性低溫要求，對低溫需求直接型。例如甘薯、茶菜、胡蘿蔔等。

(3) 多年生作物：包括一年只開一次花的及一年開幾次花之植物。

(4) 夏季一年生作物：低溫能促進開花，但此類作物對低溫不苛求。

　　在進行春化處理時必須了解植物的感應部位，多數植物受春化處理感應的部位為莖頂端的生長點。生長點感受刺激後可將刺激物轉運到植物其他部位。有關春化作用的生理機制目前尚無定論，但有兩種不同的說法：

(1) 在低溫誘導過程中，植物體內某些特定核酸及蛋白質發生變化，春化處理活化與

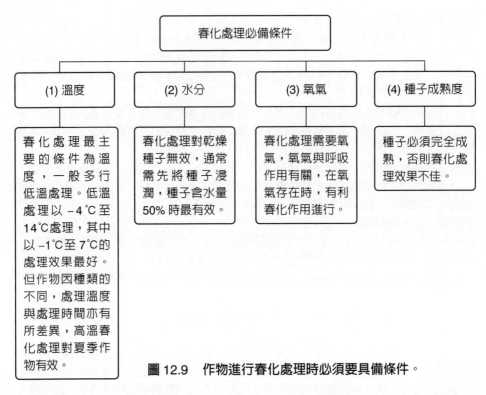

圖 12.9　作物進行春化處理時必須要具備條件。

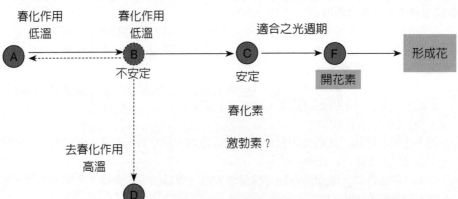

圖 12.10　春化作用、光週期誘導開花中春化素、激勃素與開花素之關係。首先
物質 A 在低溫下經過春化作用會轉變為不安定之物質 B，若繼續在低溫
春化作用下，會轉變為安定之物質 C，此係春化素，或可能為激勃素，
春化素在適當光週期下，則轉變為物質 F，即開花素，最後再促使花的
形成。不安定之物質 B 如處於高溫下，則會發生去春化作用。

開花有關的基因，引起一系列的生化過程改變，誘導頂端分生組織在某區域產生花原基（floral primordia）。

(2) 春化處理產生的刺激物即春化素（vernalin）。春化作用在低溫下，前體轉變成爲不穩定的中間物。在高溫時，中間產物遭到破壞。但在適溫情況下，使中間產物轉變爲穩定的物質。

　　春化素與激勃素（gibberellins, GAs）二者在開花上所扮演之角色有所不同。激勃素可以取代某些春化處理植物的低溫需求，以及某些長日植物的長日需求。但激勃素取代低溫或長日促進開花，皆與促進營養生長之莖部進行抽苔有關，低溫下經激勃素處理促使植物莖部伸長發育。低溫處理後，於莖部伸長時花芽已經出現。而激勃素處理下，莖部伸長只先產生營養生長的枝條而已，花芽則是後來才發生的。

　　蘇聯科學家 M. Chailakhyan 提出開花荷爾蒙是由兩類物質所組成，一是激勃素，另一則爲春化素。植物在低溫下產生之春化素，在長日照處理時就能轉變成激勃素，且形成開花素（florigin）（圖 12.10），結果激勃素和開花素共同作用，引起開花。

　　農業上可應用春化處理達到下列栽培目的：

(1) 增產：利用作物營養生長期或生殖生長期對低溫需求的差異而獲得豐產。

(2) 春化處理會使作物提早開花，縮短生長期。

(3) 調整開花期，使花期一致，進行雜交，達到育種目的。

(4) 選種：利用塊根，塊莖的作物，開花常會降低品質，可利用雜交之 F1 代，利用低溫處理，在種植後選拔出不易開花品種，淘汰易開花者。

(5) 採種：在熱帶地區種植溫帶作物，可利用低溫促進開花，收穫其種子而完成採種工作。

植物生殖與繁殖

生殖（reproduction）是參與植物物種延續（perpetuation）與增殖（multiplication）之步驟，可藉由天然的方法完成，或是由人類直接控制。當植物之延續與增殖是經由生殖（reproduction）過程直接控制，則稱為繁殖（propagation）。

(一) 無性生殖

無性生殖包括植物體營養部位之生殖與繁殖，由於許多植物具有再生（regeneration）能力因此可進行無性生殖。因植物每個細胞均含有完整生物體所需之遺傳訊息（genetic information），故單一細胞具有細胞全能性（totipotency）可以形成新的完整植株。生命奧祕之一即是雖然所有細胞均有相同遺傳訊息，但其中某些細胞知道如何以及何時分化成特化組織。

雖然無性生殖未廣泛應用於田間作物，但因其常用於植物生殖與繁殖，故了解無性生殖所使用之各種方法相當重要。許多植物進行有性生殖後具有極度之異質（型）結合性（heterozygous），即具遺傳變異性（genetic variable），故無性生殖可用以維持遺傳純淨度。有些植物經過有性生殖後可能喪失其原有的特性，例如蘋果大部分品種，均採用無性繁殖維持其特性。蘋果若經由有性繁殖，將混合來自雙親本之兩組基因，所產生之種子發芽長成之植株後代則會產生變異而無法與親本相同。

對於某些植物，無性繁殖較為經濟。無性繁殖可以產生無籽、少籽或是低發芽率之種子。某些植物以無性繁殖方式使其幼苗生長較為快速，幼年期（juvenile period）也較短，亦即可以縮短開花與產生果實之時間。例如茶樹實生苗（即由種子發芽之後長成之幼苗）需要 2～3 年才能進入生殖生長開花結果，而扦插苗則無幼年期之限制。

一些植物若嫁接於相關砧木也可以增加抗病蟲害的能力，例如若有一蘋果品種具有所需之果實品質但植株易感病，則經嫁接於抗病砧木之後可以增加此品種之抗病性。此外，無性繁殖也可利用於維持無病植株，某些植物例如甘蔗與馬鈴薯，可能經由無性繁殖部位將疾病代代相傳，因此若能以無性繁殖小心維持無病植株之種苗生產，則可大大減少田間罹病狀況。

無性繁殖也可使收穫更加容易，有些矮化果樹係以無性繁殖方式產生，這些果樹仍能維持產量且容易收穫果實。

無融合生殖（又稱單性生殖，apomixis），即未經有性生殖受精（fertilization）而產生種子。無受精種子（apomictic seed）長成之植株與母株有相同特徵。無融合生殖是屬於自然現象，而種植者用以維持遺傳純度。能夠產生無受精種子之植物有藍草（bluegrass）、水牛草（兩耳草，buffalograss）、多數柑橘屬（citrus）植物及蒲公英（dandelion）。

經改良後之雜交種（hybrids）及品種（varieties）可利用無融合生殖維持其遺傳特性，例如將無融合生殖之野生型（apomictic wild type）珍珠粟與經改良之雜交種進行雜交，即可發展出無融合生殖之雜交種，使作物能於數個世代中保留其經改良之特性。在其他作物中亦可能經由遺傳工程手段發展出無融合生殖。無融合生殖之雜交種

或品種對於未開發國家而言尤其有利，因為這些國家的人民缺乏經濟資源可以每年購買種子，此一技術可能澈底改變全球之糧食生產。

無性生殖有多數方法均利用植物部位，包括嫁接（grafting）、扦插（切枝，cutting）、分株（division）、頂端壓條（tip layering）、空中壓條（air layering）與堆土壓條（mound layering）（圖 12.11）。

「扦插」係指從母株上切下之植物部位，其可產生與母株相同的新植株個體。通常莖部作為扦插枝條可帶葉片或不帶葉片，草本或木本，均依物種而異。如甘蔗即是以莖部扦插（stem cutting）方式進行無性繁殖之作物。當無性生殖方法需要從莖部、葉部組織，及植物受傷部位產生新根時，則需要使用一些促進生根及癒合之化學物質。最常用之物質為人工合成之生長荷爾蒙，如吲哚乙酸（indoleacetic acid, IAA）、吲哚丁酸（indolebutyric acid, IBA），與萘乙酸（naphthalene acetic acid, NAA），這些均稱為生根粉。

「壓條」係利用新的植株還附著於母株時使其長出根系，其中頂端壓條法（tip layering）係將莖部頂端或末梢以土壤覆蓋，而當長出新根與新葉時，新的植株即可從母株切離，此法適用於有柔性莖部之植物，例如樹莓（raspberry）與黑莓（blackberry）。複合或曲枝壓條（compound or serpentine layering）運用於枝條長而易彎的植物，可選擇近地面的彎曲枝條，割傷數處後彎曲埋入土壤中。此法係將長而柔性莖部以土壤進行交替覆蓋及暴露，結果可以從每一條莖部產生數個新的植株，如利用於紫藤（wisteria）與鐵線蓮（clematis）。

堆土壓條則適用於一些莖部不夠柔軟的植物，其方式是切除母株莖部後將土壤堆放於植株基部，以待留樁長出新的植株。當母株留下之莖部基部產生新的根部與地上部時，有時候則陸續添加數層 2～3 英吋厚的土壤，以利於每個莖部均能長出數個植株。

空中壓條法係在地面以上產生新的植株，其作法先在莖部切割傷口，於傷口周圍包覆泥炭蘚（peat moss）或其他生根介質，再以聚乙烯（polyethylene）或其他保鮮膜（plastic wrap）包住保持在適當位置。此種作法可讓氧氣與二氧化碳穿透，但仍能保水。當根部形成之後則切斷莖部而成為新的植株。

另一種無性繁殖的方式則是分株（division），其使用特化之營養構造。分株不同於扦插（或切枝，cuttings），其利用特化之植物部位，而這些部位通常可分割為好幾部分，如甘薯、甘蔗、茶。分株之案例包括塊莖（tubers）如番茄、匍匐莖（stolons）如百慕達草、根莖（rhizomes）如藍草、鱗莖（bulb）如鬱金香、球莖（corms）如劍蘭、冠根（crowns）如菊花。鳳梨分株繁殖則利用特殊之莖部，稱為根生芽（ratoons）。另如瓊麻則以珠芽（sucker）進行分株。

嫁接係利用組織再生（tissue regeneration）將植物部位接合，因為組織再生必須要有具活性之形成層，所以嫁接主要運用於木本雙子葉植物組織，大部分的果樹採用之。嫁接時，上方之植株部位稱為接穗（scion），可採用主莖、枝條或芽；下方之植株部位稱為砧木（stock），作為接穗之基礎。

(二) 有性生殖

　　有性生殖（sexual reproduction）包括雄性與雌性配子（gametes）之融合而形成受精卵（fertilized egg），以發育成新的植株。細胞核內含有植物之遺傳藍圖，此藍圖存在於染色體（chromosomes）中，是大部分由 DNA 所組成之線形構造（圖12.12）。在多數細胞中，染色體成對存在且數目隨物種而異。在染色體上特定位置之基因（genes）可控制特定遺傳特徵。

　　有性生殖包含細胞分裂之特殊類型，稱爲「減數分裂」（meiosis）。在減數分裂過程中，染色體配對分開且每個配對其中之一條染色體分別進入子細胞（daughter cell）中（圖12.13），之後每個原來之母細胞可以產生 4 個子細胞。

　　當細胞核中包含有完整之染色體配對，則稱爲二倍體（或稱雙倍體，diploid），或 2N。N 是染色體數目。在減數分裂之後，子細胞稱爲單倍體（或稱單套體，haploid），或 1N。換言之，子細胞細胞核內之遺傳物質僅有母細胞的一半，此種減數分裂僅發生於有性生殖過程中。

　　另一類型之細胞分裂是「有絲分裂」（mitosis）（圖12.14），其過程中染色體本身會複製，使得完整之染色體配對組合會進入子細胞，而染色體數目不會改變。所產生之 2 個子細胞與母細胞相同均爲二倍體。細胞分裂中之有絲分裂造成植物生長，而減數分裂僅發生在有性生殖過程中之花部。

　　在子房及花藥中之有性生殖步驟（圖12.15）顯示，大孢子母細胞（megaspore mother cell）位於雌蕊之子房內，此經由減數分裂會產生 4 個單倍體子細胞，稱爲大孢子（megaspores），這是子房內發生減數分裂唯一的時間。其後所有細胞進行分裂時，染色體本身均有複製且子細胞染色體數目不變，故屬於有絲分裂。單倍體細胞因無染色體配對可以分裂，故無法經歷減數分裂。

　　大孢子母細胞產生之大孢子其中僅有一個會進一步發育，其餘則死亡。此具有活力之唯一細胞經歷四次有絲分裂產生 1 個卵（egg）、2 個極核（polar nuclei）及 5 個其他核（nuclei），這些均位於子房之胚珠內。

　　另一方面，雄蕊內之小孢子母細胞（microspore mother cell）也經歷減數分裂以產生 4 個單倍體子細胞，稱爲小孢子（microspores）。如同子房內之過程，減數分裂也僅發生一次，其後所有細胞分裂均爲有絲分裂。產生之小孢子不同於大孢子，4 個小孢子全部都會繼續發育，每個小孢子會再一次分裂且構造經過改變形成花粉粒（pollen grain），再由花藥釋出。

　　當花粉粒落在柱頭上時，其藉由長出花粉管（pollen tube）而「發芽」（germinate），花粉管向下生長穿過花柱進入子房（圖12.15）。花粉粒中原先兩核其中一核經過另一次的有絲分裂而產生 2 個精核（sperm nuclei）或稱配子（gametes），另一核則成爲管細胞（tube cell），此三核經花粉管移往子房。抵達子房後，配子之一與卵核結合，之後形成胚或新的植株。另一配子則與 2 個極核結合，以形成三倍體（triploid），或 3N，其細胞可發育爲種子之胚乳（endosperm）。來自花粉管之精核與子房內之卵核融合即是有性生殖之基礎，提供了雙親遺傳物質重組之機會。

圖 12.11　無性生殖之常見方法。

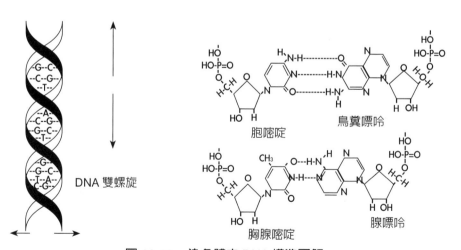

圖 12.12　染色體之 DNA 構造圖解。

前期 I 初期　　　　　前期 I 晚期　　　　　　　中期 I

後期 I

前期 II

中期 II

後期 II

末期 II

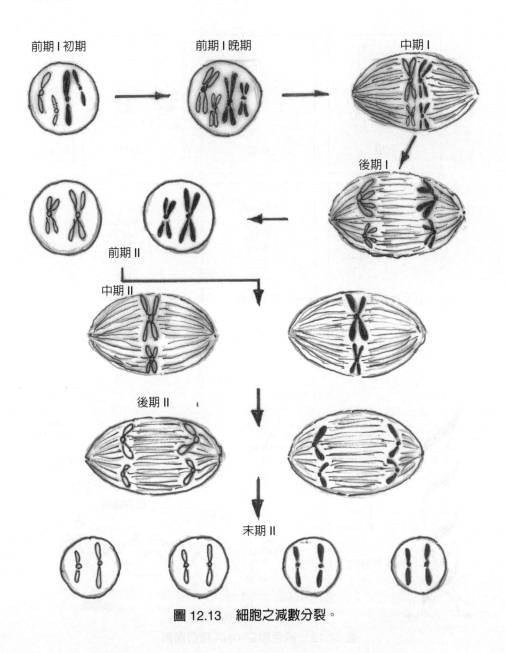

圖 12.13　細胞之減數分裂。

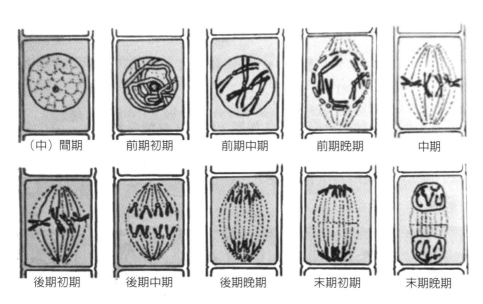

（中）間期　　前期初期　　前期中期　　前期晚期　　中期

後期初期　　後期中期　　後期晚期　　末期初期　　末期晚期

圖 12.14　細胞之有絲分裂。

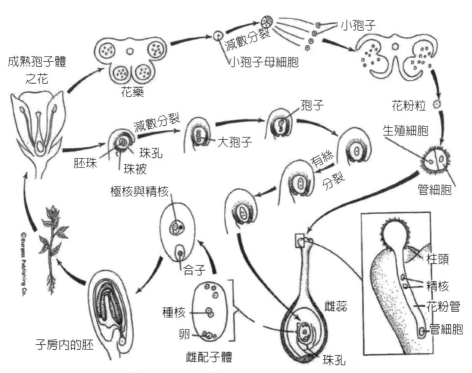

圖 12.15　開花植物之有性生殖圖解。

精子（或稱雄配子）與卵子（或稱雌配子）結合稱為有性受精（sexual fertilization），而另一雄配子與 2 個極核結合稱為三重融合（triple fusion）；上述這兩種融合合稱為「雙重受精」（double fertilization）。所有的開花植物，不論其種子內是否有胚乳發育，均有雙重受精現象。胚乳細胞相當獨特，其為三倍體，不同於胚細胞屬二倍體。在胚珠內其他核有些則發育為胎座（placenta）及種皮。

1. 授粉

授粉（又稱受粉；pollination）是將花粉從花藥轉移至柱頭，經過受粉不一定會受精，但要受精必定要先受粉。

對於作物而言，受粉之類型與方法相當重要，有些作物主要是自花受粉（self-pollinated），或是其與卵子受精之花粉粒來自相同的花。自花受粉作物若其親本經過選拔使其達到同（基因）型結合（homozygous），或是達到遺傳純淨度，則產生之子代與親代完全相同。自花受粉之作物包括小麥、燕麥、大麥、大豆與水稻。

其他作物大部分屬於異花受粉（cross-pollinated）作物，其花粉來自不同的花或植株。異花受粉作物因為親代具有不同的遺傳物質，故其產生之後代與親本不同。主要是異花受粉之作物包括玉米、黑麥、甜菜、苜蓿、棉花與高粱。

作物是屬於自花或異花受粉決定於花的排列與構造，例如玉米就其本質而言，因其具備單性花（imperfect flowers）故必須是異花受粉。某些作物如白花苜蓿，其來自相同花的花粉在柱頭上無法存活，而且無法發芽與產生花粉管。為了達到異花受粉目的，有許多方法可以協助授粉，包括風力、昆蟲、水力、動物，甚至人為操作。

2. 有性繁殖體（種子）之產生

(1) 融合（受精）生殖：大部分的種子植物屬之，也是作物最常用的繁殖體。被子植物開花期間，子房內的雌配子體（胚囊）之卵細胞及二個極核與來自花粉粒的二個精核分別受精而形成，稱為雙重受精。卵細胞及極核受精後，開始進行分裂，分別發育為胚（2n）及胚乳（3n）。裸子植物不行雙重受精，因此種子除胚（2n）外，其餘貯存養分的部分仍為雌配子體（n）。在單子葉植物，胚乳是由未分化的薄壁細胞組成，其內貯藏豐富養分，胚乳外圍有一層富含蛋白質的糊粉層。在雙子葉植物，種子發育期間胚乳通常被胚之子葉所全部或部分吸收而成為無胚乳種子。種皮來自珠被，由母體的細胞組成。臍是珠柄的痕跡，為種子發芽時水分及氧氣的主要進出通道。

成熟的種子通常具備下列四項要件：a. 種皮：為保護種子內部的包被；b. 胚：為種子最重要的部分，新生命或幼苗的發源處；c. 貯藏養分部位：如胚乳及胚之子葉（裸子植物為雌配子體），提供發芽所需之養分；d. 荷爾蒙及酵素：啟動發芽時各種水解酵素的合成以分解貯藏之養分。

(2) 無融合生殖（apomixis）：胚的產生未經正常的減數分裂和受精作用稱為無融合生殖，其產生的繁殖體稱為 apomicts，遺傳背景與母體相同。產生這種未受精胚的方式有很多種，如柑橘的珠心胚（nucellar embryo），由此所培養的苗稱為珠心苗，應用頗廣，為無病毒（virus-free）的苗。

比較種子繁殖與營養繁殖之得失，可知：a. 不易結實的作物，必須行營養繁殖；

b. 優良形質的遺傳：多年生作物以種子繁殖時，無法將優良性狀遺傳給後代，且會產生分離而出現不良性狀，例如茶樹；c. 繁殖容易：種子繁殖所生之作物發育迅速，栽培管理容易，達成熟期短；d. 氣候的條件：一年生、二年生作物越冬、越夏困難者，行無性繁殖更加困難，以種子繁殖可產生大量種子，幼苗生長迅速，短期內可成熟，多年生作物則相反。

第 13 章
作物改良

　　當人類祖先開始馴化野生植物供為利用時即開始進行作物改良（crop improvement）。此後人類逐漸朝向改良植物以增加食物供應量及供應品質，其過程首先是優良植物的選拔（selection），之後包括植物育種（plant breeding）。植物育種是改變及改良植物遺傳以符合人類需求之一門藝術與科學。在有科學知識之前，植物育種學家利用技能與判斷力選拔優良植物類型，之後隨著遺傳學之發展，植物育種增加了更多的科學因素。

　　植物育種家已經成功地改良作物產量及其他特性，例如對於病蟲害與環境逆境之抗性、作物品質與收穫潛力。改良成功之主因是研究者以團隊方式結合遺傳學、細胞遺傳學、植物病理學、植物生理學、昆蟲學、農藝學、植物學、統計學及電腦科學。隨著生物科技之進展，傳統育種也逐漸朝向分子育種發展，使育種更易達到特定性狀與基因轉移之目的（圖 13.1）。

　　作物品種（variety）是指具有相同遺傳組成之一群植物，人類總是努力改良作物以獲取所需要的性狀（traits）。而栽培種（cultivar）則是指能維持遺傳純度達數個世代之品種，如正常自花受粉之作物小麥與大豆。雜交種（hybrid）則因親代（本）遺傳多樣性，經雜交後造成與親代不同之後代品種。例如常異花受粉作物玉米及高粱。

　　在增加作物產量方面，發展較具生產力之雜交種或品種是半永久性之進展，經改良之品種代表其對提高產量有較穩定的步驟。然而由於環境條件與標準不斷變化，植物育種家經由作物改良努力維持或增加作物產量之過程也是持續進行中。當有新的病蟲害出現，則需要有抗性育種目標。此外，食物與飼料之需求可能發生變化，而需要改變穀粒、牧草、纖維或果實之化學成分。

　　作物改良包括有性與無性方式之生殖與繁殖，雖然一旦發展出改良品種之後亦可利用無性繁殖繼續維持其特性，然而「植物育種」僅包含有性生殖。

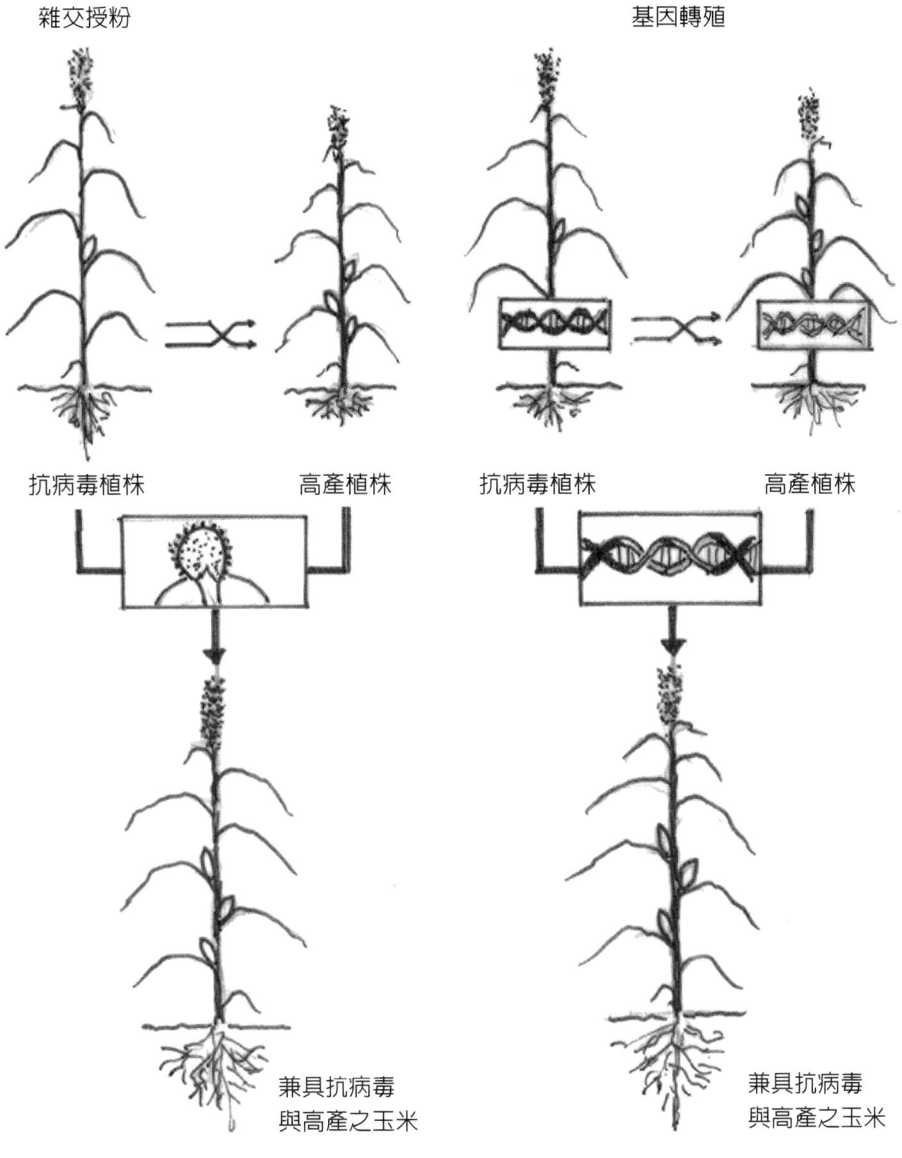

圖 13.1　傳統育種與透過遺傳修飾之分子育種。

參與改良作物之因子

　　作物改良之最終目的是提高產量與品質,然而欲達此目標必須針對許多對於產量與品質有貢獻之因素(圖 13.2)進行育種與選拔,雖然其中有些因素較受矚目,但所有因素相等重要。例如有些作物或品種雖然極為抗病,但其穀粒品質差則沒有價值。

1. 抗性

　　近年來作物改良方面有較大的進展是獲得作物抗性(crop resistance)。

　　抗性有兩種形式,即避性(avoidance)與耐性(tolerance)。「避性」是指植物避開不利狀況之能力,例如抗蟲之作物品種可能藉由其植體內所含難吃或有毒物質,以避開害蟲咬食及傷害。而第二種抗性形式是「耐性」,亦即植物耐受或忍受不利情況之能力。

　　作物育種家試圖發展出能適應某些狀況及應付特定問題之作物。作物生產者必須能意識到在特定田區可能引起減產之問題,以及選擇採用能抵抗這些問題之品種。然而,因為產量潛力與抗性之間常有負相關之關係,因此若是抗性品種所針對之問題並未存在時,則不建議採用此種抗性品種。換言之,針對害物及問題所育出之抗性作物在正常理想狀況下,可能降低其產量潛力。

2. 適應性

　　增產方法也可藉由發展出適應性佳之品種以達成目標,作物生長環境在不同田區可能有大幅度的改變。如同作物生長之微氣候(microclimate),通常在一個田區中之土壤特性會隨著不同地點而改變。

　　作物育種家雖然嘗試育出一些品種能夠適應在某些地區或區域出現之不同環境條件,但實際上在正常狀況下適應性與產量潛力也存在對立關係。因此,育種家所面對的問題是如何盡可能獲得適應性範圍大而仍能維持其產量潛力之品種。

3. 營養與市場品質

　　任何品種若無高品質則無市場價值,因此作物之營養品質與市場品質難以分開。此外,影響市場品質之其他因素尚有作物是否易於處理,以及長期貯存期間作物品種是否能維持其營養品質。

4. 種子品質

　　作物育種朝向育出的作物品種具有高發芽率且大而均一的種子。此外,也選拔保有高遺傳純度之作物,使其下一代能維持與親代相同之高品質、抗性及適應性。

5. 收穫品質

　　作物收穫時若能減少生產物之損失對於作物產量(yield)也有很大影響。

　　作物育種家大幅改變一些作物之生長習性以利收穫,例如現今栽培之穀粒高粱多數雜交種均較其祖先矮很多,此有利於機械收穫;此外其穗型開放有利於收穫後之乾燥。育種者也改變一些蔬菜作物之開花行為,例如將番茄由無限生長型改為有限生長型,使其收穫可一次完成節省勞力成本。

6. 生產力

　　一些多年生植物如牧草,於收穫後恢復生長之能力對於產量有很大的影響。作物育種家要發展之品種,宜於植株經放牧或切割後能快速恢復,並維持較長之壽命。為達此目標,育種選拔之植株必須有能力維持保留較多的貯存物以供起始新的生長之用,亦可設法使植物具有大而生長旺盛之根系、地下走莖(匍匐莖)、冠根,或是地下莖(根莖)。

與產量及品質有關之因素

1. 抗性：
所謂抗性是指作物忍受逆境而仍能產生經濟產物之能力，包含許多因素，如對於疾病、害物、乾旱、高熱、寒冷及鹼性土壤等之抵抗能力。

2. 適應性：
包括對於生長環境、季節條件之適應性、忍受重度放牧之能力、產生大而旺盛根系之能力或是耐寒性等。盡可能獲得適應性範圍大而仍能維持其產量潛力之品種。

3. 營養與市場品質：
對於牲畜飼料之要求，選擇高適口性、青綠、高營養值、易消化等為目標。而對於人類所需食物，則可能需要以高蛋白質、高油分、研磨和烘烤之品質、高糖或澱粉，或是高或低纖維含量為目標。

4. 種子品質：
種子能否發芽以及之後長出旺盛有活力之幼苗，是相當重要的種子品質。選拔保有高遺傳純度之作物，使其下一代能維持與親代相同之高品質、抗性及適應性。

5. 收穫品質：
育種家針對相關特性進行選擇，包括穗部均一高度、成熟期一致、成熟後穀粒水分快速減少以及易於脫粒。其他因素尚括收穫前避免落果（dropping）、抗倒伏以及在成熟至收穫期間維持作物高品質。

6. 生產力：
一些多年生植物如牧草，於收穫後恢復生產之能力對於產量有很大的影響。作物育種家要發展之品種，宜於植株經放牧或切割後能快速恢復，並維持較長之壽命。

圖 13.2　作物育種改良上與產量及品質有關之因素。

作物改良技術與觀念之演變

1. 育種工作是一門古老之藝術，憑藉觀察、調查與經驗，在不斷地考種、田間雜交與選拔試驗中選出好的作物植株個體。傳統育種工作主要係根據作物外表性狀，例如株高、產量、品質、抗病蟲害能力等，選出具有所需性狀之植株（品種或自交系）作為親本，再經由花粉授粉雜交步驟，使所需性狀能結合至目標植株（品種或自交系），而表現在下一代（F1）。

   傳統育種透過選拔數百年來擴大了野生甘藍（wild cabbage plant; *Brassica oleracea*）所需性狀，產生了數十種今天的作物，包括捲心菜（cabbage）、羽衣甘藍（kale）、青花菜（broccoli）和花椰菜（cauliflower）都是源自此野生植物的品種（圖 13.3）。

   育種工作隨著科技發展逐漸引入新觀念與技術：

   (1) 雜種優勢：在早期美國之玉米育種主要是追求優良自交系，其後開始有雜種優勢之觀念，且發現雜交種玉米之產量為一般優良自交品系數倍。此後，其他農藝及園藝作物亦依此觀念，如高粱、向日葵、棉花、油菜、水稻、花卉等，經雜交生成之後代均能獲得極佳的產量與品質。

   (2) 誘變育種：以人工誘導之遺傳突變創造突變體（mutant），以擴大物種之遺傳變異作為後續雜交育種之材料。其方式簡述如下：

   　　a. 物理方法：以放射線照射處理可增加遺傳突變率（1/1,000,000 → 1/1,000；1960～1970 年間），但成果易因突變屬逢機性發生而不確切，又放射線常致染色體斷裂，失去遺傳平衡，使突變體反而產生生長勢弱勢現象。

   　　b. 化學方法：例如以 ethyl methanesulfonate（EMS）處理，僅微小改變遺傳特性，目標性狀上難有大幅度改變。之後臺灣行政院農委會農業試驗所利用疊氮化鈉（NaN$_3$）處理水稻臺農 67 號種子，而衍生出具有產量與品質變異之突變庫，成為遺傳育種上重要材料。近年來中央研究院亦利用 tDNA 插入水稻 DNA 序列，引發特定基因之表現或失去功能，以此種基因轉殖方式產生水稻遺傳變異庫，成為臺灣重要之水稻遺傳變異來源。惟後者屬於基轉作物，非屬化學誘變。

   (3) 組織培養（圖 13.4）：

   　　a. 用於多種植物之花藥培養。

   　　b. 竹子不易開花，無法使用傳統雜交育種時，可使用組織培養技術繁殖。

   　　c. 可快速大量生產無性繁殖種苗與細胞二次代謝物，如生物反應器（圖 13.5）。

   　　d. 遺傳工程技術以組織培養技術為工具之一，使轉殖（transformation）後的細胞或組織能分化成為個體。

   　　e. 利用體胚或幼芽體為材料，包埋於膠質與養分內製造人工種子。

2. 利用生物技術於作物育種工作

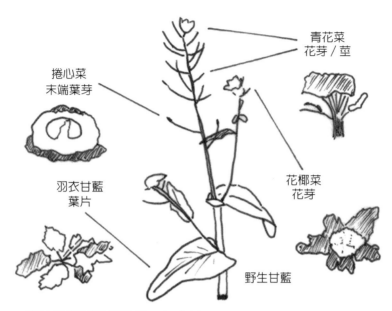

圖 13.3　傳統育種透過選拔數百年來擴大了野生甘藍（wild cabbage plant; *Brassica oleracea*）所需性狀，產生了數十種今天的作物，包括捲心菜（cabbage）、羽衣甘藍（kale）、青花菜（broccoli）和花椰菜（cauliflower）都是源自此野生植物的品種。

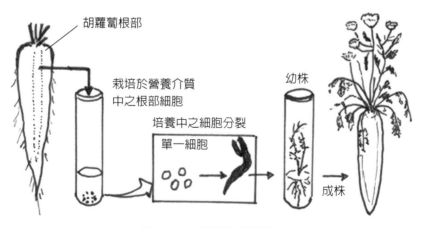

圖 13.4　組織培養過程。

(1) 利用反義基因（antisense gene）調控作物基因之表現（圖 13.6）。

(2) 如建立基因圖譜（圖 13.7）並進行基因分離，利用 DNA 限制片段長度多型性（restriction fragment length polymorphism, RFLP）方法與隨機擴大多型性（random amplified polymorphism, RAPD）等方法找出 DNA 分子標記，進行基因分離並構築 DNA 分子連鎖圖譜，極有助於農園藝作物之育種工作。

染色體圖譜、基因高解析圖譜、物理圖譜

　　典型遺傳連鎖圖係根據表型標記將特定基因座分配給特定染色體。細胞遺傳學研究可以進一步將基因定位到特定染色體條帶，例如經由連結修飾的表型與特定條帶的缺失二者關係。此外，可以對染色體的大區域進行分子標記之定位製圖，例如利用特殊限制性核酸內切酶，可在不頻繁的間隔識別出位點。這些片段中的子區域可以用傳統的核酸內切酶進行選殖和製圖。

(3) 近年來生物技術突飛猛進，研究者已能利用遺傳工程技術產生優良的作物品種。遺傳工程包括 DNA 重組、尋找、分離及定性特定基因，並將 DNA 片段重新組合於載體（vector）上，透過各種方式如農桿菌（*Agrobacterium*）進行轉殖，或利用直接注射法、粒子槍與電穿孔等，讓此基因在目標作物細胞中與染色體內之 DNA 序列結合，成為其中之一段，並表現出特定 DNA 之特性。

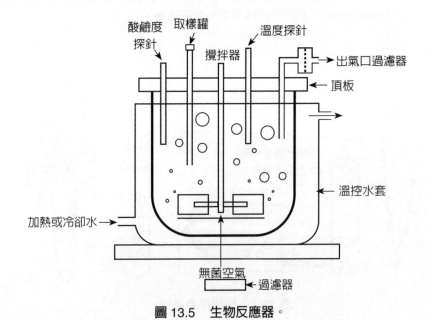

圖 13.5　生物反應器。

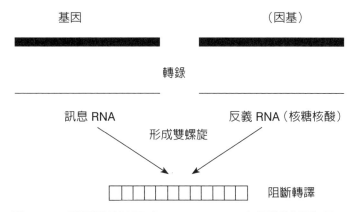

圖 13.6 利用反義基因（antisense gene）阻斷轉譯作用。

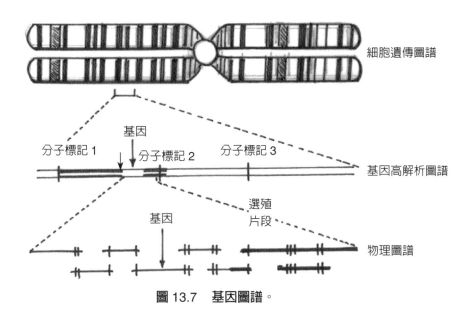

圖 13.7 基因圖譜。

改良作物之方法

用於作物改良之四個基本技術，包括引種（introduction）、選拔（selection）、雜交（hybridization）及遺傳工程（genetic engineering）（圖 13.8）。這些技術可以個別或合併使用以達成作物改良之目標。

1. 作物引種

於 1873 年當一群德俄門諾教派教徒將土耳其紅小麥帶至美國堪薩斯州中部，即發生重要作物引種至大平原（Great Plains）之冬小麥區。此引種成爲中央大平原硬實紅色冬小麥（hard red winter wheat）工業發展之重要基礎。目前所種植之多數品種均源自土耳其紅小麥，經過選拔及雜交而產生。類似地，馬奎斯春小麥（Marquis spring wheat）於 1913 年自加拿大引入美國，用於育種以育出現今品種。於 1929 年美國利用源自奧地利之燕麥發展出春燕麥之抗病品種。此外，有許多用於牧場（pasture）或草坪（range）之禾本科牧草（forage grasses）係源自歐洲、亞洲及非洲。

作物引種對於世界各國作物之品種改良相當重要，近年來美國與外國積極交換大豆品種，以利於引入抗性基因增加地方品種對於病蟲害之抗性。

2. 作物選拔

作物改良所採用之選拔方法包括系統性地在植物族群中增加所需要之個體，以及減少或淘汰不需要之植物類型。選拔有兩種基本類型，包括混合選拔（mass selection）與系譜選拔（pedigree selection）（圖 13.9）。

(1) 混合選拔：混合選拔包括從一個大的植物族群中選拔出所需要的植株，此方式可從一個作物田區（族群）中，根據其外觀表現、穗大小、莖稈強度、早熟姓、抗病性或任何育種家所找尋之性狀，而挑選出個別植株。一旦所選拔出之品種較現行品種高產、抗病蟲害、不易倒伏或其成熟期表現更令人滿意，則可取代現行老的品種。

(2) 系譜選拔：系譜選拔係自田間選拔個別植株，將選出之個別植株所長出之後代種植於單獨一行（separate row），稱爲穗行（head row）（圖 13.9）。育種者可從穗行選拔個別植株，而在次年種植成爲穗行；或是選拔整個穗行將植物種植成爲稈行（rod row）。整個稈行可以保留以繼續增加植株數目，然而，育種者可以隨時選拔個別植株種植成穗行並重複此過程。此種系譜選拔過程持續進行數個世代，並持續測試所需特性以保留最佳之植物族群。最終，僅有最佳之個體留下並進行最後之產量測試及作爲品種釋出。

系譜選拔法是一種時間與勞力密集之過程，因此需要嚴格的選拔指標避免選出之遺傳品系（genetic lines）數目過於龐大。因較差之個體於選拔程序初期即遭受淘汰，且僅保留最佳之個體作進一步觀察與選拔，故其進展快速。因爲自花受粉作物在不同的選拔下植株可以彼此相鄰種植而不會發生雜交現象，故系譜選拔法廣泛地應用於自花受粉作物，例如小麥與大豆。

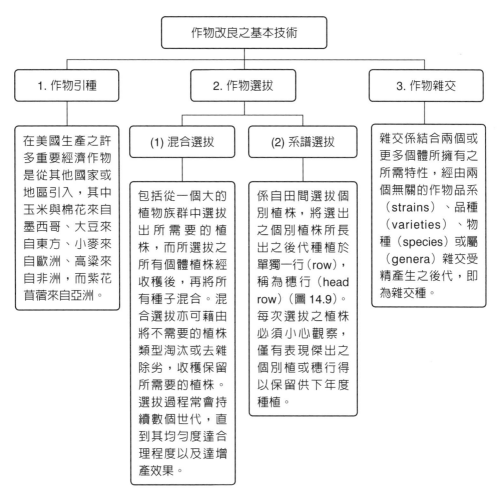

圖 13.8　用於作物改良之基本技術。

3. 作物雜交

　　經由雜交所進行之作物改良是依賴於對於改良性質之明確定義，即針對目前品種欠缺之性狀進行修正，並小心選拔親本使新產生的個體所組合之特性超過親本，獲致所需要的改良效果。要使雜交能夠成功，必須了解所涉及之遺傳原理以及關於所需性狀之遺傳訊息。

　　實際進行雜交育種時相關技術（圖13.10）包括：(1)調節開花期；及(2)控制授粉。

　　自花授粉作物進行雜交時，對於雌株必須先行去雄（emasculation），亦即在花粉掉落前即去除花藥。之後以小袋子蓋住花器以排除外來花粉，直到柱頭可以接受花粉。通常很明顯地，當柱頭覆蓋一層黏性滲出物即可進行授粉。授粉時來自於雄性親本之花粉可藉由灑粉（dusting）或毛刷（brushing）方式置於柱頭上，再以紙袋包住花器以利受精。此種雜交後代歷經數代嚴格的系譜選拔，以獲得新的品種進入田間試驗，最後才可能釋出新的品種。就玉米而言，其雄花位於植株上方之雄穗（tassel），故去雄又稱為去穗（detasseling）。

　　雜交過程中，有時候育種者會利用遺傳雄不稔（genetic male sterility）技術使雄不稔基因併入雌性植株，導致其花藥無法產生活的花粉，如此可以省略人工去雄步

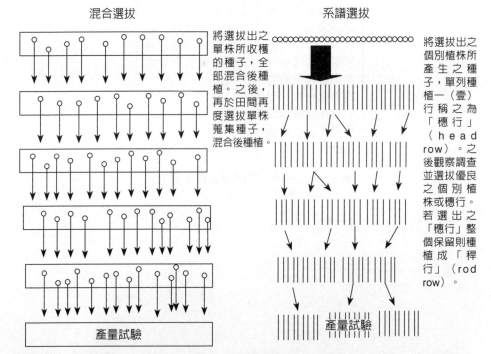

圖13.9　混合選拔（mass selection）與系譜選拔（pedigree selection）方法圖解。

驟。育種者可透過雜交與選拔手段獲得雄不稔品系。

　　從異花授粉作物中生產改良之雜交種（圖 13.10），為了確保親本中所需性狀能在雜交後代中得以表現，親本必須要維持同型結合狀況。自花受精作物屬於天然同型結合（自交），可以直接進行雜交產生雜交種；而異花受精作物則需要經過 7～9 個世代的自花受精才能獲得自交品系，過程中必須保護柱頭避免接受外來花粉。連續自交下，勢必造成自交弱勢，使自交系之活力逐漸下降。如同任何作物之育種程序，在自交過程中需要小心選拔僅留下最需要之個體。

　　有關自交系之生產，由於商業上生產玉米單交種必須利用兩個自交系雜交，而自交系通常需要經過 7～8 世代自交過程，其中再選拔單株自交逐漸穩定而成。根據生物學自交弱勢理論，自交系在經過多次自交之後，雖然遺傳背景能夠逐漸穩定而單純，但其生長勢顯著下降，包括外表呈現植株矮化、生長弱化且產量降低。因此，在大量生產種子時會出現低產。根據臺灣國內農業試驗單位繁殖自交系之經驗，玉米不可達到完全自交程度，否則無法產生自交系之種子。

　　異花受精作物產生雜交種之第二步驟是將兩個小心選拔出來之自交系雜交，使新的雜交後代產生所需要之性狀。兩個自交系雜交可使後代植株獲得「雜種優勢」（heterosis）或「雜交種優勢」（hybrid vigor）。雜種優勢使雜交種表現之生長或活力高過兩親本之平均值，至於後代所表現雜種優勢之量與程度則決定於兩個自交品系之組合力（combining ability）。

(1) 雜交種類型：雜交種生產最普遍之案例是美國商用雜交玉米種子之生產，其生產方式是在條帶上種植 5～6 行母本自交系，旁邊再交替種植 1～2 行父本自交系。若母本植株係雄可稔（male fertile）（可產生花粉），則在花粉掉落前必須去穗以達到去雄效果。這樣可以確保母本植株所接受之花粉完全來自父本植株（圖 13.11）。之後母本植株即可產生雜交種之種子，而父本自交系則在父本種植行延續。

兩個自交系雜交，所獲得之後代稱為單交種（single cross hybrid）（圖 13.12）或是 F1 雜交種（F1 hybrid）（表 13.1）。若兩個 F1 雜交種再雜交，則所得後代稱為雙交種（double cross hybrid）或是 F2 雜交種（F2 hybrid）。若是 F1 雜交種與一個自交系雜交，則所得後代稱為三系雜交種（three-way cross hybrid）。以上這三類型雜交種普遍應用於生產商用玉米種子。

因為三個自交系雜交且其中兩個自交系彼此間有密切關係者，所獲得之後代稱為「經改良雜交之雜交種」（modified cross hybrid）。這些關係密切之自交系稱為姊妹系（sister line），是從相同親本經過分離選拔後所發展出之獨特自交系。此種經改良之雜交方式用於增強姊妹系之親本所具有之特性，例如用以增強抗病蟲害等特定性狀之表現。

雜交種類型之間有明顯差異，單交種因屬於雜交第一代（F1）通常具有最高的產量潛力。而且，因其血統中僅有兩個自交系，故植株之生長習性、受粉及成熟度均較一致。然而單交種也具有缺點，因其花期一致故開花期較短，導致在遭遇氣候或害物（pest）干擾受粉下植株較易受到傷害。單交種因其遺傳基礎僅限於兩

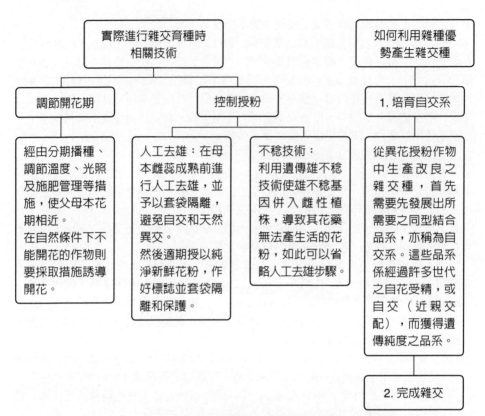

圖 13.10　**實際進行雜交育種之相關技術與生產雜交種。**

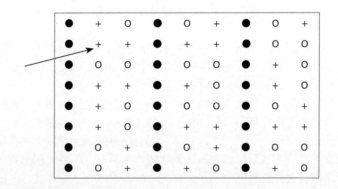

父本（●）
在母本行中之雄可稔植侏（＋）經鑑定後予以去除或去雄，之後從雄不稔植株（○）所收
獲之種子即為雜交種子。

圖 13.11　**雜交種子生產田間種植圖。**

個自交系親本,故限制了可資利用之遺傳性狀,導致適應性(adaptability)較差。雙交種之遺傳物質來自四個自交系,故其適應性之範圍較為寬廣,這也使得植物生長較不均勻而拉長受粉期,且成熟期與其他性狀也較不一致。雙交種因屬於雜交第二代(F2),通常其產量潛力低於單交種。三系雜交種所表現之產量潛力、均勻度與適應性則在單交種與雙交種之間。

雜交種每一類型均有其優缺點,在發展雜交品種方面,育種者使作物能更廣泛地適應農耕過程中遭遇之土壤與環境條件。

(2) 回交:當原本期望的品種僅欠缺一或二種簡單的遺傳特性時,可使用回交(backcross)育種技術。例如對抗新的病害類型或生理小種(race)。所需要的品種稱為「輪迴親」(recurrent parent),而與輪迴親雜交之對象稱為「貢獻親」(donor parent)或稱為「非輪迴親」(nonrecurrent parent),其具有輪迴親欠缺之特性。雜交種經與輪迴親雜交數個世代後,即獲得指定之回交後代。回交過程通常需要 5～7 世代以取得新的品種,此新的品種至少具有原來品種 95% 以上之基因,以及來自非輪迴親之所需性狀。在回交技術圖解(表 13.2)中,品種 A 即為輪迴親。

回交技術配合簡單遺傳與單一基因控制之植物特性,過去一直是用於自花受精作物最有用之技術。例如現行大豆品種對抗疫黴根腐病(phytopthora root rot)新的生理小種,即為作物改良回交育種之成功案例。

4. 遺傳工程

遺傳工程(genetic engineering)在近代利用於作物育種方面更加重要。典型之作物育種所涉及的是整個遺傳結構(genetic makeup),而育種者則受限於僅能利用既存植物族群中可能之遺傳組合。遺傳工程係直接操作細胞內之遺傳物質,而產生以往不可能出現之全新且不同的遺傳性狀組合。遺傳工程技術允許基因來自不同物種,如細菌、雜草,甚至動物,而轉殖進入植物體內。

遺傳工程具有澈底改變作物生產之潛力,目前已經成功將天然防禦力轉入植物體中,例如帶有 Bt 基因之玉米或棉花,其基因來自蘇力菌(或稱蘇雲金芽孢桿菌,Bacillus thuringiensis),經轉殖後使植物產生毒素會殺死某些幼蟲害物(圖13.13)。遺傳工程也可以使得植物能配合特定市場需求,例如針對特定禽畜為增加其飼料營養價值,可利用遺傳工程增加飼料中之某些胺基酸、蛋白質或酵素生產。或運用於修正人類的遺傳缺陷,或將藥物生產併入食物中。在未來,生產者不僅單單生產一種作物,也可以生產特定用途之產物。

使遺傳工程成真之重要發展是「基因圖譜」(gene mapping)技術,此技術使育種者可以鑑定出特定基因在染色體(chromosome)上之位置。有此訊息則育種者可以在生物間分離與轉移特定的遺傳性狀。

遺傳工程可使用重組去氧核醣核酸(recombinant DNA),或是利用在實驗室中將來自不同細胞之染色體部分加以組合所產生之遺傳物質。目前將重組 DNA 引入植物細胞有兩種方法(圖 13.14):

(1) 第一種方法是使用一種細菌,即農桿菌(Agrobacterium tumefaciens),藉由

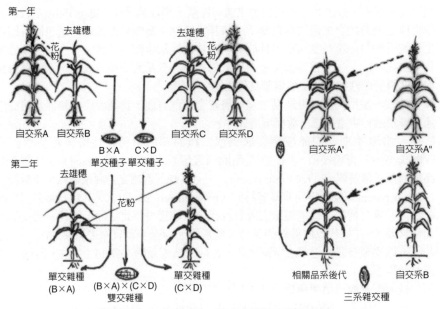

圖 13.12　單交種、雙交種與三系雜交種。

表 13.1　利用於生產雜交種種子之雜交類型

			使用之自交系數目	雜交種名稱	
自交系	×	自交系（inbred）	2	單交（single cross）	SX
自交系	×	SX 雜交種（SX hybrid）	3	三系雜交（three-way cross）	3X
自交系	×	姊妹系（sister line）	3	改良雜交（modified cross）	MX
SX 雜交種	×	SX 雜交種（SX hybrid）	4	雙交（double cross）	DX

表 13.2　作物改良之回交方法　　　　　　　　A 即為輪迴親

雜交組合	後代名稱	來自 A 品種之基因所占百分率
A × B	A 與 B 兩品種之雜交種 AB	50
AB × A	與 A 品種回交第一代 B1	75
B1 × A	與 A 品種回交第二代 B2	88
B2 × A	與 A 品種回交第三代 B3	94
B3 × A	與 A 品種回交第四代 B4	97
B4 × A	與 A 品種回交第五代 B5	99（品種完成改良可以釋出）

轉移其遺傳物質中的一段至其他生物，則能引發腫瘤。此菌係利用一個質體（plasmid）以轉移基因。此質體是屬於遺傳要素，能在細胞內之染色體以外自我複製。育種者自農桿菌取出質體，使用特殊酵素切開，再將一段帶有所需性狀之基因（如重組 DNA）接上，經改變之質體再放回細菌體內。當細菌與植物細胞混和時，細菌之質體會複製並將新基因轉移入植物之染色體，使得基因改造植物帶有新的基因性狀。

(2) 第二種方法是使用基因槍（gene gun），此法利用顯微鎢珠（microscopic tungsten beads）作為子彈，外表披覆帶有所需基因之 DNA 片段。這些子彈經基因槍打入細胞後，新的基因將會與細胞內原先既存之染色體結合。

　　利用上述兩種方法，經改變之細胞先放在實驗室中培養直到發育成為植株，之後再轉移植至生長箱或溫室。這些植株一旦開花則可供作雜交種之雜交材料。

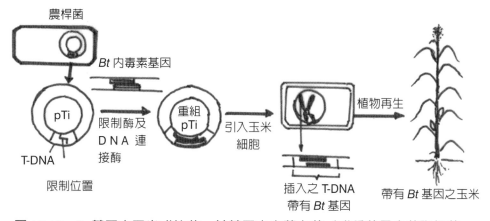

圖 13.13　*Bt* 基因之玉米或棉花，其基因來自蘇力菌（或稱蘇雲金芽孢桿菌，*Bacillus thuringiensis*）。

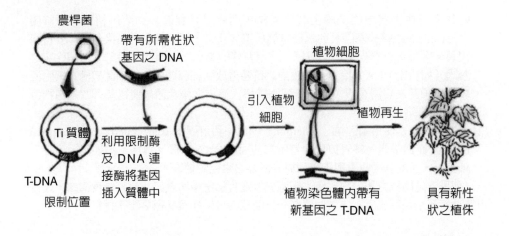

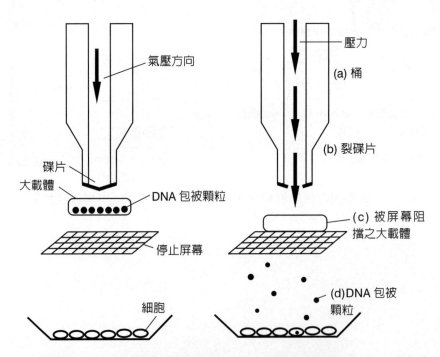

圖 13.14　將重組 DNA 引入植物細胞有兩種方法，包括利用農桿菌（上）與基因槍（下）。

第 14 章
氣候、天氣與作物

大氣層

天氣組成

天氣組成對於作物生長之影響

　　人類改變氣候或天氣以增加作物生產之努力其效果終究有限，然而可以改變作物生產措施以適應氣候與天氣之逆境。例如降水（precipitation）不足，可以灌溉方式補充，而藉由敷蓋、耕作和休耕也可增加降水之效用。作物遭遇強風，可配合運用防風林與表面敷蓋。至於極端溫度下，可藉著提前或延後種植以避免不利效應。人類雖然無法改變天氣，但仍可利用天氣之限制以增加作物生產。

大氣層

　　大氣層（atmosphere）是一層圍繞在地球表面的空氣（圖 14.1），又可細分為五層，第一層是最接近地球表面之對流層（troposphere），此層與作物生產所需之天氣有密切關係。對流層在地球兩極約有 8 km 厚度，在赤道則有 19 km 厚度。此層具有的特性是氣溫會隨著高度快速下降，而且水平與垂直方向有強烈的之氣體流動。

　　緊接在對流層上方之空氣層是平流層（stratosphere），向上延伸約 32 km，其溫度相對較為固定，且少有雲層與亂流。第三層則為臭氧層（ozonosphere），此層相當重要，因其可過濾大部分之紫外光及其他潛在之致死輻射。大氣層中之第四層為中氣層（mesosphere），第五層則為電離層（ionosphere），此層範圍約在地球上方 90～310 km，為離子化氣體層。

　　所謂天氣（weather）是指大氣層在某個時間點與地點，其溫度、光強度與持續時間、風向與風速、相對溼度、雲量、氣壓及可測量之任何其他特性之狀況。天氣狀況每小時或每日均會改變，但通常每週或每月有其天氣類型。

　　氣象學（meteorology）是研究大氣狀況之科學，涉及天氣及天氣變化。雖然人類一直以來可能已經意識到，且觀察到天氣變化，氣象學仍是相對較新生的科學。直到氣象相關設備發明之後，研究者才開始對於大氣狀況進行精確測量，包括測量溫度、氣壓、風速及相對溼度所需之溫度計（thermometer）、氣壓計（barometer）、風速儀（anemometer）及溼度計（psychrometer）。

　　綜合及歸納多年來之天氣狀況（weather conditions）即為氣候（climate）。天氣狀況可能在每日、每週、每月，甚至每季之間均會有波動，但根據此變化可發展出天氣類型（weather pattern）或氣候。氣候可以說是幾十年來天氣狀況的平均值，而研究氣候之科學稱為氣候學（climatology）。

　　雖然在天氣及氣候中均有相同的大氣組成，亦即溫度、溼氣、氣壓及風動，但二者對於作物生產之效應略有不同。氣候傾向於描繪作物適應性（adaptation）與生產地區，而天氣則是影響作物每日與季節性生長發育。生長季節長短、月均溫、季節降水量及其分布，及其他氣候因素等決定了作物生長區域範圍，如美國玉米帶（corn belt）、棉花帶（cotton belt）與多小麥區域等之分布。每日、每週或每月的天氣可能因為乾旱、霜害、冰雹或強風，而影響作物發芽速率與生長、蒸發散量及作物傷害。

　　對流層的空氣是由氣體、水蒸氣及特定物質所組成，而每一種組成分均會影響天氣。於大氣中氣體大部分是氮氣（nitrogen, 78%），其次是氧氣（oxygen, 21%）、氬氣（argon, 0.9%）與二氧化碳（carbon dioxide, 0.03%）。其餘氣體部分還有少量氖（neon）、氦（helium）、氪（krypton）、氙（xenon）、氡（radon）與臭氧（ozone）。空氣中之水蒸氣含量變化極大，最高值 4% 發生在溫暖之熱帶空氣，而最低值則在沙漠空氣。空氣中之顆粒通常包括土壤顆粒、灰塵（粉塵）、花粉、煙霧、火山灰，以及來自海水噴霧中之鹽分。這些顆粒可作為核心以凝聚水蒸氣及產生降水。

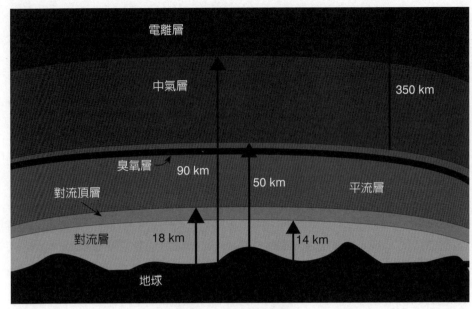

圖 14.1　地球大氣層。

天氣組成

1. 溫度

由於溫度對於生物體具有深遠之效應，故其為天氣諸項組成中最明顯者，也是決定作物在各地區是否適應之最主要因素。熱源或是溫度效應當然是來自太陽之輻射能。太陽輻射能是指大部分負責讓地球表面升溫之短波輻射能，熱能可藉對流（convection）或是大型空氣團運動及傳導（conduction）轉移至地球表面，或是藉由一些介質傳導。地球所吸收之太陽輻射能不足 50%，其餘均經由反射回大氣中（圖14.2）。

相對地，照射至地球表面之輻射能約有 70～75% 是被水分吸收。水有很高的比熱（specific heat），雖然可吸收較多的太陽輻射能，但要提升水溫也需要較多的熱能，因此水可以調控其上方空氣團溫度。

太陽輻射能之大小主要決定於緯度與季節變化，但其最終對於氣溫之效應則受到緯度及大水域地點之影響。在赤道因太陽照射角度未偏離，故月分之間太陽輻射能幾乎沒有變化。然而，當緯度增加時因陽光入射地表之角度增加，故所接收之輻射能減少。但從另一個角度而言，因高緯度每日日長增加（表 14.1），在不同緯度之作物生長季節期間輻射能總量可能相近。地球在其軸線上傾斜 23.5 度，且繞太陽轉動一圈需要 365 天。此種傾斜現象改變了地球一年中暴露於太陽下之情況，因此造成光照與季節性之變化。

由於溫度隨著緯度變化，而增加海拔也與增加緯度有相同效果。當緯度增加時，會使年均溫下降。增加緯度也會縮短作物生長季節之長度，即出現提早秋霜與延後春霜危害時間。

溫度包括氣溫（air temperature）、土溫（soil temperature）和水溫（water temperature），對作物生長的影響很大。作物的同化作用、蒸散作用、水分及養分的吸收，以及同化物質的轉運等均隨溫度的上升而提高，但溫度過高時也會造成溫度逆境。

(1) 氣溫與作物生長：作物對溫度的反應因作物種類、生育時期而異，且各有其生長最低（Min.）溫度、最適（Opt.）溫度及最高（Max.）溫度。一般而言，大多數作物的生長最低溫度介於 1～15℃（不能低於 0℃），最適溫度介於 15～30℃，最高溫度介於 30～40℃。此外，同一種作物在不同生育期所需要的最適溫度也不相同，例如水稻分蘗期的最適溫度為 32～34℃，但開花結實期的最適溫度為 28～30℃。地球上各地的溫度高低隨緯度、季節、海拔高度等而異，因此各地區適合栽培的作物種類也不相同（表 14.2）。

(2) 土溫與作物生長：土溫是指耕地土壤的溫度，其高低受氣溫的影響，夏季土溫高，冬季土溫低，但其變化比氣溫遲緩，幅度亦較小。此外，土溫高低與土壤本身的顏色、水分及有機質含量有密切關係，其中受土壤水分的影響最大，這是因為水的比熱比土壤礦物質約高五倍之故。土壤水分含量高時，土溫的變化小；反

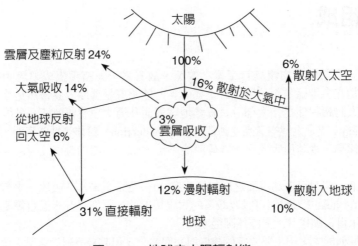

圖 14.2　地球之太陽輻射能。

表 14.1　比較在各種緯度與季節光照時數

	每個日期之日照時數			
	03.21	06.21	09.21	12.21
北極	12	24	12	0
北緯 45 度	12	16	12	9
赤道	12	12	12	12
南緯 45 度	12	9	12	16
南極	12	0	12	24

表 14.2　不同氣候地區之作物分布

地區	特色	作物
熱帶	喜溫暖而懼低溫。 許多分布於熱帶地區的作物也可在溫帶地區夏季栽培。	如水稻、甘薯、落花生、高粱、甘蔗、樹薯、黃麻、可可椰子、油棕、咖啡、薯蕷等。
溫帶	對氣溫的反應可分成二類。 夏季作物，也是喜溫暖的氣候，但比熱帶作物耐低溫。 冬季一年生作物，則較喜冷涼氣候。	夏季作物： 如玉米、大豆、向日葵、棉、夏季型油菜、春麥等。 冬季一年生作物： 如冬麥類、冬季型油菜等。

之，旱田土壤的水分含量低，土溫的變化較爲劇烈，尤以夏季爲然。

土溫影響作物根部的生長，在低溫狀況下，根部成熟晚，多汁，粗大，支根少，生長量亦小；反之，在適溫下，根部成熟早，褐色，少汁，支根多，根的機能正常。過高的土溫常出現在地表附近，使莖基部與地表接觸的周圍組織受到傷害，此時易遭病菌侵入，使植株死亡。土溫與土壤微生物的活動和有機物的分解有密切關係，一般而言，土溫愈高微生物活動愈旺盛，有機物的分解也愈快。

(3) 水溫與作物生長：水溫與水生植物的生長有密切關係，水稻在湛水狀態下栽培，最適水溫爲 30～34℃，最高水溫爲 40℃，最低水溫爲 13～14℃。低水溫會使水稻抽穗期延遲，水溫每降低 1℃，抽穗期約延遲一日。盛夏期間水溫經常超過 40℃，會使根部伸長受阻，分蘖減少。

(4) 積溫：作物自種子發芽迄開花或成熟所需的熱量單位（heat units）之總和稱爲積溫，其單位爲度—日（degree days）（或稱生長度日；growing degree day, GDD）。最常見的計算方法是將每天的平均氣溫減去該作物的生長最低溫度，所得差值再予總和，即爲該作物所需的熱量單位總和或「積溫」。作物生長至某一生育階段所需的積溫隨作物種類及品種而異，但同一品種則相當穩定。

了解作物某一品種所需的積溫（圖 14.3、14.4），可作爲評估該品種是否適合在其一地區栽培的依據，也可預測該品種會在何時開花或成熟。例如玉米生長最低溫度爲 10℃，如果某天平均溫度爲 28℃，則當日之度日數爲 28℃ – 10℃= 18℃，但若玉米生長最高溫是 35℃，而當天平均溫度爲 40℃，則當日之度日數爲 35℃ – 10℃ = 25℃，將整個生育過程度日數的累積總和即爲積溫。不同作物的積溫皆不相同；例如水稻從播種到成熟時的熱量總和爲 4,500℃時，則水稻需要 4,500 的度日數，作物的積溫因生長地區亦有不同

(5) 無霜期：溫帶地區秋天來臨後，氣溫逐漸降低，降到 0℃時就會降霜。秋天最早來臨的第一次降霜稱爲早霜（early frost）。等到翌年春天，氣溫開始逐漸回升，降霜停止，降霜停止前的最後一次降霜稱爲晚霜（late frost）。從晚霜開始至早霜來臨的這一段期間是沒有降霜的稱爲「無霜期」（frost-free period）。

一年中可以讓作物生長的期間與無霜期的長短是一致的，也就是說，無霜期長的地方可供作物生長的期間亦長，無霜期短的地方，作物只能在短期間內生長。因此，無霜期可說是作物生長季節的長度，少於 125 天的無霜期，爲多數作物生長限制的因子。生長於溫帶的作物，其成熟所需的無霜期較生長於熱帶作物的無霜期爲短。臺灣國內南部氣候溫和溼潤，無霜期長，全年都是生長季，適合農耕，早期臺灣即以稻米、糖和茶葉等爲重要的輸出品。

(6) 春化作用：日長會影響作物的花芽形成，溫度亦然，特別是冬季一年生作物，如冬麥類、冬季型油菜等，在生育初期必須感受一段低溫（0～10℃），翌年春、夏才能正常開花，否則開花延遲或不整齊，這種現象稱爲春化作用（vernalization）。以人工進行這種處理稱爲春化處理，在種子及作物生產上經常採用。臺灣高接梨的生產就是採用溫帶地區（日本）或高冷地區（梨山）經過春化作用後之梨的枝條作爲接穗（scion），嫁接於低海拔的梨株枝條上，以生產高

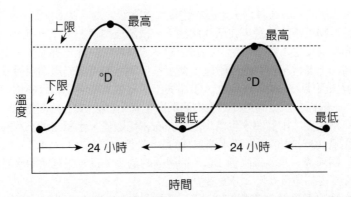

圖 14.3　計算作物生長積溫時之相關溫度。作物生長溫度上限與下限（兩條虛線）之間灰色面積，代表作物每天可資利用於生長發育之總熱能。曲線代表第一及第二天每日溫度變化。

$$GDD = \left[\frac{最高溫 \; + \; 最低溫}{2}\right]$$

日	高溫	低溫	每日生長度日	累積之生長積溫
1	27.2°C	14.4°C	20.8	20.8
2	22.2°C	10°C	16.1	36.9
3	22.2°C	7.2°C	14.7	51.6
4	23.3°C	9.4°C	16.35	67.95
5	25.6°C	6.7°C	16.15	84.1

圖 14.4　生長度日（growing degree day, GDD）之實際計算方式，係將每日最高溫與最低溫相加再除以二（平均值），平均值再減去基礎溫度（下限溫度）即為當日可資利用之熱能；若所得平均值超過上限溫度，則以上限溫度取代計算並扣除下限溫度。上表案例假設基礎溫度為 0°C，則 5 天內所累積之生長積溫為 84.1°C。

品質的溫帶梨。

2. 溼氣

溼氣（moisture）如同水蒸氣（water vapor）均存在於大氣中，若濃度足夠且配合大氣適當之條件，則水蒸氣凝聚而成為降水（precipitation）。雖然一般認為降水就是「雨」（rain），其實還包括露、霧、雪、冰雹與霜。

大氣中水蒸氣主要來源是來自海洋之水分蒸發，大的空氣團從海洋攜帶水蒸氣進入內陸，再凝聚降水。在大陸湖泊及河川也會有水分蒸發作用，但所占比例很小，此外來自植物與土壤之蒸散或蒸發作用亦很小。雖然植物所吸收之水分有 99% 以上經由蒸散作用回到大氣中，但所占大氣中之水蒸氣來源比例非常小。地球上水分與水蒸氣之循環如圖 14.5。

降水之量、分布、強度與有效性對於作物生產有主導作用，降水會影響作物選擇、播種與施肥量，以及整地操作，基本上是整個作物與土壤之管理系統。耕作系統區域（cropping system regions）是根據年平均降水量加以描繪（表 14.3），即使年度間之降水量變化極大，且受到緯度與海拔影響，此分類系統仍是有用的指標。全陸地面積中，有 55% 屬於乾旱（arid region）與半乾旱（semiarid region）降水區，有 20% 屬於半溼潤區（subhumid region），而 11% 及 14% 分別為溼潤區（humid region）與潮溼區（wet region）。因此全球約有 70% 土地需要進行適當的水分管理，包括灌溉與排水措施以滿足作物集約栽培。

降水量（precipitation）降水量包括雨、雪、冰雹等下降到地面的總量，其中以雨水占大部分，雪水次之，冰雹最少。這些降到地面的水，有一部分被土壤吸收，有些則逕流（run off）損失。作物生育期間所需要的水分，除部分依賴灌溉外，大部分仰賴降水。因此降水量的多寡，決定某一地區農業的經營方式以及作物的種類和分布。

每年降水量不及 250 mm 的地方稱為乾旱區（arid region），只能勉強供放牧用；每年降水量 250～500 mm 的地方稱為半乾旱區（semiarid region），適於放牧，栽培作物必須有灌溉配合；每年降水量 500～750 mm 的地方稱為半溼潤區（semi-humid region），栽培作物應採取適當的防旱措施或灌溉配合；每年降水量 750～1,000 mm 的地方稱為溼潤區（humid region），適合大部分作物的栽培；每年降水量 1,000～2,000 mm 的地方稱為熱帶水稻區，每年可栽培水稻 1～2 次。現今全球作物的主要生產地區，每年降水量大都在 500～1,000 mm 的半溼潤區至溼潤區及熱帶水稻區。

臺灣平地年雨量約在 1,500～2,000 mm 之間，雨量相當豐沛，但年中雨量分布頗不平均，大部集中在夏季，每年栽培兩次水稻仍感不足，必須有灌溉配合才有穩定的產量。幸而臺灣自日治時代以來，政府注重水利開發，如日本技師八田與一興建烏山頭水庫及灌溉設施，以及建立輪流灌溉制度，使稻作生產得以順利推展。近年由於工商業及家庭用水急劇增加，農業用水遭受瓜分而漸感不足，尤其全球氣候變遷加劇，未來水資源的開發日益重要。

(1) 降水分布：在決定種植系統時，降水分布（precipitation distribution）通常如同降水量為重要因素。在作物水分利用高峰期間產生降水最為有利，例如七月與八月

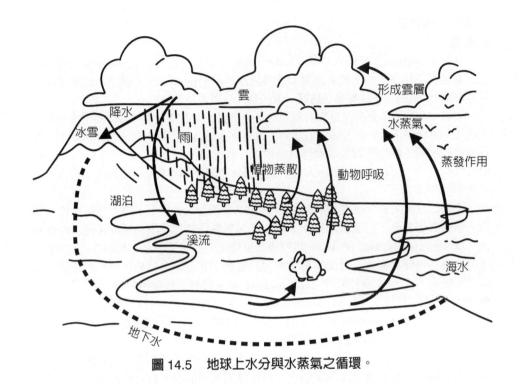

圖 14.5　地球上水分與水蒸氣之循環。

表 14.3　基於年平均降水規劃之作物耕作系統

氣候低區	年降水（cm）	作物管理系統
乾旱（arid）	<25	無灌溉則無法生產作物
半乾旱（semiarid）	25〜50	作物生產需要休耕或灌溉
半溼潤（subhumid）	50〜100	各種耕作制度均有可能
溼潤（humid）	100〜150	藉由降水分布情況決定作物及耕作系統
潮溼（wet）	>150	需要經常排水

適合種植玉米，而五月與六月適合種植冬小麥。若降水發生於作物未生長之淡季則較無用處，除非能夠貯存於土壤供未來使用。在非生長季節之土壤水分保存決定於土壤之儲水能力（water storage capacity）以及土壤表面是否容易吸收水分。在冰凍土壤上之降雪以及土壤解凍融化之前，均暫時性地提供敷蓋減少蒸發作用與作物乾旱，但對於作物生產沒有直接價值。

降水分布有三種類型（patterns）（圖 14.6），例如美國內布拉斯加州林肯郡（Lincoln, Nebraska）屬於大陸類型（continental type），具有乾燥冬季與潮溼夏季，此類型適合於禾穀類（cereal grains）作物、條播作物如玉米與穀粒高粱，以及耐寒性多年生豆科與禾本科作物。而相對於此類型的是具有乾燥夏季與潮溼冬季，如華盛頓州普爾曼郡（Pullman, Washington），此種降水類型最適合於越冬一年生作物如冬小麥或黑麥，以及耐旱之多年生作物。此外，全年降水較均勻一致的類型，如在俄亥俄州哥倫布郡（Columbus, Ohio），可以生產較多種作物，但在春季耕作與秋季收穫期間可能面臨水分過多問題。

降水量是否達到有效程度決定於季節性分布、降水強度或速度，以及水分進入土壤之滲入率（infiltration rate），而土壤表面之蒸發作用與植物之蒸散作用，通常稱為蒸發散作用（evapotranspiration, ET），其所帶走之水量也會影響降水量是否足夠。任何會減少地面逕流（runoff）之栽培或機械操作，均會大大地增加降水有效性。敷蓋耕作（mulch tillage）、減少耕作（reduced tillage）、等高耕作（contour farming）以及修築梯田（terracing）等均可增加土壤吸收水分與減少逕流。此外，作物殘株敷蓋亦可減少蒸發量。節水管理良好可以增加降水有效性。

(2) 降水強度：降水強度（precipitation intensity），或是降水落下之速率，也會影響降水有效性。任何一段時間當降水強度超過土壤吸收水分之速率且持續降雨（rainfall），則可能發生逕流與土壤沖蝕。若降雨速率在 6 mm/h 則認為是低強度，25 mm/h 則為高強度，至於 125 mm/h 則為很高強度。很高強度之暴雨很常見，但一般持續時間很短。例如，假設有兩個 125 mm/h 暴雨，一個持續 10 分鐘，而另一個持續 30 分鐘，則第一個暴雨落下 22 mm 雨量，而第二個將落下 66 mm 雨量。對於裸露土壤而言，第一個暴雨會緊壓（pack）土壤及使其成為泥漿狀（puddle），僅引起很少的逕流和侵蝕，然而第二個暴雨則會引起大量逕流與土壤沖蝕。高強度或很高強度降雨出現之頻度會決定作物耕種作法和保護措施，在可能發生高強度降雨期間，土壤表面應該以作物植冠或作物殘株加以保護。此外，也可利用機械性保護構造，如梯田、水壩與水道等，以承受 25、50 或 100 年才發生一次之最高強度雨水。

(3) 水分需求：降水有效性會影響可供作物利用之總水量；然而，在利用貯存之土壤水分效率方面，作物之間也有差異。因為從土壤所蒸發之水量僅占植物總用水量少部分，故通常以蒸散量作為測量水分利用指標。用於產生乾物質重量所經蒸散消耗之水分重量，此比值稱為「蒸散比」（transpiration ratio）*，可用以測量作物

附註 *：蒸散比係指作物生產單位乾物質所蒸散消耗之水量。作物之蒸散比傾向於 200～1,000kg 水 / kg 乾物質。

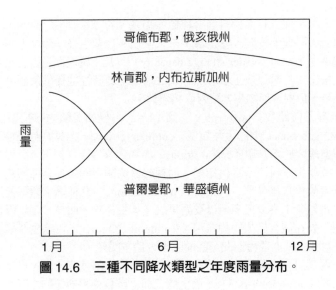

圖 14.6　三種不同降水類型之年度雨量分布。

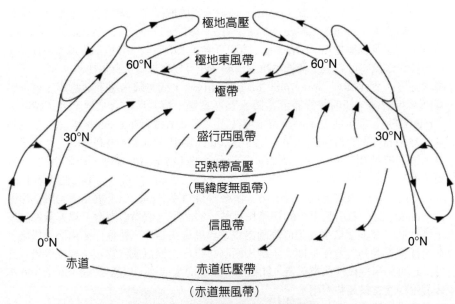

圖 14.7　地球大氣中之氣體環流。

水分利用的相對效率。蒸散比不是用以測量作物之耐旱性，或是表示整個季節用水量，而僅僅是顯示水分利用相對效率。作物利用之總水量會受到作物生產之總乾物重影響，例如玉米之蒸散比低於小麥，但因其生產較多乾物質故使用之總水量較多。

溫度與相對溼度會影響蒸散作用，進而影響蒸散比。於平均相對溼度 43% 狀況下生長之玉米，其蒸散比為 340，但若相對溼度增至 70%，則蒸散比減為 191。

另一測量作物水分利用之指標為「水分利用效率」（water use efficiency），即作物產量除以總用水量。蒸散比與作物水分利用效率有所不同，後者僅使用作物產量，而非總乾物質生產量。通常土壤肥力高會增加作物利用之總水量，但因為產量增加大於作物所利用之水量，故整體而言水分利用效率增加。

3. 氣壓

氣壓（air pressure）是指在指定之表面上空氣之重量，以大氣壓（atmospheres）或巴（bars）為單位。一大氣壓等於 760 mm 汞柱，而 1 巴約 750 mm 汞柱。在氣壓方面涉及兩個基本原理，即高緯度空氣之密度較小，因此氣壓較低。其次是，溫暖空氣較冷空氣輕，故氣壓減少。

在地球上有四個氣壓帶（圖 14.7），在赤道是固定的低壓帶（constant low pressure belt），有暖空氣上升；在極地（poles）為固定高壓區，有冷空氣沉降。在南緯與北緯 30～35 度之間有高壓之亞熱帶（subtropical belts），而在南緯與北緯 60～65 度之間有低壓之極帶（polar belts）。上述這些氣壓帶之間的氣壓差異則造成地球表面之風從高壓區往低壓區分別吹向北方與南方。由於地球轉動之故，風的移動並未直向北移或南移，而是產生「科氏力」（Coriolis force）。此力道促使北半球風移動時偏往右側，而在南半球則偏往右側，結果形成主要的空氣環流與風移動類型。（註：科里奧利力是一種慣性力，是對旋轉體系中進行直線運動的質點由於慣性相對於旋轉體系產生的直線運動偏移的一種描述。此現象由法國著名數學家兼物理學家古斯塔夫・科里奧利發現。）

天氣組成對於作物生長之影響

1. 溫度

　　溫度對於作物生長之影響有其基本的溫度（cardinal temperature），低於最低溫（minimum temperature）或高於最高溫（maximum temperature）則作物停止生長，而在適溫（optimum temperature）下生長最快。每一種作物、品種及作物之生育時期均有其基本的溫度範圍，能夠使營養生長最快速之適溫不見得能獲得最適合的產量。營養生長過快可能阻止或延緩開花，或是產生之莖部構造較為脆弱而易遭受風害或病害。

　　作物對於溫度效應相當敏感，在作物生長發育中溫度與光照是兩個主要的影響因素。較為明顯之溫度效應之一即為「無霜期」（frost-free period），或是生長季節長度。每年的生長季節即為「沒有致死霜害之連續天數，意即從春天最後出現霜害至秋天第一次出現霜害之間的天數」。一般而言，無霜期可供作物生長季節參考，但也必須考量不同作物之致死霜害溫度不同，且生長適溫亦不同。

　　研究者針對溫度與作物生長發育之相關性予以量化並提出「生長度日」（growing degree days, GDD）或「熱單位」（heat units）之概念。GDD 概念之前提是：(1) 作物生長主要是對溫度的反應而不是時間，如數週或數月；(2) 作物生長有其基本溫度，低於最低溫或高於最高溫則停止生長；(3) 作物生長速率隨著溫度增加。

(1) 低溫對作物之影響：一般而言，低溫（low temperature）稱為冷溫（cold temperature），依其程度又分為寒溫（chilling temperature）與凍溫（freezing temperature），植物在不同程度低溫下所受的傷害稱為冷害（cold injury）、寒害（chilling injury）與凍害（freezing injury）。熱帶和亞熱帶作物生長在 10℃下的寒溫，植株表現壞疽、變色、腐爛、生長抑制等情形，稱為寒害。當作物遭到寒害，新陳代謝停止或被抑制，原生質黏度增加、產生有毒物質（包括有機酸、氮副產物）。在臨界低溫下，細胞膜由液晶態轉變為固態膠體狀態等。寒害依作物種類、株齡及暴露在低溫時間的長短而異。

在溫帶或寒帶收穫較遲的夏作如甘薯等，常遭受早秋期間的早霜，及四、五月間的晚霜嚴重霜害。作物以花與幼果部位較易遭受霜害。水稻在開花期低溫常造成不稔。

植株在攝氏零下低溫常表現凍害，葉片常顯現出斑點、黃化、畸形、莖部則顯出裂縫、枯萎情形。植物受到凍害的生理反應，常歸因於細胞內結冰及細胞間隙結冰，後者常使細胞脫水而死亡。作物若在達到生理成熟期之前，於秋天發生凍溫可能引起凍害，亦即在穀粒或種子完成發育之前。當作物尚未完全成熟前受凍害而亡，則穀粒或種子無法獲得全部之乾物質，造成胚發育不良以及貯存物質不足。經低溫傷害之穀粒或種子即便不用於播種，其品質仍差。其將皺縮乾扁且容重下降。雖然蛋白質百分率可能高些，但總營養價值下降。若穀粒或種子明顯較輕，則其脫粒損失之潛力會增加。初期凍害引起之作物損傷程度與傷害發生之

表 14.4　玉米幼苗傷害徵狀及可能原因（包括寒害與淹水傷害）

徵狀	可能原因	結果
胚芽鞘粗短、葉片過早出現。	浸潤時遭遇寒害或冷害。	死亡，除非未受保護的葉子到達表面。
根尖後面組織呈現棕色。出現不定根。	寒害。淹水傷害。	有生存機會，除非地上部的分生組織受傷。
在地下產生葉片。葉片沿著土壤硬皮生長。	機械傷害。土壤形成硬皮。	當幼苗喪失穿透土壤的能力時，通常會造成死亡。

預防低溫傷害之可能途徑

選擇種植地：可讓作物接受較多陽光，例如靠河邊、海邊、湖泊或海灣地帶，氣溫較為穩定。

使用被覆物：利用土壤敷蓋物，或將植物包被以減少寒害。

設置風扇：離地面 20～50 呎處架設風扇，使平流層與下方空氣對流，增加作物周圍溫度。

燻煙：將落葉、鋸木屑、稻草等燃燒並灑水，可防止熱之幅射，並增高空氣中的露點，增加空氣溼度。

灌水：在霜害來臨前，對作物灑水或使土壤溼潤，以防止熱的輻射。

浸水：在霜害來臨前，將田園浸水，可防止溫度降低。

防寒的設施栽培：利用玻璃或塑膠布建造溫室或覆蓋床，作為經濟栽培使用。常見於園藝作物的栽培。

育成耐寒品種：可育出細胞膜不飽和脂肪酸含量較高、溶質含量較高（可進行滲透調節功能）或是含SH鍵高之耐寒品種。

圖 14.8　預防低溫傷害之可能途徑。

時間有直接比例關係，傷害發生愈早損失愈大。若玉米子粒（kernels）開始凹陷（denting）之後才出現低溫，傷害較小。相同地，若大豆葉片已經開始褪色或是高粱達到硬黃熟期（hard dough），此後遭遇凍害傷害較輕（表14.4）。

未成熟植株發生嚴重凍害時，因爲潮溼莖部形成冰晶傷害莖部細胞壁而增加植株倒伏。於生理成熟期之後的凍溫反而有利，因其可以殺死植株及增強種子散失水分，如此可加速收穫。

於晚春凍害可能傷害或殺死出土中之幼苗。凍害會殺死植物，尤其是葉部。然而，年輕作物植株上生長點之位置大大地影響可能發生之永久傷害程度。禾本科作物如玉米或高粱，於5～6葉期之前生長點仍位於地表下方，此種作物類型之幼苗較雙子葉植物不會受到凍害殺死，後者生長點位於頂端，如棉花、大豆或是紫花苜蓿幼苗。小麥、燕麥或大麥在接近開花期發生凍害時，常常會殺死花粉或傷害雌蕊而減少受精與產生種子。

冬季凍害可能使冬小麥、冬大麥與多年生豆科及禾本科作物致死，或僅殺死其冠芽（crown buds）與根部。目前已知作物耐冷性與某些特性有關，例如冠芽在土中深度，以及植物細胞之理化特性等。然而，這些特性中沒有一個是所有耐冷植物之共同特性，其中真正與耐冷性有關的似乎是植物之酵素與荷爾蒙系統。

低溫下空氣乾燥，因此降低熱幅射以防止氣溫降低，並使空中的溼度增加等爲預防低溫傷害之途徑。可能的預防方法如圖14.8。

(2) 高溫對作物之影響：高溫效應因素很難與其相伴而來之高光強度與快速蒸散之效應分開，乾旱逆境也與高溫效應有密切關聯。作物對於高溫與水分逆境（water stress）之敏感度會隨著作物生育時期而改變，例如玉米抽雄穗期間對於高溫相當敏感，高溫下花粉活力下降及脫落。於玉米與大豆營養生長早期，正常溫度以上之溫度因爲能增加作物生長速率與雜草競爭，而有利於作物。當溫度提高至43℃或以上時，雖然大部分作物仍可以存活，但產量會下降。高溫會影響植物代謝，包括光合作用與呼吸作用（圖14.9）。

於玉米營養生長至穀粒充實期間，尤其是開花期間，當溫度超過35℃時因花粉粒受傷造成受粉及其後種子著生不良，導致產量開始下降。大豆在開花期也對高溫敏感，但若是屬於無限生長型之大豆，其可延後至天氣涼爽再開花以減輕產量損失。高粱雖然較玉米或大豆耐受高溫，但開花期高溫也會引起傷害。至於小麥則喜歡冷涼溫度，若溫度超過32℃則會造成傷害。

作物遭受高溫危害，通常可採用下列耕作方法預防（圖14.10）。

(3) 溫度逆境耐性與細胞膜脂肪酸組成之關係：甘油二酯（diacylglycerol, DG）爲細胞膜脂質的組成分，帶有二條16或18個碳的脂肪酸，包括飽和與不飽和脂肪酸。膜質中不飽和與飽和脂肪酸比率，會影響膜的流動率，對低溫敏感的作物含有較多的飽和脂肪酸。反之，耐低溫的作物其飽和脂肪酸含量會較少。作物在低溫馴化過程中，不飽和脂肪酸的比率會相對提高。一般在臨界低溫下，膜相轉換（membane phase transition）時通常胞膜會由液晶態（liquid crystallic）轉變爲固態膠狀（gel）結構，造成胞膜滲漏，以及呼吸作用、光合作用與其他代謝作用受

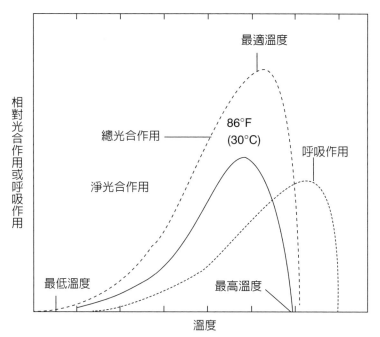

圖 14.9 溫度對於總光合作用、呼吸作用及淨光合作用影響之一般模式。

（資料來源：https://www.pioneer.com/us/agronomy/heat-stress-corn.html）

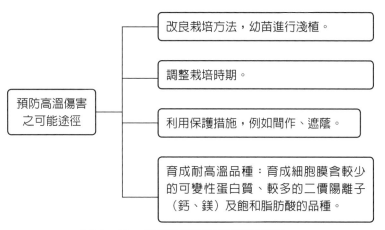

圖 14.10 預防高溫傷害之可能途徑。

到損害（圖 14.11）。

耐寒性作物或低溫馴化的植物，因胞膜不飽和脂肪酸含量提高可減輕危害。不飽和脂肪酸中的亞麻酸（linolenic acid）含量多寡可決定耐寒性強弱。此外，高溫下若增加飽和脂肪酸的含量，則會提高胞膜的穩定性。

2. 溼度

溼度（humidity）對於作物主要意義是影響蒸散速率，或是水分從葉片散失。氣孔開啟時，低溼度會增加水分散失，而低溼度通常與溫暖溫度有關。若來自葉片之蒸散作用大於植物自土壤吸收水分與轉運至葉片之能力，則氣孔可能關閉且光合作用大降或停止，終至減產。空氣中的溼度通常以相對溼度（relative humidity）表示，一般而言，溼度低時對作物的害處較小，但土壤水分不足時，過低的溼度容易使作物凋萎，生育不良。另外收穫莖葉的作物，溼度高時生育反而良好，品質亦佳。例如麻類作物在溼度高時，纖維加長；茶樹在海拔較高或朝霧濃重的地方，所生產的茶菁品質優異。生產籽實的作物如禾穀類及豆類，過高的溼度，特別是在高溫的時候，容易導致病蟲滋生，植株徒長及倒伏，對產量不利。

3. 水分

根部適當生長需要溼潤且通氣良好之土壤，根部無法生長進入乾燥土壤中，因為細胞擴展（expansion）與伸長（elongation）均需要水分。因此，根系深度決定於土壤被雨水或其他降水溼潤之深度。良好之土壤管理應該確保土壤表面能維持高的入滲率，此可藉由適當的覆蓋作物殘株維持良好土壤結構達到效果。土壤中水分太少或太多均構成「水分逆境」（water stress），包括乾旱（drought）與水分過多（excess water），而後者又分為淹水（water flooding）與浸水（又稱湛水，waterlogging）。淹水所指多為動態水流，包括如土石流；而浸水則為靜態積水狀況。

(1) 乾旱：乾旱逆境增加對於作物生長之效應，主要是因為乾旱降低光合速率而減少乾物質生產。當葉部喪失膨壓則減少接受光線之葉面積，而當氣孔關閉則二氧化碳向內移動停止，造成光合作用停止。此外，若根部生長區域僅有部分溼潤，則根系生長可能受限，結果因為節間伸長、葉面積以及側根生長等均減少，而造成植株矮小。

雖然任何乾旱逆境均對作物有害，但作物遭受乾旱之生長時期也大大地影響產量。通常於營養生長初期發生之乾旱對於產量較無影響。作物對於乾旱傷害最關鍵之時間是在開花與授粉期間，此期間連續七天乾旱造成 50% 以上減產（圖 14.12）。禾本科作物如玉米、高粱、與小麥因屬於有限型生長，開花時間短，故乾旱下較可能發生持續傷害。若乾旱逆境干擾這些作物開花與受粉，即便之後有適當雨水也無法恢復。

其他作物如大豆可能有無限型開花類型，這些作物開花會持續很長一段時間，不是所有的花一起發育，因此無限型作物開花期間之乾旱逆境，不可能如有限型作物般造成傷害。對於無限型大豆而言，開花期間之乾旱逆境可能只是延緩開花，之後若是有雨水則可望恢復而僅造成少量減產。生長於美國中西部之多數大豆品種均屬於無限型，然而也有些有限型品種會受到開花期乾旱逆境之嚴重傷害。

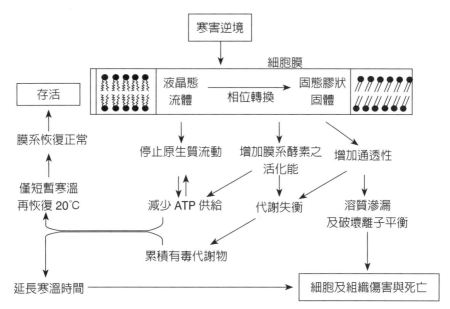

圖 14.11　低溫引起植物傷害之可能途徑。

（資料來源：Lyons, JM. 1973. *Ann. Rev. Plant Physiol.* 24:445-466.）

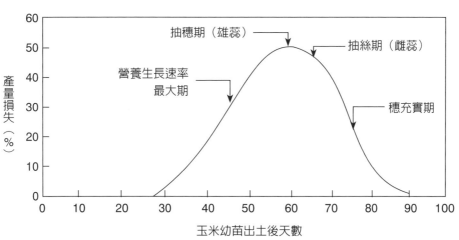

圖 14.12　不同生育時期發生乾旱對於玉米造成之產量損失。

(2) 水分過多：水分過多（溼害，excess water）與缺水一樣不利於作物生長，例如玉米根部生長區域每日均達水飽和，則會減產 10～15%。當土壤因排水不良或淹水導致水飽和狀態，則根部與土壤微生物缺乏空氣進行呼吸作用。雖然有些植物可存活於飽和土壤，例如水稻，但大部分作物無法在飽和土壤下超過數小時，且根部會受傷。根部需要空氣進行呼吸作用以提供能源供細胞生長與維持，以及吸收水分與養分。延長土壤之水飽和時間會形成無氧狀況，使根部中斷代謝與產生有毒物質。

土壤微生物在飽和土壤下也受到通氣不良之影響，如同根部一般，有益生物需要適當通氣以供生長與維持。延長飽和狀況會減少有益生物而增加有害生物。所累積之有毒物質也會進一步傷害根部與有益生物。在延長土壤飽和期間經由去硝化作用（脫氮作用，denitrification），也會使土壤氮素流失，造成植物缺氮死亡。

4. 氣壓與風

有關氣壓對於作物生長之直接效應資訊有限且經常矛盾，但氣壓對於風將乾或溼的空氣團移動經過陸地之間接效應非常明顯。

溫和的風很明顯地不會影響作物生長，且可能因混合作物植冠之空氣以增加葉表面之二氧化碳濃度，而有利於作物生長。研究顯示在和風吹送下之植物，其莖稈強度高於溫室無風或幾乎無風下生長之植株。然而乾熱風會增加蒸散作用速率，快速去除土壤水分而引起乾旱逆境。持續吹送乾熱風時，因植物吸收土壤水分來不及配合蒸散需求，即便土壤有適量水分也會增加作物葉片缺水狀況。

和風攪動空氣，有助於作物的蒸散作用、光合作用和受粉，並使作物行間的通氣良好，降低行間的溼度，避免高溼引起的弊害。和風並可預防霜害（霜害最常見的預防方法是利用風扇鼓動空氣流動），及有利於穀粒的乾燥，在作物生產上益處頗多。但暴風或颱風則能拔除植株摧殘枝葉與花果，並使植株倒伏，對作物的傷害極大。水稻開花期如遇颱風則整穗白枯，完全不稔實；在成熟期遇颱風，則穀粒脫落，或發生穗上發芽現象，降低產量及米質。

極高速的風會造成作物機械性傷害，尤其伴隨著強降雨或冰雹。強風下作物可能落葉或倒伏，玉米在莖部快速伸長期間對於風害最為敏感。若是強風帶有雨雪（sleet）或雪，則即便在作物成熟後發生此狀況，也會增加作物損失。

風會帶動土壤中細的顆粒，主要是非常細的砂粒，其可造成作物年輕幼苗之葉片嚴重傷害。若發生嚴重風蝕，作物也可能被埋在土壤下。

第 15 章
作物蟲害與控制

昆蟲與蟎類

害物綜合管理

　　作物生產過程中即便有最佳之遺傳、氣候、土壤與栽培因素組合，也不一定能保證成功，因為害物，此處指害蟲（pests）、病害（diseases）與雜草（weeds）可能毀損作物或導致減產（按：pests 係指害物，廣義上包括病、蟲、草害，狹義上單指昆蟲與紅蜘蛛危害；例如農藥稱為 pesticides，殺蟲劑稱為 insecticides）。據估計在作物生長、收穫、運送與貯藏期間，全球糧食生產約有半數毀於作物害物與動物性害物。在許多熱帶與亞熱帶氣候下，因高溫多溼造成 60～70% 減產。

　　全球在私人企業與公家機關努力進行研究與教育推廣下，積極調查作物害物與實施控制，使得目前得以避免許多災難性損失。然而，許多控制方法需要廣泛且集中使用農業化學品如殺蟲劑（insecticides）、殺菌劑（fungicides）與除草劑（herbicides）。「害物綜（整）合管理」（integrated pest management, IPM）發展出許多方法控制害物，以取代單一控制技術。於執行 IPM 時也包括了實施和評估 IPM 實踐的一些步驟（圖 15.1）。

　　雖然特定昆蟲、蟎（紅蜘蛛）、病害及雜草對於作物有極不同之影響，但有其共通之傷害類型。例如，作物害物可經由去葉（defoliation）或葉片組織壞疽（necrosis）而損失葉面積。雜草可與作物競爭水分、養分與光線。害物也會毀壞植物疏導組織使其失去功能，而中斷植物體內水分、養分與光合產物移動。此外，害物也會弱化莖部導致倒伏與減少收穫量。

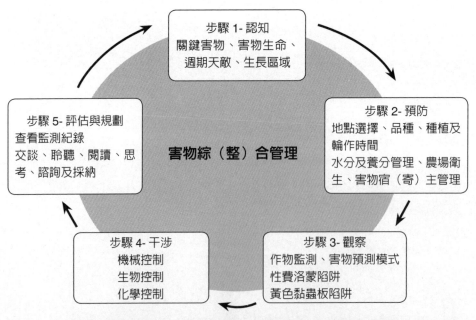

圖 15.1　連續改進的害物綜（整）合管理。圖示模型概述了實施和評估 IPM 實踐的一些步驟，充分利用可用資源、專業知識和諮詢對於獲得正確有效的 IPM 計畫相當重要。

昆蟲與蟎類（insects and mites）

　　地球上約有 500～1,000 萬種昆蟲與蟎類，其中具有物種名稱者不足 100 萬。估計全球昆蟲族群數約有 1.0×10^{18}，若以每隻昆蟲重 2.5 mg 計算，則總重超過人類重量 12 倍。在北美昆蟲物種超過 85,000 種，但其中僅有 10,000 種被指定為對於人畜與植物有經濟方面危害。在美國引起經濟作物損害之許多昆蟲與蟎類係來自其他國家，例如歐洲玉米螟與麥蠅（Hessian fly）使玉米與小麥減產，棉鈴象鼻蟲（cotton boll weevil）與紅鈴蟲（pink boll-worm）嚴重損傷棉花，紫花苜蓿象鼻蟲與豌豆象鼻蟲傷害紫花苜蓿。

　　在美國每年作物因昆蟲與蟎類造成之損失約 5～15%，或近 400 萬美元。此外，約有 100 萬元用於蟲害防治。每年因為昆蟲與蟎類造成的損失，玉米有 12%、高粱有 9%、小麥有 6% 以及大豆 3%。

　　昆蟲與蟎類具有許多天生的有利條件，增加其存活率與傷害作物之可能性。大部分之昆蟲與蟎類體型小較難看見，此種特性伴隨著其極為快速之生殖率，使得其族群快速增大。許多昆蟲與蟎類之移動性大，可飛翔甚至有部分可隨風移動。雖然有些昆蟲與蟎類有寄主專一性，但大部分均可取食作物與雜草。有些昆蟲與蟎類因具有特化構造而能適應環境變化。

1. 對於作物之影響

　　昆蟲與蟎類造成作物最明顯的傷害是產量與品質下降（圖 15.2）。昆蟲與蟎類透過直接去葉（defoliation）（吃掉葉片），或是藉由吸食葉部細胞汁液引起葉片壞疽，以減少葉面積。蛀心蟲（boring insects）與隧道蟲（tunneling insects）則會入侵作物莖部與根部，而中斷水分、養分與光合產物之轉運。此外，蟲糞或是昆蟲發育過程中留下之糞便與皮膚，或是其他殘骸等均會降低穀粒或糧草品質。因蟲害侵襲會中斷作物吸收養分時之正常代謝功能以及生合成過程，導致作物生長受阻而減少穀粒或糧草產量。

　　作物受到昆蟲與蟎類攻擊時，通常會引起收穫損失，許多作物莖部經咬食後弱化而經常倒伏。遭受蟲害之植物通常較不堅固，更容易受到風、雨及其他惡劣天氣傷害。植物經過昆蟲與蟎類侵襲後沒有生產力，較可能產生重量輕而粗糠多的穀粒，這些穀粒之容重量減少，或是容易在收穫分離過程中損失。

　　昆蟲與蟎類通常會傳染疾病給植物，主要是透過蚜蟲、蟎類及葉蟬類（leafhoppers）昆蟲傳染病毒（virus）。經昆蟲咬（吸）食而弱化之植物，通常較易受到真菌、細菌及病毒侵襲。

　　昆蟲與蟎類對於作物也會有間接性傷害，當田間、牧場或草地受到昆蟲與蟎類傷害，則減少產生乾物質，造成地面覆蓋不足而增加風蝕與水蝕之風險。例如蚱蜢可能使牧場裸露造成嚴重水土流失。為了控制歐洲玉米螟，生產者經常將玉米莖稈殘株翻埋入土，使冬季與初春土壤得以曝晒。

　　另一方面，昆蟲與蟎類並非所有的活動均具破壞性。大部分昆蟲與蟎類是有益的

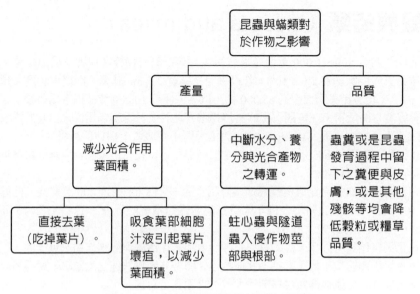

圖 15.2　**昆蟲與蟎類對於作物之影響。**

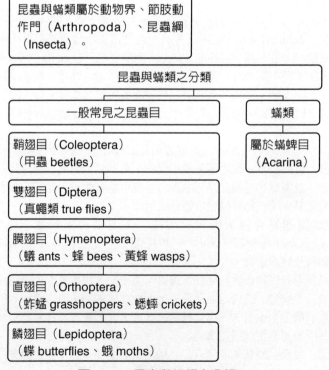

圖 15.3　**昆蟲與蟎類之分類。**

而有些是必要的，例如蜜蜂與其他昆蟲可傳播花粉，這對於紫花苜蓿、苜蓿及一些果樹之種子發育而言，絕對是必要的過程。瓢蟲之甲蟲（beetles）及其幼蟲，以及螳螂均以蚜蟲作爲食物。克拉馬斯甲蟲（Klamath beetle）以克拉馬斯草（Klamath weed）爲食物，此種雜草在澳洲西岸山脈（West Coast ranges）是嚴重的雜草，此種昆蟲有效減少此特定雜草危害。此外，昆蟲經由開挖隧道進入土壤中產卵與越冬，可以增加土壤通氣性以改善物理條件。昆蟲也可吃作物殘株加速分解以及因蟲體殘骸而增加土壤有機質。

2. 分類

在科學分類之二名法系統（binomial system）中，昆蟲與蟎類屬於動物界、節肢動物門（phylum Arthropoda）、昆蟲綱（class Insecta）。一般常見之昆蟲目有鞘翅目（Coleoptera）（甲蟲 beetles）、雙翅目（Diptera）（眞蠅類 true flies）、膜翅目（Hymenoptera）（蟻 ants、蜂 bees 和黃蜂 wasps）、直翅目（Orthoptera）（蚱蜢 grasshoppers、蟋蟀 crickets 和蝗蟲 locusts），以及鱗翅目（Lepidoptera）（蝶 butterflies 和蛾 moths）。蟎類則屬於蟎蜱目（Acarina）（圖 15.3）。

3. 生命週期

大部分昆蟲與蟎類進行有性生殖，但其從年輕至成熟階段之發育或變態（metamorphosis）（圖 15.4）則有所不同。昆蟲與蟎類表現之變態類型，在昆蟲鑑定上是一個有用的分類系統。有些昆蟲與蟎類是屬於無變態（ametamorphic），其從卵孵化成爲完全發育成熟之複製品。這些無變態昆蟲與蟎類也可進行胎生（viviparous），不經過卵的階段；以及進行孤雌生殖（單性生殖，parthenogenic），即無性生殖。上述兩特徵使其生殖極爲快速，而增加蟲害侵襲程度。許多傷害作物之蚜蟲與蟎類是屬於胎生及孤雌生殖。

蚱蜢、葉蟬及半翅目昆蟲發育過程中逐漸改變其大小與體型，此種生長類型稱爲「漸進變態」（gradual metamorphosis）（圖 15.5）。年輕階段稱爲若蟲（nymphs），之後經過幾次蛻皮時期（molting stages）而達到成熟的生殖時期。

有些昆蟲經過不完全變態由卵發育至成熟階段，雖然年輕階段之稚蟲（naiads）逐漸改變大小與體型，但在最後之外骨骼脫落前，其外觀及功能均不似成蟲。（按：若蟲通常用於稱呼幼年期之半變態及無變態昆蟲，幼蟲則指幼年期之完全變態昆蟲；而幼年期之部分半變態昆蟲，因與成蟲棲息環境、利用的資源不同，則稱之爲稚蟲，如蜻蜓、豆娘）（圖 15.6）。

具有完全變態之昆蟲發育會經過四個階段，包括卵（egg）、幼蟲（larvae）、蛹（pupae）與成蟲（adult）（圖 15.4）。例如甲蟲、蝶、蠅、蛾及黃蜂。其幼年期不似成蟲，而當從蛹期轉變爲成蟲時，與不完全變態一樣，其大小與體型有很大的變化。昆蟲生命週期中體型與發育之改變對於其適應變異環境相當有利。

對於作物而言，昆蟲通常在幼蟲及稚蟲（或若蟲）階段最具破壞性，主要是在此階段其生長發育快速而需要大量食物供應。然而，在某些案例中，幼蟲與成蟲均會傷害作物。例如紫花苜蓿象鼻蟲之幼蟲與成蟲可造成經濟損失，而玉米根蟲（rootworm）之幼蟲則以根部爲食物，成蟲則以花柱（silks）爲食物減少授粉量。

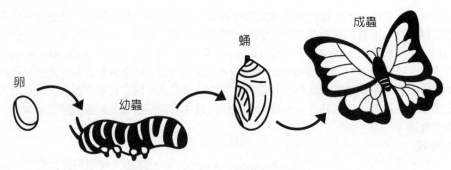

圖 15.4 昆蟲之完全變態過程。

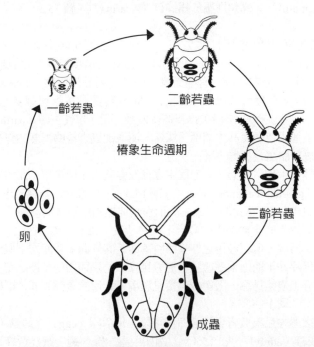

圖 15.5 昆蟲之漸進變態過程，包括卵、一、二、三齡若蟲及成蟲。

4. 口部

　　昆蟲與蟎類有兩類型口器，會決定其如何損害作物，這些差異性也可作為分類基礎，且對於決定有效的控制措施也相當重要。咀嚼式（chewing）昆蟲會撕咬植物，而刺吸型（piercing-sucking）昆蟲與蟎類之口器會穿刺植物以及吸食汁液（圖15.7）。例如蚜蟲、蟎類、葉蟬及麥長椿（chinch bugs）均屬刺吸型。有時候吸食型昆蟲與蟎類引起作物主要傷害是因為其在吸食期間注入有毒物質所致。咀嚼式昆蟲會吃葉片、葉鞘、花器，以及作物莖部與根部，如蚱蜢及夜盜蛾（行軍蟲）可能使玉米植株全部成為骸骨僅剩下中肋及莖稈。一些咀嚼式昆蟲，尤其夜盜蛾（或切根蟲），會取食土表附近或底下之年輕幼苗。此外，有些會進入莖部、根部、穗部，或穀粒作物穗部內部取食，此歸類為穿孔性（boring）或隧道（tunneling）昆蟲，例如玉米切根蟲、歐洲玉米螟及玉米穗蟲（番茄夜蛾、棉鈴蟲、蟖蛉）等均屬之。這些昆蟲一旦進入植物體內極難控制。

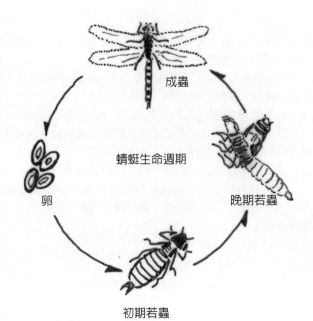

圖 15.6　昆蟲之不完全變態過程，包括卵、初期若蟲（稚蟲）、晚期若蟲（稚蟲）及成蟲。

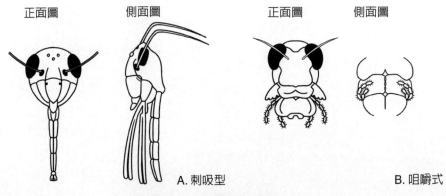

圖 15.7　昆蟲之口器。

（資料來源：Melanie J.A. Body, Michigan State University ∣ MSU · Department of Entomology, University of Tours, PhD）

害物綜合管理

任何有效且對環境無害之害物控制方案必須根據三個基本原理，首先必須小心準確地鑑定出害物；其次是準確地評估害物族群，以及在目前程度或更高程度下可能發生之潛在作物損害。最後，必須決定使用最有效、經濟且環境安全無虞之控制措施。

決定控制需求與採用之控制類型，此系統稱為害物綜合管理（integrated pest management, IPM）。IPM 使用一個完整的系統以控制害物，包括害物之族群動態學、害物生物學與生命週期，以及栽培操作與天氣對於生殖與生長的效應等。其所採用之方法可控制害物，或是將害物族群降至經濟損害水準以下，也降低對於環境之不利影響。

IPM 原理可以運用於其他害物，包括病害與草害，例如「雜草綜合管理」（integrated weed management, IWM）。在 IPM 方案中利用非化學控制已有許多進展，然而不久的將來似乎有必要明智地使用害物控制農藥，使日益增加的人口獲得所需食物之數量與品質。

使用 IPM 之蟲害控制策略，其範疇包括了遺傳控制、栽培控制、生物控制及化學控制等（圖 15.8）。

1. 遺傳控制（genetic control）

植物育種家致力發展能抵抗或耐受蟲害之品種與雜交種，經由遺傳控制最大的優點是抗性品種與雜交種之發展為較穩定之方法，因為抗性遺傳可以持續數年之久，而多數其他類型之控制方式需要年年重複操作。昆蟲與蟎類之遺傳控制可分為三群，包括非嗜好性（非選擇性，nonpreference）、抗生作用（antibiosis）與耐受性（tolerance）。

當害蟲不喜歡作物之味道、香氣、顏色或質地時，害蟲會轉向其他不同的品種或植物，如其他作物或雜草。

利用抗生作用，例如高粱有一抗性類型可以抗綠色蚜蟲即屬之。利用作物對於害蟲之耐受性，例如已經發展出之玉米自交系經過玉米根蟲侵襲後，有旺盛能力讓根部再生。另一種高粱抗蚜蟲之類型是作物能夠耐受蚜蟲注入之毒素。

遺傳工程可以提供機會以發展控制蟲害之方法，例如已經釋出之帶有 Bt 基因之玉米與棉花，其基因來自蘇力菌（蘇雲金芽孢桿菌，*Bacillus thuringiensis*），使得轉殖作物可以毒殺某些害蟲之幼蟲（抗生作用）。

2. 栽培控制（cultural control）

通常作物單作（monoculture）會大大增加蟲害侵襲的發生率。作物輪作是首先啟動用以控制所有病、蟲、草害之措施。經由改變作物種植次序，可以減少特定害蟲在土壤或作物殘株中之密度。例如玉米根蟲甲蟲主要在玉米田間產卵，而不會在留有大豆、高粱或小穀粒作物殘株之田間產卵影響其他作物。

控制措施如耕作、耙地或甚至燒毀受到昆蟲與蟎類嚴重侵襲之作物殘株，亦可減少受害程度。當然在進行這些作法之前，必須仔細評估可能引發之水逕流或侵蝕損

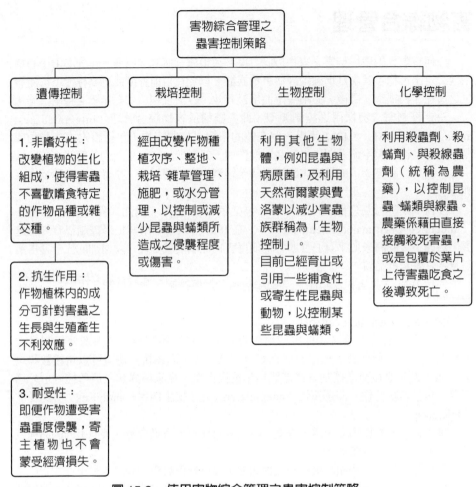

圖 15.8　使用害物綜合管理之蟲害控制策略。

害。沿著路邊或在荒廢地的雜草可能是昆蟲與蟎類替代性寄主及養殖區域。蚱蜢通常會從雜草叢生之路邊或水道進入田間。田間雜草尤其是草地雜草會吸引產卵的夜蛾成蟲，因此控制雜草可減少許多昆蟲與蟎類越多與早期餵養的區域。

3. 生物控制（biological control）

例如瓢蟲甲蟲之成蟲與幼蟲在一天之內可以摧毀許多蚜蟲，幾個世紀以來也利用鳥類作為生物控制之傳統方法。

有時候引入針對特定害蟲之病原生物也能有效控制蟲害，例如研究發現僅能攻擊棉花棉鈴象鼻蟲之病毒品系以及細菌蘇力菌，可以有效控制某些鱗翅目（*Lepidoptera*）與鞘翅目（*Coleoptera*）幼蟲，包括歐洲玉米螟。

其他生物控制方法尚包括使用天然荷爾蒙及費洛蒙；在害蟲體內發現之荷爾蒙類化學物質可用以中斷其生命週期，而費洛蒙屬於性引誘劑可用以誘引雄性昆蟲，或是廣泛散布以迷惑雄性昆蟲，使其無法找到雌性昆蟲進行交配。

4. 化學控制（chemical control）

在 1999 年美國約使用 145,000 公噸的農藥於作物上，其中有 75% 使用在農地。通常應該在其他控制方法失敗或無效時才使用化學控制方法，因為此方法最為昂貴且對環境造成影響。

農藥劑型包括液體、粉劑及粒劑，液體與粉劑可以真溶液（true solutions）、乳劑（emulsions）或水懸劑（suspensions）型式噴施於作物，而粉劑也可利用特殊設備撒施於作物。浸漬有農藥之粒劑可施用於葉片而保留在葉輪（leaf whorl），或是併入土壤中。有些揮發性農藥則施用於土壤，如燻蒸劑（fumigant）。使用燻蒸劑時通常土壤表面會覆蓋塑膠薄膜或是一層水以免藥劑佚失。

農藥依其作用模式（mode of action）可分為接觸性（contact）、胃毒性（stomach）及系統性（systemic）毒藥（poisons）（圖 15.9）。接觸毒（contact poisons）用以控制刺吸型（piercing-sucking）昆蟲與蟎類，因為這些害蟲不會攝取植物體任何內部組織。胃毒劑（stomach poisons）則用以控制咀嚼性昆蟲，當殺蟲劑伴隨著昆蟲攝食之植物材料進入胃部即可殺死昆蟲。系統性毒則由植物吸收入體內，再於昆蟲食用植物期間攝食進入蟲體內；此毒可控制任何類型害蟲。使用系統性毒必須小心注意，避免累積於植物體內供收穫作為食物或飼料的部位。

農藥（此處係指殺蟲劑）根據其化學結構亦可歸類出三大類（圖 15.10），第一類是「氯烴類」（chlorinated hydrocarbons）。這些農藥便宜有效，依照注意事項可安全使用，這些類型農藥也傾向累積於含脂肪之動物組織中，包括人類。最後，害蟲族群通常會發展出對於此類農藥之抗性，因此必須有新的配方或提高施用量以達到控制效果。基於以上因素，有許多氯烴類農藥遭到限制使用或完全禁用。

第二大類是有機磷類（organic phosphates），可有效控制的昆蟲與蟎類範圍廣泛，且其分解速度較氯烴類農藥快速，主要留下之殘餘物不具毒性。例如甲基與乙基巴拉松（ethyl and methyl parathion）與馬拉松（malathion）。然而很不幸地，其中有些化合物對於哺乳類動物極具毒性，使用上必須非常小心。

第三大類即是胺基甲酸鹽類（carbamates），在使用上，胺基甲酸鹽類遠較高度

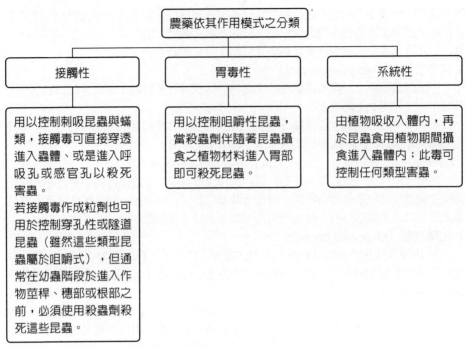

圖 15.9　**農藥依其作用模式（mode of action）之分類。**

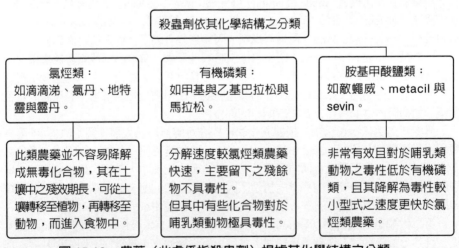

圖 15.10　**農藥（此處係指殺蟲劑）根據其化學結構之分類。**

毒性之有機磷類安全，此種農藥包括敵蠅威（dimetilan）、metacil 與 sevin。

　　農藥可以高度有效地減少作物因為昆蟲與蟎類所造成的損失，據估計若無使用農藥則作物生產減少 30%，而牲畜生產減少約 25%，結果造成食物價格上升、品質下降，以及整體生活水準降低。姑且不論農藥的好處，若不小心且明智地使用農藥則會造成人類、動物、作物及整個環境產生嚴重問題。在蟲害控制上必須強調使用交替而沒有危險的方法，當其他方法無效時再考慮使用農藥。

　　有關農藥之使用，可參考由行政院農委會所公布之「植保手冊」，其中針對各種作物栽培過程中常見之病、蟲、草害防治用藥，以及生長調節劑等，均有推薦用法與用量（參考網址：行政院農業委員會農業藥物毒物試驗所植物保護資訊系統 https://otserv2.tactri.gov.tw/ppm/ 2022.12.15）（圖 15.11）。

　　例如茶樹常見之蟲害有茶葉蟬類、茶小綠葉蟬（小綠浮塵子）、茶粉蝨類、山茶圓介殼蟲、茶薊馬類、茶蠹、茶毒蛾類、夜蛾類、刺蛾類、燈蛾類、茶避債蛾類（茶避債蛾、大避債蛾、臺灣避債蛾、白腳小避債蛾）、茶捲葉蛾類（茶捲葉蛾、姬捲葉蛾、黑姬捲葉蛾）、茶尺蠖蛾類（圖紋尺蠖蛾、瘤尺蠖蛾）、茶彫木蛾、小白紋毒蛾、黑點刺蛾、茶園地下害蟲（埔里黑金龜、臺灣黑金龜）、茶蟎蜱類（茶葉蟎、桔黃銹蜱、錫蘭偽葉蟎、紫銹蜱、茶細蟎、神澤氏葉蟎）及茶銹蟎類等，諸多蟲害之防治用藥可依照推薦用藥、用法適度使用。例如防治小黃薊馬可查詢獲知下列資訊：

小黃薊馬

學名：*Scirtothrips dorsalis* Hood

英名：Yellow tea thrips, Small yellow thrips

危害作物：柑桔、茶、檬果、葡萄、柿、梨、印度棗、落花生、草莓、茶花科植物及其他花木。

生活習性：一年發生 14 世代，以 4 至 5 月時棲群密度最高，其次為 8 至 9 月。卵期平均為 9.4 日，幼蟲期平均為 6.7 日，蛹期平均為 3.9 日，成蟲壽命雌蟲平均為 28.5 日，雄蟲平均為 19.1 日。卵單粒，產在嫩葉葉面組織內，幼蟲孵化後移行到葉背或茶芽內，行動敏捷，化蛹前遷移到隱蔽處，如樹縫、樹皮下或傷口處，或者掉落地面。成蟲行動亦很活潑，雌蟲產卵平均為 36 粒，而平均溫度在 21℃ 至 25℃ 之間最適合產卵，產卵數平均為 57 粒。茶園通風良好，可減少發生。採茶能除去大量蟲體，減少棲群的發生，冬季無茶芽及嫩葉時轉而寄生茶花。

危害特徵：幼蟲及成蟲在嫩葉背面銼吸汁液，在受害部位造成銼狀傷口，形成褐斑，嫩葉變形且生長不良。成蟲產卵在嫩葉葉面，產卵部位形成黃褐色斑點。

防除方法：任選下表一種藥劑防除（表 15.1）。

※

圖 15.11　行政院農業委員會農業藥物毒物試驗所植物保護資訊系統網頁。

表 15.1　植物保護資訊系統防治小黃薊馬之推薦用藥、用量與用法

藥劑名稱	每公頃每次施藥量	稀釋倍數（倍）	施藥方法	注意事項
5.87% 賜諾特水懸劑（Spinetoram）	0.625 公升	1,600	萌芽初期害蟲發生時施藥	1. 防治小黃薊馬。 2. 採收前 12 天停止施藥。 3. 具呼吸中等毒性及對蜜蜂具中度至強烈毒害。
11.6% 賜諾殺水懸劑（Spinosad）	0.5 公升	2,000	萌芽初期害蟲發生時施藥	1. 防治小黃薊馬。 2. 採收前 14 天停止施藥。 3. 對蜜蜂具中等毒性，對水生物具中等毒性。
9.6% 益達胺溶液（Imidacloprid）	0.5 公升	2,000	萌芽初期害蟲發生時施藥	1. 防治小黃薊馬。 2. 採收前 12 天停止施藥。 3. 對蜜蜂毒性強；對水生物中等毒。
9.6% 益達胺水懸劑（Imidacloprid）	0.5 公升	2,000	萌芽初期害蟲發生時施藥	1. 防治小黃薊馬。 2. 採收前 12 天停止施藥。 3. 對蜜蜂毒性強；對水生物中等毒。
15% 脫芬瑞水懸劑（Tolfenpyrad）	0.75 公升	1,500	萌芽初期害蟲發生時開始施藥	1. 採收前 12 天停止施藥。 2. 口服中等毒及呼吸劇毒。 3. 對水生物具毒性，勿使用於「飲用水水源水質保護區」及「飲用水取水口一定距離內之地區」。

第 16 章
作物病害與控制

　　通常罹病植株其形態、解剖與生理學上會發生改變，這些植物因特定疾病而外觀上發生之改變可供鑑定，稱爲「病徵」（symptoms）。許多病原體於其生命週期中兼具絕對與非絕對寄生時期，此種生活方式可讓病原體於獲得適當寄主植物之前能存活於死掉之組織中（圖 16.1）。

　　因爲植物病原體爲寄生生物，其會搶走植物之水分、養分及光合產物供自身生長發育之用。病原體會引起植物萎黃或缺乏葉綠素，甚至造成植物組織壞疽或死亡。病原體亦可生長進入植物維管系統而阻斷轉運。病原體所造成之傷害會干擾正常之光合作用與植物代謝，隨後導致減產。植物經疾病感染後會增加呼吸速率與減少水分利用效率，使得植物整體生長下降。

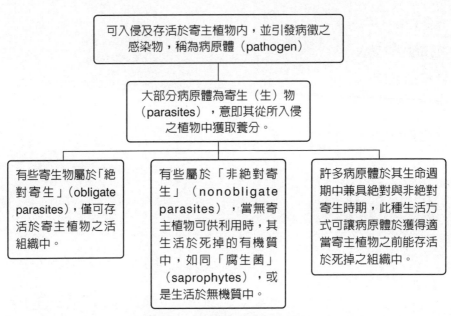

圖 16.1　病原體之寄生方式。

疾病分類

疾病通常可分為兩大範疇，即傳（感）染性（infectious）與非傳（感）染性（noninfectious）。傳染性疾病係由一些生物體所引起，這些生物體入侵寄主植物後會中斷正常的生長，而出現可見徵狀或生產力下降。非傳染性疾病係引發作物傷害之環境條件造成之結果，但不包含病原體。例如天氣造成之傷害、土壤因素如養分過多或不足，或是來自農藥之化學傷害，均屬於非傳染性疾病。

引發傳染性疾病之病原體分述如下（圖 16.2）：

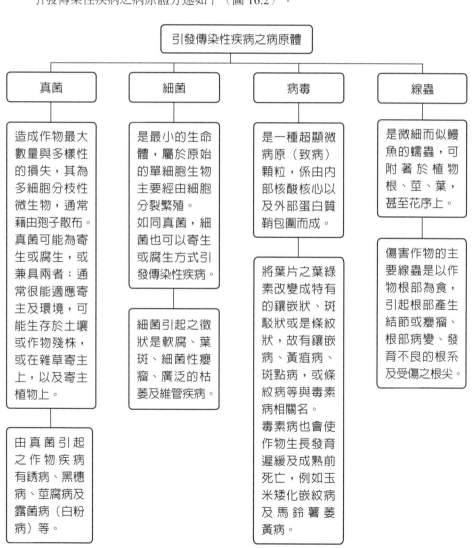

圖 16.2　引發傳染性疾病之病原體。

疾病發生之要求

　　要發生疾病必須滿足一些需求條件，首先必須有肇因的生物體（causal organism）能引發疾病，其次必須有感性寄主（susceptible host）植物，最後必須要有適當環境（favorable environment）有利於疾病發展。此發病過程係假設在感性寄主之間有適當的載體（vector）供傳送及散布肇因之生物體，若上述這些相關條件未同時具備則不可能發病。此三條件之相互作用稱為「疾病複合體」（disease complex），而疾病之嚴重程度通常決定於三者間相互作用之程度（圖 16.3）。

　　在適當的環境條件下，可感染寄主植物之生物體稱為「致病原」（causal agent）、「病原體」（pathogen）或「刺激者」（incitant）。在自然界中存在大量的線蟲、真菌、細菌與病毒，但其中對於田間作物有致病性的數量有限。多數植物對於多數病原體有免疫力，有些病原體雖然可能感染植物但其感染與傷害程度對於經濟損失影響不大。然而，多數栽培植物會受到至少一種病原體感染，而有些作物也對許多病原體敏感。

　　作物要發生疾病必須寄主作物容易感受病原體對於植物細胞及組織之入侵、建立與發展。有些植物對於病原體入侵具有機械抗性（mechanical resistance），或是具有生化免疫力阻止疾病建立與發展。有少數作物物種或品種具耐病性，亦即甚至在經病原體感染後，寄主植物仍有能力存活及生產可接受之產量。

　　在疾病發展上，環境是相當重要具有決定性的因素。在田間或許存在感病性作物品種以及病原體，但若無適當環境則不會發病。溫度、相對溼度、風向、風速、土壤 pH 值、土壤水分與土壤肥力均是攸關發病與否之重要因素。有時候較差的栽培措施，或是雜草與蟲害控制欠佳，會使得作物容易遭受疾病入侵與感染。

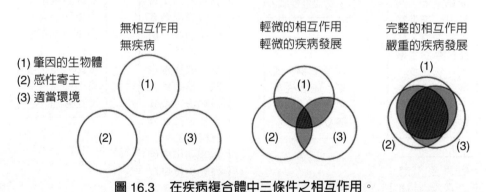

圖 16.3　在疾病複合體中三條件之相互作用。

疾病發展階段

在疾病發展中有三個致病階段，在疾病之季節週期中可能僅發生一次或多次（圖 16.4）。

1. 接種

有些形式之病原體稱為「接種原」（接種體，inoculum），經傳送至植物體後會穿透進入體內。許多病原性或非病原性生物可經由氣孔或傷口進入植物體內，甚至進入細胞後死亡而無任何疾病徵狀發展。因此，有許多接種案例於接種之後僅有初期階段，並無進一步病害發展。

所謂「主要接種原」（又稱初次接種原，primary inoculum）係指第一個存在之接種原，可以是在一地區越多之病原體，或是經由風力、昆蟲或其他載體帶入該地區之接種原。當第一個經感染之植物發病後，可產生「二次接種原」（secondary inoculum），進一步將疾病散布至附近之植物。於疾病流行期間，可能有許多次的二次接種原產生週期。

昆蟲於攝食期間可能將接種物直接注入植物體內，生存於土壤中或是在腐敗的土壤有機質中的真菌性病原體，可能會遭遇植物根毛或小的支根，而進入根部組織，如壞死營養病原體（或稱腐植營養病原體，necrotrophic pathogens）（圖 16.5）。許多疾病之孢子或其他生殖體可能掉落在葉片或是葉腋，之後發芽而穿透葉部或莖部組織。不論採用何種方式，接種物必須進入植物體內以利後續病害發展階段。

2. 培養

在第二個階段，即培養（incubation）階段，病原體開始在寄主植物內建立，此時植物外觀或代謝並無明顯可見之變化。於病原體進入植物後即開始進入培養期，直到植物發病出現病徵。若環境條件不適當則此時期所需時間相對較長，但對於大部分植物疾病而言，此時期很短，通常 2〜3 天。

3. 感染

疾病發展最後一個階段即為感染（infection），此期間出現病徵。植物體內病原體快速複製、組織破裂、木質部與韌皮部通道堵塞，以及在葉部、莖部或果實發生黃化或壞疽，造成作物經濟損失。

疾病在經濟衝擊上一個重要的因素是其為「單週期」（monocyclic）或是「多週期」（polycyclic）疾病，前者僅有一次週期（圖 16.4），不會產生二次接種原；而後者會在感染階段產生二次接種原，其發病可能歷經數個週期（圖 16.4）。此外，若是疾病要在一地區越多時，病原體將會產生特殊的形式或孢子，以確保在下一個生長季節能提供疾病發生所需之主要接種原。

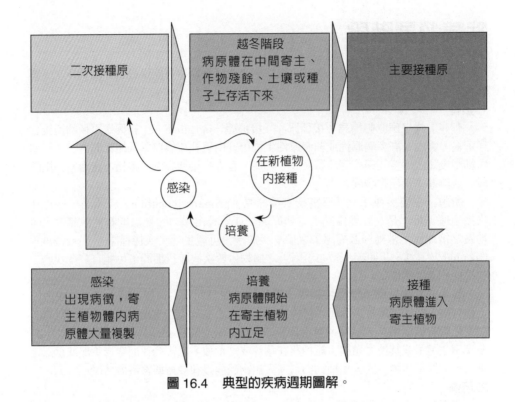

圖 16.4　典型的疾病週期圖解。

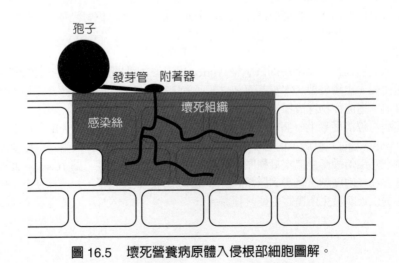

圖 16.5　壞死營養病原體入侵根部細胞圖解。

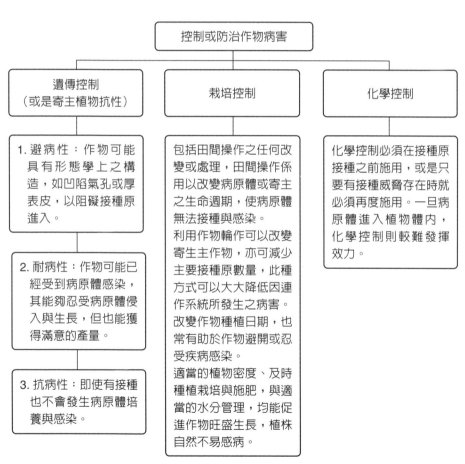

疾病控制

　　有許多方法可用於控制或防治作物病害，可歸納為遺傳控制（genetic control）、栽培控制（cultural control）與化學控制（chemical control）三大類（圖 16.6）。

1. 遺傳控制

　　雖然植物育種家與病理學家合作，經由雜交具有一個或所有抗性類型之品系與品種，以進行抗性性狀引入、選拔與發展，但由於病原體可透過有性繁殖、突變或性狀引入而產生新的病原體形式（forms）或生理小種，故作物抗性品種或品系之發展一直在持續進行中。

控制或防治作物病害

| 遺傳控制
（或是寄主植物抗性） | 栽培控制 | 化學控制 |

1. 避病性：作物可能具有形態學上之構造，如凹陷氣孔或厚表皮，以阻礙接種原進入。

2. 耐病性：作物可能已經受到病原體感染，其能夠忍受病原體侵入與生長，但也能獲得滿意的產量。

3. 抗病性：即使有接種也不會發生病原體培養與感染。

包括田間操作之任何改變或處理，田間操作係用以改變病原體或寄主之生命週期，使病原體無法接種與感染。
利用作物輪作可以改變寄生主作物，亦可減少主要接種原數量，此種方式可以大大降低因連作系統所發生之病害。改變作物種植日期，也常有助於作物避開或忍受疾病感染。
適當的植物密度、及時種植栽培與施肥，與適當的水分管理，均能促進作物旺盛生長，植株自然不易感病。

化學控制必須在接種原接種之前施用，或是只要有接種威脅存在時就必須再度施用。一旦病原體進入植物體內，化學控制則較難發揮效力。

圖 16.6　用於控制或防治作物病害之策略。

2. 栽培控制

　　經由整地與栽培管理將作物殘株埋入土中，可減少一些病害之主要接種原來源。控制雜草也可減少替代性疾病寄主（alternate disease host），減少病原體存活機會。在控制病害方面，土壤與水分管理是有效的工具；利用排水改善冷涼淹水之土壤環境，可以減少作物幼苗發生疫病（枯萎病，blights）以及促進作物初期生長。調整土壤酸度亦可改善養分之可利用性而有利於作物生長。此外，選擇氮肥種類與施用時間也會影響莖腐病、冠腐病與根腐病之發生。

3. 化學控制

　　嚴格而言，化學控制對於疾病控制是屬於預防性，一旦植物感病化學殺菌劑並無法減輕徵狀。

　　作物病害之化學控制可能有效，但對於田間作物並非一定可行。例如施用殺菌劑可以控制禾穀類作物之葉銹病，但其成本經常高過經濟收益。然而對於一些高價經濟作物如蔬菜、菸草及甜菜，則適用化學方式控制病害。

　　在化學控制上常用種子處理（seed treatment）保護作物幼苗免受猝倒病（立枯病，damping-off disease）危害。此外，在對付種媒疾病（seed-borne diseases）如覆蓋黑穗病亦有效果。然而，針對一些經由種子內部傳染之疾病，除非使用系統性殺菌劑，否則以種子處理方式無法獲得控制效果。

　　有關農藥之使用，可參考由行政院農委會所公布之「植保手冊」，其中針對各種作物栽培過程中常見之病、蟲、草害防治用藥，以及生長調節劑等，均有推薦用法與用量（參考網址：行政院農業委員會農業藥物毒物試驗所植物保護資訊系統 https://otserv2.tactri.gov.tw/ppm/ 2022.12.17）（圖 16.7）。

　　例如茶樹常見之病害有茶枝枯病、茶餅病（圖 16.8）、茶赤葉枯病（炭疽病）（圖 16.9）、茶褐色圓星病。

圖 16.7　行政院農業委員會農業藥物毒物試驗所植物保護資訊系統網頁。

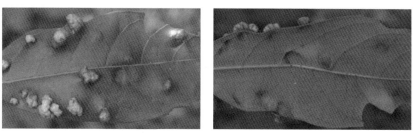

圖 16.8　茶樹常見病害茶餅病（作者攝於茶園）。

圖 16.9　茶樹在高溫高溼（悶熱）環境下易出現赤葉枯病（作者攝於興大校園溫室內之茶樹扦插苗）。

舉例防治茶枯枝病經查詢可獲知下列資訊：

茶枝枯病

學名：*Macrophoma theicola* Petch
英名：Die-back disease
病徵：茶枝枯病主要危害茶樹的枝條，發病初期，受害枝條上的葉片失去光澤、漸轉爲淡綠色、嫩梢下垂、失去水分，最後全枝葉片褐化乾枯，枯葉仍然留在枝條上，此種現象爲枝枯病病徵。

　　罹病枝條上之皮層，有部分感染枝枯病，有部分是健康的，健康的組織向感染處增生，而形成中間凹陷或凹凸不平的癒合組織，此種現象爲潰瘍病徵。

傳播途徑：罹病枝條在溼度高時會泌出大量的分生孢子，爲本病害之主要傳染源。菌絲與極少數分生孢子可在病枝條上越冬，成爲次年的感染源。

防治方法：1. 發病輕微的茶園應澈底剪除病枝條，剪枝後應同時進行噴藥工作，以防止病菌再入侵，發病輕微時防治效果較佳。

　　　　　　2. 發病嚴重的茶樹可進行臺刈，並逐一清除老枝條基部之病灶；枯死的茶樹應澈底挖除，並進行全面施藥。剪除或挖除之枯死枝條、葉晒乾後應立即燒毀。

　　　　　　3. 發病嚴重的地區應考慮種植抗病的品種。

　　　　　　4. 夏季若遇乾旱應進行滴灌。

　　　　　　5. 發病之茶園在冬季茶樹休眠期，應再進行一次病枝條的剪除。

防除方法：任選下表一種藥劑防除（表 16.1），於用藥之前宜針對病徵予以確認再行用藥。

表 16.1　植物保護資訊系統防治茶枝枯病之推薦用藥、用量與用法

藥劑名稱 每公頃每次施藥量		稀釋倍數 （倍）	施藥 方法	注意事項
84.2% 三得芬乳劑 （Tridemorph）	3.0 公升	1,000	剪 （整） 枝 或 採 茶 後 立 即 施 藥，每隔 7 至 10 天施 藥 一 次 ， 連續二次。	1. 採茶前 21 天停止施藥。 2. 藥液加展著劑「力道威」3,000 倍。 3. 罹病程度輕微茶園，於剪（整）枝或採茶後，立即噴施表列任選一種藥劑防治。 4. 具輕微眼刺激性。
33.5% 快得寧水懸劑 （Oxine-copper）	3.0 公升	1,000	剪 （整） 枝 或 採 茶 後 立 即 施 藥，每隔 7 至 10 天施 藥 一 次 ， 連續二次。	1. 採茶前 6 天停止施藥。 2. 藥液加展著劑「力道威」3,000 倍。 3. 罹病程度輕微茶園，於剪（整）枝或採茶後，立即噴施表列任選一種藥劑防治。 4. 水生物毒性高，禁用於水域、空中施藥或大面積施用。
81.3% 嘉賜銅可溼性粉劑 （Kasugamycin + Copper oxychloride）	3.0 公升	1,000	剪 （整） 枝 或 採 茶 後 立 即 施 藥，每隔 7 至 10 天施 藥 一 次 ， 連續二次。	1. 採茶前 14 天停止施藥。 2. 藥液加展著劑「力道威」3,000 倍。 3. 罹病程度輕微茶園，於剪（整）枝或採茶後，立即噴施表列任選一種藥劑防治。 4. 具強皮膚刺激性，水生物毒性高。

非傳染性疾病

　　作物病害（disease）係指植物構造或功能發生任何異常狀況，因此環境中任何有害效應引起之徵狀與永久傷害均可視為「疾病或病害」。然而在這些案例中有部分並非生物、致病性病原體與寄生性生物所致。經由外在因素如天氣、土壤狀況或誤用化學物質等所引起之疾病，稱為非傳染性（noninfectious）或非寄生性（nonparasitic）疾病（圖 16.10）。

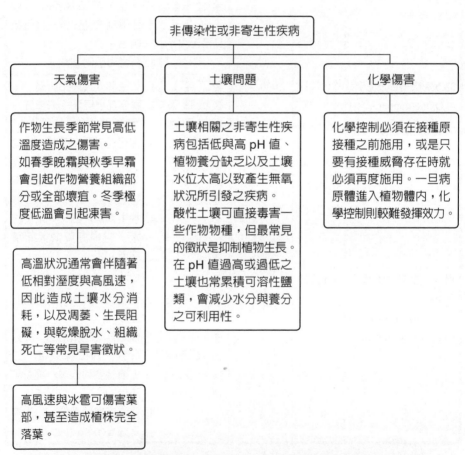

圖 16.10　經由外在因素所引起之疾病，稱為非傳染性或非寄生性疾病。

第 17 章
雜草與雜草控制

　　「雜草」（weeds）係指任何在不適當時間、地點與場合出現之植物，意即人類依其主觀認定不需要（unwanted）的植物。例如玉米與大豆均為人類認定之作物，但於玉米田中長出前作留下之大豆時，此時大豆扮演雜草的角色。

　　在現今之雜草控制（weed control）上，著重於管理（management）而非根除（eradication），雜草管理之目的是控制雜草使其不影響或減輕作物之經濟損失，事實上雜草包括各式各樣的物種（species），在維持生物多樣性之考量下，不應該進行根除作法。實務上，生產者也不可能完全根除雜草。

　　許多雜草具有極高之種子生產速率，例如每株粗藜（rough pigweed）可產生200,000 粒種子、藜（lambsquarter）約 75,000 粒、芥（mustard）超過 500,000 粒，而毛蕊花（mullein）約 225,000 粒。相反地，每株玉米僅產生 500～600 粒種子。所有一年生雜草之生殖僅依賴種子繁殖，很多雜草可利用營養部位繁殖，例如球莖（鱗莖，bulbs）、根莖（地下莖，rhizomes）及走莖（匍匐莖，stolons），這些雜草均難以利用耕作方式控制。因多數雜草產生之休眠種子可延遲發芽達數年之久，因此這些雜草物種可延續多年。研究指出，部分雜草種子在休眠 40 年後仍有 91% 吉姆森草（茄科毒草，jimsonweed）、38% 茼麻（velvetleaf）及 7% 藜（lambsquarter）種子可發芽。

圖 17.1　高溫多雨環境下雜草生長快速（左），甚至間隔 10～14 天即需要除草。右圖為除草後之茶園。

雜草分類（圖 17.2）

1. 依照生命週期

　　雜草之生命週期與作物較接近者較易造成問題，例如在冬季一年生作物中最可能發現冬季一年生雜草，而在夏季一年生作物中最可能發現夏季一年生雜草。

　　於多年生作物如牧草所出現最麻煩的雜草是二年生或多年生雜草。二年生與多年生雜草相對於一年生雜草較難殺死，因其通常有廣大的地下貯存器官與生殖器官，如肉質主根或地下莖。一般地面上耕作因不影響地下部故無法殺死這些雜草。雖然重複耕作最終可消耗其養分而殺死雜草，但此方式不一定實用。二年生與多年生雜草可用化學方式控制，但除草劑施用時機相當重要，以確保能轉運至地下部達到殺死雜草之目的。例如早秋是化學控制二年生與多年生雜草最佳時機。

　　雖然一年生雜草較二年生與多年生雜草易殺死，但也絕非易於控制。一年生雜草可產生數千粒種子在土壤中存活數年，且這些種子易因風力、水力、動物及機械而傳播至他處。從大部分田間最常見之雜草是一年生雜草之事實，可知一年生雜草控制之困難度。

2. 依照葉片外觀（圖 17.3）

　　單子葉與雙子葉植物在生長習性上有些明顯不同，此二亞綱於植物生理上也有明顯不同而影響許多除草劑之毒性。有許多除草劑可以選擇性地毒殺闊葉類或選擇性地殺死禾草類雜草，但不影響另一類型植物。例如 2,4-D 可毒殺所有闊葉類雜草但不影響禾草類雜草，此係因植物生理上之差異構成除草劑之選擇性。

3. 是否常見或有害

　　在美國某些州，有害雜草更進一步分為主要（primary）或禁止（prohibited）之有害雜草，以及次要（secondary）或限制（restricted）之有害雜草。前者指極難控制之雜草，若銷售之作物種子含有此類雜草種子則視為非法。後者屬於難控制之雜草，但程度不若前者。在銷售之作物種子中允許帶有受限制之雜草種子，但通常有嚴格限制。於銷售作物種子時，並無限制一般常見之雜草種子，但也需要盡力去除雜草種子。

雜草分類

依生命週期 | 依葉片外觀 | 是否常見或有害

一年生雜草整個生活史在一年內完成，包括：
1. 夏季一年生：於春天發芽生長，夏秋結實後死亡，以種子繁殖。
2. 冬季一年生：於秋冬發芽生長，翌年春夏結實後死亡，以種子繁殖。

二年生雜草整個生活史超過一年但少於二年，以種子繁殖為主。

多年生雜草之生活史超過二年，多數利用營養器官如塊根、塊莖、地下莖、走莖等繁殖，有些並可利用種子繁殖。

闊葉類是雙子葉植物亞綱（dicot subclass）植物之常用名詞。
禾草類則指屬於單子葉植物亞綱（monocot subclass）禾本科（grass family）之植物。在一些案例中，其他單子葉植物如莎草類（sedges）屬於禾草類（grasses）。

在美國許多州立法管理一些嚴重草害相關植株與種子之控制與移動，此種雜草列為有害雜草（noxious weeds）。
在許多州土地持有人若任憑有害雜草生長會遭到罰款處分，而銷售作物種子時不得夾帶有害雜草之種子。

圖 17.2 雜草分類。

圖 17.3　常見之禾草類（上）、莎草類（中）與闊葉草類（下）雜草。分別如地
　　　　毯草（上左，葉片有三條主脈）、類地毯草（上右，僅有一條主脈，低
　　　　溫下自葉尖端開始轉紅紫色）；碎米莎草（中左）、香附子（中右）；
　　　　圓葉煉莢豆（下左，又名山土豆）、大飛揚草（下右）。莎草類亦屬於
　　　　禾本科植物。

雜草特性

　　雜草特性包括：

1. 繁殖及傳播能力強：(1) 種子數量多，常具有特殊構造，能藉風、水、動物（包括人）而傳播；(2) 多年生雜草可利用營養器官繁殖，這些器官適應環境之能力強。

2. 種子及繁殖器官通常具有休眠性，在不適宜環境下不會發芽。

3. 對不良環境（逆境）的適應能力強，具有耐旱、耐淹水、耐瘠、耐蔭、耐低溫及耐高溫的特性。

4. 植株或種子之形狀與作物類似，不易分辨及撿除，如稗草。

5. 生育期與作物一致，可獲得與作物相同的生長環境。此外，許多雜草生育期雖與作物一致，但成熟期提早，且易落粒，在作物收穫前已散落田間。

臺灣常見之雜草

相關雜草圖片及雜草管理請參考《茶作學》（2018）第七章。

1. 水田雜草（表 17.1）

表 17.1　臺灣常見之水田雜草

科別	中文名	學名
莧科	節節花	*Alternanthera nodiflora*
莧科	長梗滿天星	*Alternanthera philoxeroides*
莧科	滿天星	*Alternanthera sessilis*
莎草科	球花蒿草、三角草	*Cyperus difformis*
禾本科	稗草、稗仔、水稗	*Echinochloa crusgalli*
菊科	鱧腸、墨菜	*Eclipta prostrata*
莎草科	牛毛氈、貓毛草	*Eleocharis acicularis*
莎草科	木虱草、扁仔草	*Fimbristylis miliacea*
莎草科	水蜈蚣	*Kyllinga brevifolia*
玄蔘科	心葉母草	*Lindernia cordifolia*
玄蔘科	母草	*Lindernia pyxidaria*
蘋草科	田字草、蘋草	*Marsilia quadrifolia*
雨久花科	鴨舌草、學菜	*Monochoria vaginalis*
禾本科	毛穎雀稗	*Paspalum conjugatum*
蓼科	水蓼	*Polygonum hydropiper*
千屈菜科	紅骨消、印度水豬母乳	*Rotala indica*
澤瀉科	瓜皮草	*Sagittaria pygmea*
澤瀉科	野慈菇、水芋仔	*Sagittaria trifolia*
莎草科	雲林莞草、田蒜草	*Scirpus maritimus*

2. 旱田雜草（表 17.2）

表 17.2　臺灣常見之旱田雜草

科別	中文名	學名
菊科	藿香薊	*Ageratum conyzoides*
禾本科	看麥娘	*Alopecurus aequalis*
莧科	刺莧	*Amaranthus spinosue*
莧科	野莧	*Amaranthus viridis*
菊科	鬼針草	*Bidens bipinnata*
繖形科	雷公草、蚶殼草	*Centella asiatica*
藜科	小葉灰藋	*Chenopodium ficifolium*
鴨柘草科	竹葉菜	*Commelina benghalensis*
禾本科	狗牙根、百慕達草	*Cynodon dactylon*
莎草科	香附子、土香	*Cyperus rotundus*
禾本科	升馬唐	*Digitaria adscendens*
禾本科	馬唐	*Digitaria sanguinalis*
禾本科	芒稷	*Echinochloa colona*
禾本科	牛筋草	*Eleucine indica*
菊科	野塘蒿	*Erigeron bonariensis*
菊科	加拿大蓬	*Erigeron canadensis*
菊科	兔兒草、兔仔菜	*Ixeris chinensis*
莎草科	水蜈蚣	*Kyllinqa brevifolia*
禾本科	五節芒	*Miscanthus floridulus*
酢醬草科	酢醬草、鹹酸仔草	*Oxalis corniculata*
禾本科	鋪地黍、匍地黍	*Panicum repens*
禾本科	毛穎雀稗	*Paspalum conjugatum*
車前草科	大葉車前草、小葉車前草	*Plantago major, P. minor*
蓼科	旱辣蓼	*Polygonum lapathifolium*
馬齒莧科	馬齒莧、豬母乳	*Portulaca oleracea*
茄科	龍葵、烏子仔菜	*Solanum nigrum*

3. 水生雜草（表 17.3）

表 17.3　臺灣常見之水生雜草

科別	中文名	學名
雨久花科	布袋蓮	*Eichhornia crassipes*
禾本科	蘆葦、鹽水蘆竹	*Phragmites communis*

雜草造成之損失

雜草於土地上與作物競爭有限資源與空間，雜草直接與間接競爭人類糧食供應，甚至因產生大量花粉而影響健康，其對於農業造成之損失如下：

1. 作物品質降低

因為雜草會與作物相互競爭，雜草危害嚴重時導致作物產生皺縮的穀粒且容重下降。若作物穀粒中帶有雜草種子則牲畜難以下嚥，也可能無法進入市場銷售。若作物成熟期田間存在雜草，則因增加脫粒損失與收穫穀粒內之垃圾量而產生收穫方面之問題。若收穫時穀粒伴隨著綠色溼潤之雜草，則會提高穀粒之水分含量。

2. 作物產量減少

雜草與作物競爭空間、養分、水分與光照，一些作物因雜草造成之產量損失，年平均約 10～17%，嚴重時減少產量 1/2 至 2/3。雜草本質上是屬於強競爭者，在相同條件下雜草之競爭較作物有利。然而有適當之作物管理可控制雜草，有利於作物生長。

3. 庇護昆蟲與疾病

對於某些疾病而言，一些雜草可作為交替寄主。例如小麥之黑莖銹病（black stem rust）係利用歐洲小蘗（European barberry）、魁克麥草（歐洲牧地野草，quackgrass）或野燕麥作為交替寄主，直到下一個小麥出現。甜菜捲頂病（curly top）會侵襲感染甜菜田附近荒地之許多雜草，若能控制這些交替寄主可干擾病原體之生命週期而達到控制病害之效果。

雜草也可成為作物昆蟲之交替寄主，或提供保護害蟲之場所。當田間無洋蔥生長時，洋蔥薊馬（onion thrips）可存活於豬草與野生芥菜植株。在白天，蚱蜢（蝗蟲）以路邊與荒地雜草作為庇護所，而在夜間則進入田區覓食幼嫩作物。

4. 灌溉成本增加

雜草會增加作物田間利用之總水量，此不利於旱地需要灌溉之作物。作物田間存在雜草會增加作物生產成本，包括抽取灌溉水之成本日益增高。此外，雜草可能堵塞灌溉用之溝渠與河道，影響水流進入田間並同時消耗部分水分。

通常在溝渠與河道之雜草難以控制，因隨時供應之水分適合雜草生長。由於沿著溝渠與河道之地面呈現泥濘狀態，幾乎無法進行機械性除草。至於化學性除草雖然可行，但許多除草劑可被灌溉水帶入田區而引起作物大量傷害，故除草劑之選擇受到限制。

5. 牲畜傷害

在田間或牧場有些雜草對於牲畜傷害很大，有些雜草具有倒鉤、芒或其他構造會導致牲畜物理性傷害。這些植物部位可黏貼於動物身上、腳蹄或臉部，造成牲畜不舒服而降低生產力。有時候雜草會卡在動物嘴部、喉嚨或是消化道而引起嚴重傷害，甚或死亡。

有許多雜草對於牲畜具有毒性，有些含有氫氰酸（prussic acid），當反芻動物吃

下後會產生氰化物（hydrocyanide）而造成動物死亡。有些雜草所含硝酸鹽量高，動物攝食後會干擾血液運送氧氣之能力。硝酸鹽毒害會使年輕牲畜致命，以及使懷孕之牲畜流產。

6. 土地價值下降

　　雜草嚴重侵襲，尤其是有毒雜草，會減少土地價值。因作物產量降低以及雜草控制成本增加使得土地上作物生產之利潤減少。此外，某些雜草之存在可能限制了作物可供選擇的種類，這些雜草可能會與某些作物強烈競爭，或是必須用以控制雜草之除草劑可能僅能用於特定之作物田間。

雜草控制類型

　　現行控制雜草之方式很多，主要以物理性與化學性除草為主，但在有機農業方面則以人工除草配合栽培管理方式達到雜草控制之效果（圖 17.4）。基於雜草之綜合管理（integrated weed management, IWM）概念，考慮管理成本、效果與對於環境之影響，可妥善運用各種物理、化學與栽培管理方式，而不單獨依賴唯一方式，尋求適當管理方式之組合。

1. 物理性控制

　　物理性雜草控制包括對雜草進行物理性破壞或移除，大部分指耕作，但也包括割草（刈草）、鋤草、焚燒或其他方法。

(1) 耕作：耕作（tillage）主要將雜草或雜草種子埋入土中，或是切斷雜草根部。對於小型一年生雜草而言，翻埋方式非常有效，此方式必須將所有的生長點埋入土中以殺死雜草。對於二年生或多年生雜草而言，因為有地下莖或根部可產生新的營養生長，故不易以翻埋方式達到效果，例如田旋花（field bindweed）、加拿大薊（Canada thistle）或印地安麻（hemp dogbane）。針對這些雜草必須利用反覆耕作方式以消耗地下部所貯存之養分（food reserves）。耕作時可配合中耕機或深耕機作業（圖 17.5）。

可利用耕作地面下方之農具（subsurface tillage implements）將雜草根系切斷，造成植株乾旱死亡。這些耕作操作具有額外的好處是，不會將太多的地表殘株併入土中，但是如果土壤水分太多或是雜草死亡前下雨，則此法難以控制雜草。果真如此，雜草將再生其根系，而耕作唯一完成的事僅是將雜草進行移植而已。

雜草控制之最佳方法與農具決定於雜草之類型與大小、土壤水分含量、地表植物殘株數量，以及土壤可蝕性（erodibility）。最佳方法會隨著田區與年度而改變，欲達到最大的雜草控制效果必須透澈地認識土壤與雜草。

(2) 割草（刈草）：雜草控制的另一種機械性方法是割草（刈草，mowing），此針對高大之一年生雜草非常有效。重複割刈多年生雜草也能有效消耗其地下之莖部或根部所貯存之養分。高大之一年生雜草於接近成熟時進行割刈，有時候可以殺死植株，但很重要的是必須在產生雜草種子前進行，以免增加土壤種子庫之種子。割草主要運用於非耕地，對於多數田間作物之除草管理而言並不實用。於牧場小區之割草則用以控制一年生或多年生雜草。於果園或茶園進行草生栽培時，可以割草方式管理草皮草（圖 17.6）。

(3) 鋤草：用鋤頭、鐮刀等鏟除雜草，通常用於庭園、小面積的場合，或雜草零散無法利用其他農耕機械及除草劑的場合。

(4) 拔草：常用於家庭園藝或其他無法以工具除草的場合，或者雜草發生十分零散，無法以除草劑或其他機械進行除草作業時，常以手拔除雜草植株。拔草前最好能先行灌水，使土壤鬆軟，比較容易將雜草連根拔除，而且也比較省力。

(5) 焚燒：機械性除草之第三種方法是焚燒（burning）雜草，此法可殺死小型雜草，

圖 17.4　有機農業以人工除草（左，下）或配合簡易型除草機（右）。

圖 17.5　一般中耕機可進行 10 cm 以內之淺耕作業。利用小牛深耕機進行深耕
作業。

但對於較老的雜草或多年生雜草可能無效。在多數案例中，因田間之植物殘株去除後會增加土壤侵蝕，故並不建議作物田間使用完全焚燒方式。

(6) 敷蓋：可利用農業資材進行敷蓋（mulch）作業，例如稻草稈、木屑、穀殼、椰纖、花生殼（圖 17.7）及抑草蓆等以抑制雜草生長。通常有機栽培之雜草管理常用有機資材進行敷蓋。

2. 栽培控制

利用栽培方式控制雜草（圖 17.8），包括運用作物管理操作以提高作物競爭力，或中斷雜草之生命週期。

(1) 作物輪作：作物輪作（crop rotation）可以有效協助控制雜草。

(2) 播種日期與播種量：在田間，適當之播種量可使作物族群填滿田間大部分之生態棲域（ecological niches），而不留雜草存在空間，且作物彼此之間不會太過競爭。但若作物播種量太高，則作物之間相互競爭激烈一旦開始生長衰退，反而讓雜草產生競爭優勢。

(3) 行距：例如，玉米具有直立葉片之雜交種宜採用窄行播種，若採用寬行則會有較多光線穿透達到地面而利於雜草生長。大豆分枝較多之品種較分枝少之品種宜採寬行種植。

(4) 覆蓋：利用覆蓋植物亦可達到抑制雜草生長之效果，另於有機水田中施放水生蕨類植物滿江紅，亦可在水稻生長初期防止雜草生長。

3. 生物控制

生物性雜草控制方式包括利用對雜草有害而不會傷害作物之昆蟲、病原菌、掠食者（predators）或其他植物。生物性控制之主要目的是讓雜草處於競爭不利之狀態，目前生物性雜草控制之進展與成功好壞參半，但其具有潛力值得努力與發展。

在美國大平原之麝香薊（musk thistle）、加州之聖約翰草、西北太平洋地區牧場之克拉馬斯雜草（Klamath weed）及澳洲之刺梨（prickly pear）均可使用生物性方式控制雜草。在這些案例中，分別從世界其他地區引入天然存在之掠食者至特定雜草危害之地區，以達到生物控制效果。這也說明了一個重要之基本概念，即當雜草從某地引入而未同時引入該雜草天然存在之天敵，則雜草可能成為危害嚴重之害物。

生物性雜草控制之另一種方式是植物利用剋他作用（allelopathy）控制雜草。例如高粱具有能力抑制闊葉性雜草之生長，其根部釋出之化合物會抑制雜草種子發芽及初期生長。或許利用遺傳工程方式可增強高粱之剋他作用能力，並轉移此特性至其他禾本科作物。

要能成功地完成雜草或任何害物之生物性控制必須依循一些重要概念，首先，作為生物控制所引入之昆蟲或病原體必須對於雜草有寄主專一性，而且當雜草族群減少時，這些生物不易適應於其他植物寄主。若無法確保此概念，則會衍生出更大的問題，例如於美國內布拉斯加州（Nebraska）引入象鼻蟲（flowerhead weevil）以控制麝香薊（musk thistle），結果造成此昆蟲危害原生非屬雜草之普拉特薊（Platte thistle）。

第二個概念是昆蟲或疾病容易在該地區建立，在許多案例中此項已經成為生物控

圖 17.6　有機茶園行間可以自走式割草機（上左）維持草生栽培（上右），茶樹
　　　　　株間則以花生殼敷蓋配合人工除草（或拔草）（下左）。茶園四周因地
　　　　　面呈斜坡狀且有排水溝，故必須以背負式割草機（下右）割草。

圖 17.7　茶園利用敷蓋花生殼抑制雜草生長。

制上主要的絆腳石。有時候雜草較掠食者更能適應地區環境，因此生物性控制雜草成功之前必須反覆嘗試引入這些生物。

第三個概念是絕不能完全消除雜草，而是將雜草危害控制在經濟閾值（economic thresholds）以下即可。若是昆蟲或疾病完全清除寄主植物，則同時此昆蟲或疾病也將滅絕，之後若是雜草經由種子或其他方式重新於該地區建立時，則再無生物性控制之昆蟲或疾病可資利用。

生物性控制尚包括動物控制，如生產禾鴨米即利用鴨隻於水田中進行除草，鴨隻除了食用幼嫩雜草與福壽螺卵塊外，經由其行走水田攪拌田水造成混濁也可減少水田雜草接收光照，影響雜草光合作用。

4. 化學控制

化學性雜草控制包括使用化學藥劑，稱為除草劑（herbicides），控制雜草（圖17.9）。在工業化國家之農業，其雜草控制方法常使用化學性控制。除草劑主要用於消除雜草或是取代耕作操作之雜草控制方式，具有不同化學結構（表17.4）。

除草劑的種類繁多，全世界經註冊登記及推廣使用的數目超過150種，一般根據其化學構造分類如下：

除草劑是針對植物的毒藥，若未使用適度的程序與劑量則可能造成作物生產上嚴重之損失。使用除草劑時必須小心閱讀每種藥劑之說明，以確保其對於作物與環境之安全，以及對於雜草最大之藥效。為了安全使用除草劑，作物生產者或使用者必須了解以下之相關特性。

(1) 選擇性：除草劑依其使用對象，可分為選擇性（selective）與非選擇性（nonselective）。選擇性除草劑僅能殺死某類型之植物。大部分用於作物田間之除草劑因係控制雜草而不（或幾乎不）傷害作物，故多屬於選擇性除草劑。例如，2,4-D 因其對於闊葉草有毒而不影響禾草類雜草，故屬於選擇性除草劑。草脫淨（atrazine）則可控制許多闊葉草與禾草類雜草而不會傷害玉米。通常選擇性除草劑不會毒害一些非目標植物，因其可在這些植物體內代謝為不具毒性之物質。

植物在物種間或品種間具有下列差異，是造成除草劑選擇性的基礎，也是影響選擇性的因子：

a. 植物的解毒能力：植物體內具有某些酵素系統可將進入體內的除草劑加以代謝分解，使其毒性變小或變成無毒性。另外，植物細胞內的某些物質如胺基酸、糖類及穀胱苷肽（glutathione）等，能與除草劑發生共軛結合（conjugation），使其喪失毒性或無法轉移到作用位置。

b. 形態差異：如葉片毛茸多，角質層厚，會阻礙除草劑的吸收。

c. 根系深淺差異：除草劑在土壤中不易移動者，萌前施用時深根性植物（如作物）較不會受傷害，淺根性植物（如雜草）則易受害。

d. 生育期差異：發育中的幼苗或生理活性旺盛的時期和部位，對除草劑的抵抗性最弱。

e. 轉運差異：除草劑在植物體內的轉運受到阻礙。

f. 天然突變或基因轉殖：利用天然突變或生物技術及遺傳工程方法使植物獲得某

```
利用栽培方式控制雜草
```

作物輪作	調整播種日期與播種量	調整行距	覆蓋植物
因為雜草傾向於危害有類似雜草生命週期之作物。在相同土地上於不同年度播種不同作物，即耕作操作時機、播種與收穫日期、使用之除草劑類型及其他田間操作會每年改變，可中斷多數雜草之生命週期，而達到控制雜草之效果。	作物在適當日期播種適當量或密度有助於提高與雜草之競爭力。例如在春天，當溫度達到種子發芽之最低限度時儘早播種，更有機會搶在雜草之前發芽。	若作物種植行距能符合其生長習性，則可增加土壤表面之遮蔽而阻止雜草生長。適當之行距決定於作物產生之葉面積，以及行間植株葉片展開之寬度。	如在作物田間種植綠肥作物，除了可提供土壤有機質及增加保水力外，其生長可抑制雜草生長。如果園草生栽培之草種亦具有覆蓋效果，避免土壤裸露滋生雜草。

圖 17.8　利用栽培方式控制雜草之方法。

圖 17.9　利用化學除草劑控制葡萄園雜草生長。

一種或某一類除草劑的抗性基因，因而對該一或該類除草劑具有抵抗性。

非選擇性除草劑則會殺死其所接觸之任何植物，此藥劑也可用於正生長中作物之田間，但必須非常小心避免作物發生藥害。施藥時必須使用特別的施藥器具，如繩芯施藥器（rope-wick applicators）或是使用定向循環噴霧器（directed, recirculating sprayers），亦可在噴頭部位加上護罩（圖 17.10），以確保除草劑施用於雜草而非作物。此外，有時候在大豆田可使用非選擇性除草劑殺死自生（volunteer）之玉米植株。因玉米植株生長高於大豆植株，除草劑可以小心施用於玉米而不會接觸到大豆。非選擇性除草劑也可施用於非耕地，如公共道路用地及建築物四周需要控制植物的地方。

(2) 作用位置：除草劑經植物根部或葉部吸收進入植體後，可轉運至敏感區域如生長點或貯存器官。多數除草劑會進行轉運（translocation）（圖 17.11），包括那些在作物及雜草種子發芽之前施用之除草劑。對於植前（preplant）除草劑而言，若除草劑未能轉移至雜草所處之土壤區域被雜草幼苗吸收則無法有效控制雜草。

在控制具有地下部貯存器官之多年生雜草方面，除草劑轉運與施藥時機均很重要。在多數案例中，除草劑在植體內藉由木質部或韌皮部之物質流動而隨之移動到達敏感區域，因此施藥時機最好是在植株內物質淨流動往敏感器官之方向時，如伴隨著光合產物移動至根莖或肉質根等器官。

非轉運型之除草劑（nontranslocated herbicides）又稱為接觸型除草劑（contact herbicides），其在植體內無法轉運但能殺死藥劑接觸之植物組織部位（圖 17.12）。多數接觸型除草劑屬於非選擇性除草劑，此類除草劑要獲得良好的雜草控制效果必須將藥劑澈底均勻地覆蓋雜草，若植株葉片具有毛狀物、或葉片表面有厚蠟質層，則可能減低控制效果。此時必須配合添加界面活性劑或油酯，以確保除草劑完全覆蓋葉片及穿透進入體內。

有些接觸型除草劑會在植前階段，於雜草發芽及出土前施用於土壤，當雜草幼苗接觸經除草劑處理之土壤時即造成死亡，此為選擇性接觸型除草劑之案例。

(3) 除草劑劑型：除草劑施用前，必須根據該除草劑的理化性質調製成適當的劑型，其目的包括：

a. 加入適當的溶劑及稀釋物質，使除草劑能夠均勻且施用方便。

b. 加入界面活性劑（surfactant）使除草劑易在葉片滯留（retention）及穿透角質層。

c. 方便搬運及貯藏。

常見的劑型有下列各種：

(a) 水溶液（S, solution）。

(b) 粒劑（G, granule，顆粒 <10 mm^3）。稻田施用除草劑採用粒劑的優點是施用方便，可不必使用噴霧器（sprayer）。此外，施用時稻田保持湛水狀態，易使粒劑崩解及擴散，因此藥劑在田中的分布均勻。而旱田施用除草劑一般很少採用粒劑，主要原因為旱田田面乾燥，粒劑之崩解緩慢，擴散困難，無法使藥劑分布均勻。

(c) 乳化濃縮劑（EC, emulsifiable concentrate）。

表 17.4　根據化學構造分類之除草劑類別

類別	除草劑
A. Amides（醯胺類）	alachlor（拉草）、butachlor（丁基拉草）、metolachlor（莫多草）、propanil（除草寧）等。
B. Amino acids（胺基酸類）	glyphosate（嘉磷塞）、glufosinate（固殺草）等。
C. Aryloxyphenoxypropionates（AOPP）	fluazifop-butyl（伏寄普）、haloxyfop-methyl（甲基合氯氟）等。
D. Bipyridiliums（雙吡啶類）	paraquat（巴拉刈）。
E. Carbamates carbamothioates（胺基甲酸鹽類）	asulam（亞速爛）、thiobencarb（殺丹）等。
F. Cyclohexanediones	sethoxydim（西殺草）、alloxydim（亞汰草）。
G. Dinitroanilines（二硝基苯胺類）	trifluralin（三福林）、pendimethalin（施得圃）等。
H. Diphenyl ethers（聯苯醚類）	acifluorfen（亞喜芬）、oxyfluor（復碌芬）等。
I. Imidazolinones（咪挫啉酮類）	imazapyr（依滅草）、imazaquin。
J. Phenoxys（苯氧基類）	2,4-D（二、四 - 地）、2,4-DB 等。
K. Pyridazinones（噠嗪酮類）	norflurazon、pyrazon 等。
L. Sulfonylureas（硫醯尿素類）	bensulfuron methyl（免速隆）、chlorimuron ethyl 等。
M. Thazines（三氮呯類，三氮雜苯類）	atrazine（草脫淨）、metribuzin（滅必淨）等。
N. Ureas（尿素類）	diuron（達有龍）、linuron（理有龍）等。
O. Uracils（尿嘧啶類）	bromacil（克草）、terbacil 等。
P. Others（其他）	bentazon（本達隆）、oxadiazon 等。

(d)可溼性粉劑（WP, wettable powder）。

(e)水懸浮劑（F, flowable）。

(f) 包裹劑（encapsulation）。

(4) 作用機制：除草劑殺死植物之方式決定於植物如何轉運及代謝這些化學藥劑，有些除草劑會抑制脂質或胺基酸合成、葉綠素合成或光合作用之反應，其他則作為生長調節劑干擾正常代謝或破壞細胞膜。有些作物因能降解特定除草劑而不受除草劑影響。各式各樣不同類型之除草劑，可提供生產者選擇在不同作物田間使用不同的除草劑，以達到控制雜草之效果。有關除草劑之作用機制，整理如表17.5。

(5) 施藥時機：除草劑施藥時機會影響其控制某些雜草之能力，依照施藥時機可將除草劑分為下列三種類型（圖17.13）：

　a. 植前除草劑：於作物播種前施用之除草劑稱為植前（preplant, PP）除草劑。此類除草劑通常具有揮發性或易受光分解，因此施用後應與土壤混合。

　b. 萌前除草劑：萌前施用最大之好處是在種子行進行條狀施藥，可減少除草劑施用量，但萌前施用之方式不利於使用必須立即併入土中之藥劑。此藥劑目前應用最廣，效果最大，因萌芽期之雜草對除草劑甚為敏感。

　c. 萌後除草劑：萌後（postemergent, POST）除草劑在一天中施用之時間點也會影響雜草控制效果，例如在中午雜草代謝活性旺盛時施用，其效果優於近日出或日落時施用。然而，中午期間可能因風較大而造成藥液飄散影響附近作物。

(6) 除草劑活性維持長度：在特定田區從雜草控制與規劃耕作制度之觀點而言，了解除草劑活性在土壤中能維持多久非常重要。在作物播種後4～6週內是雜草控制關鍵期，在此之後出現之雜草無法與作物生長競爭，故不會或幾乎不會影響作物。若在下一年度田區播種不同作物，則不可殘留前作使用之除草劑非常重要。生產者在計畫雜草管理方案時必須考慮清楚。

(7) 臺灣農地常用之除草劑：臺灣國內自1970年之後開始大量使用化學除草劑，迄今已經超過50年，其中有些除草劑仍繼續沿用。常用之除草劑整理如表17.6。

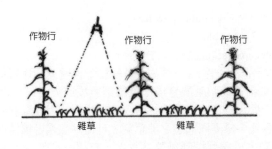

圖 17.10　當雜草高度低於作物高度時，可直接噴施除草劑的方法，即在噴頭部
　　　　　位加上護罩（hood）。

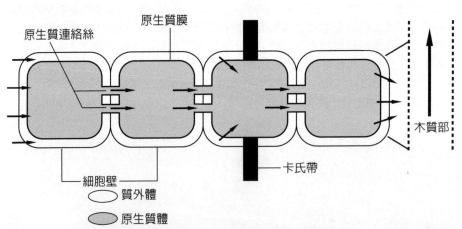

圖 17.11　除草劑在植體內之轉運。由根部吸收除草劑經由表皮、皮層、內皮層、
　　　　　周鞘細胞進入中柱中之木質部向上轉運。轉運路徑可經細胞質外之非原
　　　　　生質體（或稱質外體，apoplast）路徑，或經細胞質內（包括原生質聯
　　　　　絡絲）之原生質體（又稱共質體，symplast）路徑。

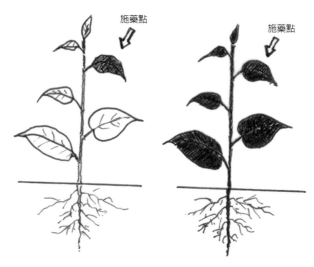

施藥點　　　　　　　施藥點

圖 17.12　接觸型除草劑（左）與系統型（轉運型）除草劑（右）。

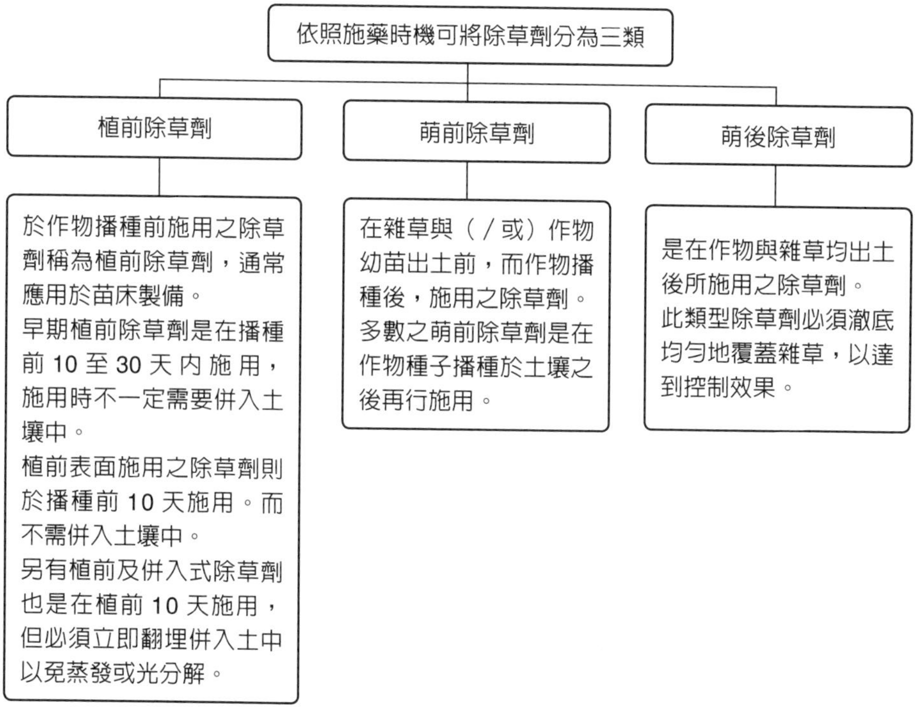

依照施藥時機可將除草劑分為三類

植前除草劑

萌前除草劑

萌後除草劑

於作物播種前施用之除草劑稱為植前除草劑，通常應用於苗床製備。
早期植前除草劑是在播種前 10 至 30 天內施用，施用時不一定需要併入土壤中。
植前表面施用之除草劑則於播種前 10 天施用。而不需併入土壤中。
另有植前及併入式除草劑也是在植前 10 天施用，但必須立即翻埋併入土中以免蒸發或光分解。

在雜草與（／或）作物幼苗出土前，而作物播種後，施用之除草劑。
多數之萌前除草劑是在作物種子播種於土壤之後再行施用。

是在作物與雜草均出土後所施用之除草劑。
此類型除草劑必須澈底均勻地覆蓋雜草，以達到控制效果。

圖 17.13　依照施藥時機可將除草劑分為三種類型。

表 17.5　根據生理作用機制分類之除草劑類別

類型	主要作用機制	除草劑
1. 抑制光合作用	抑制光反應系統 I（photosystem I）型	巴拉刈（paraquat）
	抑制光反應系統 II（photosystem II）型	尿素類（Ureas）（如 diuron、isoproturon、chlorotoluron、linuron 等）；Triazine 類（如 atrazine、simazine、prometryn、terbutryn 等）；Triazinone 類（如 metribuzin、metamitron）；Uracil 類（lenacil、terbacil 等）；Anilide 類（propanil、pentanochlor）；Phenylcarbamate 類（phenmedipham）及其他類（如 bentazone）等
	抑制葉綠素及類胡蘿蔔素之色素合成型	amitrole（aminotriazole）、clomazone、fluridone
2. 干擾微管	阻止微管蛋白聚合化（polymerizetion）	dinitroanilines、phosphoric amides
3. 抑制脂質合成	抑制乙醯輔酶 A 羧化酵素（acetyl-CoA carboxylase, ACCase）活性	aryl-propanoic acids、cyclohexanediones
4. 抑制胺基酸合成	抑制支鏈胺基酸合成酵素（acetolactate synthase, ALS）的活性	sulfonylureas、imidazolinones
	抑制芳香族胺基酸合成酵素（5-enolpyruvylshikimate 3-phosphate synthase, EPSPS）的活性	glyphosate
	抑制 glutamine synthetase 的活性	glufosinate
	抑制組胺酸合成	aminotriazole（3-amino-1,2,4-triazole；又稱為 amitrole

類型	主要作用機制	除草劑
5. 生長素型除草劑	干擾細胞內荷爾蒙之平衡、引起離層酸（ABA）、乙烯（ethylene）增加	Phenoxyalkanoic acids〔如 2,4-D、MCPA（4-chloro-2- methylphenoxy acetic acid）、MCPB（4-4-chloro-2-methyl-phenoxy butanoic acid）〕；Benzoic acids（如 dicamba、chloramben）；Pyridine 衍生物（如 picloram、clopyralid、triclopyr）；Aromatic carboxymethyl 衍生物和 quinoline carboxylic acids
6. 其他作用機制	(1) 抑制碳素同化及碳水化合物合成 (2) 抑制纖維素合成 (3) 抑制葉酸（folic acid）合成 (4) 抑制激勃素合成 (5) 抑制木質化及酚類化合物的合成 (6) 影響氮素利用 (7) 抑制光合磷酸化作用 (8) 影響原生質膜及液胞膜功能 (9) 干擾多元胺（polyamines）合成 (10) 影響呼吸作用及碳素分解代謝 (11) 影響固醇（sterol）合成	

參考文獻：
張山蔚、劉哲偉、王慶裕。2000。除草劑作用的其他位置。科學農業 48：219-225。
王慶裕。2004。除草劑作用模式與機制。雜草學與雜草管理／楊純明、王慶裕、林俊義主編。行政院農業委員會農業試驗所。臺中。臺灣。PP.117-142。

表 17.6　臺灣農地常用之除草劑

除草劑	應用對象	施用方法
二、四 - 地（2,4-D）	應用於禾穀類作物，如麥類、水稻、甘蔗以及禾本科牧草。	通常在作物營養生長期間將除草劑噴施於雜草葉面，以防除闊葉雜草。
丁基拉草（butachlor）	主要應用於移植水稻田之雜草防除。	一般在水稻移植後 2～5 天施用，對多數一年生禾本科雜草及闊葉草之防除有效，是臺灣水稻田最常用的除草劑。

除草劑	應用對象	施用方法
三福林（trifluralin）	主要用於棉及大豆，亦可應用於落花生、馬鈴薯、番茄等作物。	可防除大部分剛萌芽的雜草。
巴拉刈（paraquat）	不具有選擇性，噴施於植物地上部可殺死所有植物。	常於整地前（不整地栽培時則在播種前）用以殺死田面現存雜草或用以防除田埂及路邊雜草。對人畜有劇毒，許多國家包括臺灣均已禁用。
本達隆（bentazone）	應用於許多禾穀類作物，如小麥、水稻以及大粒種子之豆科作物。	在作物生育期間噴施，以防除大部分一年生及多年生闊葉雜草和莎草。臺灣用以防除水稻雜草野慈菇，亦可有效防除尖瓣花。
伏寄普（fluazifop-butyl）	應用於闊葉作物，如大豆、花生、菠菜、甘藍等。	於作物生育期間噴施於雜草葉部，以防除禾本科雜草。
免速隆（bensulfuron-methyl）	應用於直播及移植水稻。	對闊葉草及莎草科的雜草防除特別有效。
拉草（alachlor）	應用於玉米、高粱、大豆等作物。	採萌前噴施，以防除大部分一年生禾本科雜草及少數一年生闊葉草。
施得圃（pendimethalin）	應用於玉米、大豆、落花生、水稻、高粱、菜豆、蔬菜等田間。	萌前噴施，以防除大部分一年生禾本科雜草。
草脫淨（atrazine）	應用於玉米、高粱、甘蔗、鳳梨等作物。	多採用萌前施用，以防除大部分闊葉草及禾本科雜草。
嘉磷塞（glyphosate）	嘉磷塞因可殺死大部分植物，因此在不整地栽培時用以殺死田面現存雜草，以及在非農地的使用非常普遍。	通常在整地前噴施，以清除田間雜草。作物生育期間只能在行間採用定向噴施（directed spray），不可觸及作物植株，否則會傷害作物。嘉磷塞不具選擇性，除少部分植物（如藤類）外，對大部分雜草之防除均有效。嘉磷塞具有良好的輸導性，極易從葉部輸導至積儲（sink）部位，因此對多年生雜草的防除特別有效。

　　有關除草劑之使用，可參考由行政院農委會所公布之「植保手冊」，其中針對各種作物栽培過程中常見之病、蟲、草害防治用藥，以及生長調節劑等，均有推薦用法與用量（參考網址：行政院農業委員會農業藥物毒物試驗所植物保護資訊系統 https://otserv2.tactri.gov.tw/ppm/ 2022.12.17）（圖 17.14）。

圖 17.14　行政院農業委員會農業藥物毒物試驗所植物保護資訊系統網頁。

NOTE

第 18 章
植物荷爾蒙與生長調節劑

　　「植物荷爾蒙」（又稱植物激素，plant hormones, phytohormones）係指一群天然存在於植物體內的有機物質，在低濃度下即能影響生理反應，主要是影響生長（growth）、分化（differentiation）與發育（development），包括促進與抑制作用（圖18.1），而經由其他過程也會影響如氣孔開閉之反應。早期對於植物荷爾蒙研究之概念源自哺乳類動物荷爾蒙之研究，兩者之間有其共通性，但也有不同之處。兩者均由生物體內自行合成、以低濃度影響生理反應，但前者可在合成部位或經維管束系統轉運至其他部位後發揮作用，後者則於合成後經由血管轉運至目標位置後才發揮作用。

　　植物荷爾蒙可局部進行合成（如同動物荷爾蒙），但也可在廣泛的組織或組織內細胞位置合成。例如細胞分裂素（cytokinins）在根部合成後轉運至葉部，以阻止葉片老化及維持代謝活性。而氣體荷爾蒙乙烯（ethylene）則於合成後在相同組織中或相同細胞內發揮作用；因此「轉運」並非植物荷爾蒙之必要條件。

　　植物荷爾蒙是一群獨特的化合物，具有獨特的代謝和特性。其唯一具有的共通特性是，自然存在於植物體內能影響生理過程，且所需作用之濃度遠低於營養分或維生素作用所需濃度。至於「植物生長調節劑」（plant growth regulators, PGRs）則是指人工合成具有調節植物生長反應之化合物，可經由外施 PGRs 而直接或間接改變植物體內之荷爾蒙濃度與平衡關係，或改變相關生理反應，而達到調節植物生長之效果。

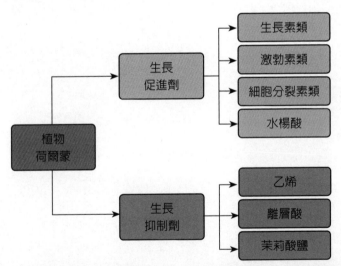

圖 18.1　植物荷爾蒙對於植物生長、分化與發育具有促進與抑制作用。

植物荷爾蒙概念與早期發展

植物荷爾蒙概念可能源自 1880～1893 年期間植物學家 Sachs 所觀測到的形態發生（morphogenesis）和發育（development）之間的相關性。其提出「植物器官之間所存在之形態差異是由於其材料組成的差異所致」，並且主張植物體內存在著根形成（root-forming）、花形成（flower-forming）和其他物質，可在植物內向不同方向移動。

「植物生長調節劑」一詞有時候也用於描述植物荷爾蒙，但此為相當模糊的術語，並無法完全描述天然調節劑（荷爾蒙）之作用，因為生長只是許多受影響過程之一而已。研究植物荷爾蒙之國際學會稱為「國際植物生長物質協會」（IPGSA），雖然植物生長調節劑用以描述荷爾蒙，但該用語被主要農企業用於表示與內生性（endogenous）生長調節劑不同的人工合成（synthetic）之植物生長調節劑。

植物荷爾蒙之特性、出現與效應

　　植物荷爾蒙作用不是單獨進行，而是彼此聯合共同作用或是互爲相反作用，因此各種植物荷爾蒙平衡下之淨效應（net effect）決定了植物生長或發育的最終條件。

　　植物荷爾蒙除了生長素之外，研究者分別在其他研究中發現其他種類的荷爾蒙，於植物致病（pathogenesis）研究中發現激勃素（gibberellins, GA），於組織培養中發現細胞分裂素（cytokinins, CK），研究離層（abscission）與休眠中發現離層酸（abscisic acid, ABA），而在研究照明用之氣體時發現乙烯（ethylene），這些均是早期出現之主要植物荷爾蒙。

　　之後又陸續發現蕓薹素（brassinosteroids）、茉莉酸鹽（jasmonates，包括 tuberonic acid）、水楊酸（salicylic acid）以及胜肽（peptides）等均列入植物荷爾蒙名單中。

　　至於多胺（polyamines），其存在於所有生命形式中且對於 DNA 構造相當重要，雖然其作用所需濃度高於其他種類荷爾蒙，但因其可協調生長與發育，故也列入植物荷爾蒙名單中。

1. 生長素

(1) 特性：在多數植物中主要的生長素（auxin）是吲哚乙酸（indole-3-acetic acid, IAA）（圖 18.2），而作爲 IAA 合成前驅物之化合物（如 indoleacetaldehyde）也具有生長素活性。IAA 也可能以各種共軛結合物（conjugates）型式存在，如 indoleacetyl aspartate。

(2) 生合成位置：IAA 主要是在葉始原體（又稱葉原基，leaf primordia）、年輕葉片以及發育中之種子內由色胺酸（tryptophan）及吲哚（indole）合成。

(3) 轉運：IAA 可從細胞轉運至細胞，主要是在維管形成層（vascular cambium）和原始形成層束（procambial strands）部位，但也可能在表皮細胞。其轉運至根部可能經由韌皮部。

(4) 效應：

　　a. 細胞增大：生長素可以刺激細胞增大及莖部生長。

　　b. 細胞分裂：生長素結合細胞分裂素可刺激組織培養之形成層細胞分裂。

　　c. 維管組織分化：生長素可刺激韌皮部及木質部分化。

　　d. 根部起始：組織培養中生長素可刺激莖部切段（cuttings）之根部起始（root initiation）生長、支根的發育以及根部分化。

　　e. 向性反應：生長素可以調節地上部（shoot）及根部對於光線與重力之向性（tropistic, bending）反應；即向光性與背地性（趨重力性）（圖 18.3）。

　　f. 頂端優勢（apical dominance）：由頂芽（apical bud）提供之生長素會抑制側芽生長。

　　g. 葉片老化：生長素可延緩葉片老化（senescence）。

　　h. 葉片與果實脫落：生長素可抑制或促進（經由乙烯作用）葉片與果實脫落，但

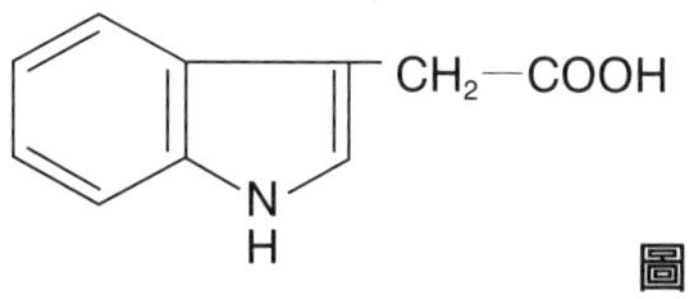

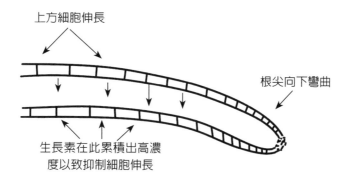

圖 18.2 　吲哚乙酸（indole-3-acetic acid, IAA）。

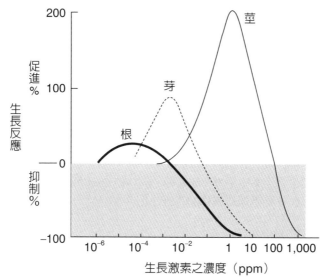

圖 18.3 　植物的根部組織橫放後因為生長素逐漸累積於下方一側，造成高濃度生長素抑制下方一側細胞之伸長反應，致使根部先端向下彎曲表現出向地性。

圖 18.4 　植物的根、芽及莖部組織對於生長素濃度有不同的反應。

（資料來源：Machis and Torrey, 1956）

　　取決於時機與位置。

i. 果實著生與生長：某些果實之著生與生長可受到生長素誘導。

j. 同化物質配置（partitioning）：同化物質移往生長素供應來源可能是因為生長素促進韌皮部轉運而增強。

k. 果實成熟：生長素可延緩果實成熟。

l. 開花：生長素可促進鳳梨科植物（Bromeliads）的開花。

m. 花部生長：生長素會刺激花部生長。

n. 影響性別：生長素促進雌雄異株的花雌性化（經由乙烯作用）。

　　在一些系統（例如根生長）中，特別是在高濃度下，生長素之作用具有抑制性（圖 18.4）。此過程中如果藉由施用各種乙烯合成抑制劑防止乙烯合成、透過低壓狀況除去乙烯，或是藉由施用與乙烯作用相反之銀離子鹽（Ag^+），則生長素不再具有抑制作用，此結果顯示生長素之抑制作用是經由乙烯調控。

2. 激勃素

(1) 特性：激勃素（gibberellins, GAs）是根據 *ent* gibberellane 構造命名之化合物家族，現存的種類已經超過 125 種。儘管最廣泛使用的化合物是眞菌產物 GA_3 或激勃酸（赤黴酸，gibberellic acid），但植物中最重要的 GA 是 GA_1（圖 18.5），其是主要負責莖部伸長的 GA。有許多其他的 GAs 則是具有生長活性之 GA_1 的前驅物。

(2) 生合成位置：GAs 是在地上部年輕組織及發育中之種子內由甘油醛 -3- 磷酸鹽（glyceraldehyde-3-phosphate）經由異戊烯基二磷酸鹽（isopentenyl diphosphate）合成。其合成開始是在葉綠體中進行，之後也在膜系及細胞質中進行。

(3) 轉運：有些 GAs 可能在韌皮部和木質部進行轉運。然而，主要具有生物活性的極性 GA_1 之轉運似乎受到限制。

(4) 效應：

a. 莖部生長：藉由刺激細胞分裂和細胞伸長，GA_1 造成莖部超級伸長（hyperelongation），而產生較為高大的植株。

b. 長日性植物抽穗（苔）：植物在長日照下 GAs 可以導致莖部伸長。

c. 誘導種子發芽：針對通常需要低溫（層積處理，stratification）或光照才能誘導發芽之種子，GAs 可使種子發芽。

d. 種子發芽期間產生酵素：GAs 可刺激許多酵素產生，特別是發芽中的禾穀類種子之 α- 澱粉酶（α-amylase）（圖 18.6）。

e. 果實著生與生長：某些果實（如葡萄）經外施 GAs 可誘導果實著生與生長。

f. 影響性別：GAs 促進雌雄異株的花雄性化。

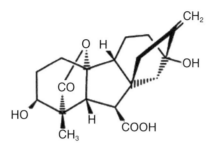

圖 18.5　激勃素（gibberellins, GAs）其中之一 GA$_1$。

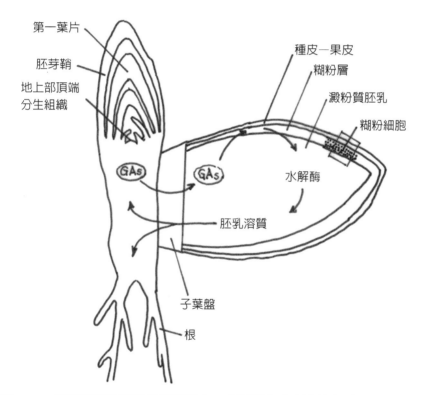

圖 18.6　禾穀類作物種子發芽過程中，由胚部合成之激勃素（GAs）可經由子葉
盤（scutellum）進入澱粉質胚乳，之後 GAs 擴散進入糊粉層（aleurone
layer），於糊粉層細胞中可誘導合成 α- 澱粉酶（α-amylase）及其他水
解酶並釋出進入胚乳，之後促使澱粉及其他大分子分解為小分子，最後
胚乳中之溶質被子葉盤吸收並轉運至生長中之胚部。

3. 細胞分裂素

(1) 特性：細胞分裂素（cytokinins, CKs）是腺嘌呤（adenine）衍生物，其特性是在組織培養（有生長素存在下）中能誘導細胞分裂。植物中最常見的細胞分裂素是玉米素（zeatin）（圖 18.7），而細胞分裂素也可以核苷（ribosides）和核苷酸（ribotides）型式存在。

(2) 生合成位置：CKs 是在根尖及發育中之種子內，腺嘌呤經過生化修飾而合成。

(3) 轉運：CKs 是經由木質部由根部轉運至地上部。

(4) 效應：

    a. 細胞分裂：組織培養中於生長素存在下外施 CKs 可以誘導細胞分裂，此促進細胞分裂現象亦出現在植物體內冠癭腫瘤（crown gall tumors）中。在具有活躍分裂細胞（例如果實、地上部頂端）的組織中，CKs 的存在表示在植物中 CKs 可以自然地執行其功能。

    b. 形態發生：在組織培養和冠癭中，CKs 可促進地上部的起始（initiation）生長。而在苔蘚中，CKs 可誘導芽的形成。

    c. 側芽生長：施用 CKs，或是藉由增強 CKs 合成的基因表現使轉殖植物中 CK 含量增加，均可使側芽從頂端優勢中解除其生長受抑制的現象。

    d. 葉片擴展（expansion）：主因細胞增大所致。此效應可能是植物調整總葉面積以補償根生長範圍的機制，因為到達地上部的 CKs 量將反映根系的範圍。

    e. 延緩葉片老化：CKs 可延緩葉片老化。

    f. 氣孔開啟：CKs 可以增強一些植物物種的氣孔開啟。

    g. 葉綠體發育：施用 CKs 導致葉綠素累積並促進黃化葉綠體（etioplasts；又稱黃色體、黃質體，係葉綠體在沒有光照下退化形成）轉變成葉綠體。

4. 乙烯

(1) 特性：植物在逆境下許多組織會將甲硫胺酸（methionine）合成氣體乙烯（ethylene, C_2H_4），其亦為果實成熟荷爾蒙。因為缺乏乙烯之轉殖植物可以正常生長，故對於正常成熟之營養生長而言，乙烯似乎不是必要的荷爾蒙。然而，對於幼苗而言，若缺乏乙烯則莖部無法增厚以及頂鉤（apical hook）無法針對乙烯反應，導致幼苗無法穿過土層出土。此外，因缺乏乙烯誘導之抗病反應故植物容易罹病。

(2) 生合成位置：植物在逆境下多數組織會合成乙烯，尤其是正在老化或成熟之組織。

(3) 轉運：由於乙烯是氣體故其會自合成部位進行擴散移動。然而，其生產過程中的關鍵中間物 1- 胺基環丙烷 -1- 羧酸（1-aminocyclopropane-1-carboxylic aci, ACC）可以轉運，並且在距離刺激點一定距離處發生乙烯效應。

(4) 效應：

    a. 三相反應（triple response）：在黑暗中生長之幼苗於出土之前，當遭遇如石頭等硬物時，會減少莖部（胚軸）伸長、增加莖部（胚軸）厚度，以及進行側向生長（水平生長、彎曲），此即所謂的三相反應（圖 18.8）。

    b. 維持幼苗頂鉤構造。

    c. 針對傷害或病害乙烯會刺激許多防禦性反應。

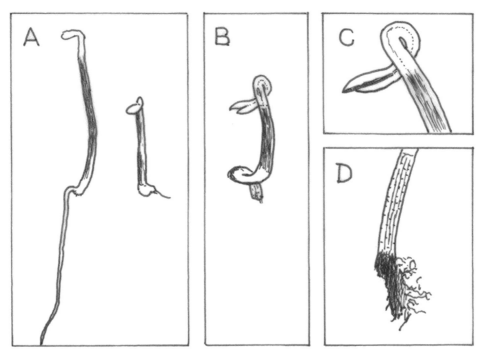

圖 18.7　玉米素（zeatin）。

圖 18.8　植物對於乙烯產生之三相反應。黑暗生長下的阿拉伯芥幼苗對乙烯的三
相反應。(A) 在不存在（左）或存在（右）乙烯的情況下，生長的野生型
幼苗。(B) 在乙烯前驅物 ACC 存在下生長的野生型幼苗。(C) 對乙烯的
三相反應中明顯的頂端彎鉤。(D) 對乙烯的三相反應中出現的根部縮短
現象。

d. 解除休眠：乙烯會解除種子休眠。

e. 生長與分化：乙烯會調控地上部與根部之生長與分化。

f. 形成不定根。

g. 葉片與果實脫落。

h. 誘導部分植物開花。

i. 影響性別：乙烯促進雌雄異株的花雌性化。

j. 花部開啟。

k. 花及葉片老化。

l. 果實成熟。

5. 離層酸

(1) 特性：由於最初認為離層酸（abscisic acid, ABA）（圖 18.9）是參與控制棉鈴的脫落（abscission），故其名稱為脫落素 II（abscisin II）。幾乎在同一時間，另外一群科學家因此化合物在芽休眠中所聲稱的作用，而將此將稱為「休眠素」（dormin）。通過折衷而創造出的名稱是「離層酸」。雖然現今已知 ABA 在脫落（已知是由乙烯調節）或芽休眠中之作用不大，但仍使用離層酸此名稱。

由於 ABA 與脫落和休眠的原始關聯，其被認為是一種植物生長抑制劑（inhibitor）。雖然外施 ABA 可抑制植物的生長，但 ABA 似乎也充當促進者（promoter），例如在種子中可促進貯存蛋白合成。

(2) 生合成位置：ABA 是在根部和成熟葉中，利用甘油醛 -3- 磷酸鹽（glyceraldehyde-3-phosphate）經異戊烯二磷酸鹽（isopentenyl diphosphate）和類胡蘿蔔素（carotenoids）合成，特別是在水分逆境（water stress）下容易發生。種子中也富含 ABA，其可能來自葉部或在原位（in situ）合成。

(3) 轉運：ABA 可經由木質部自根部輸出，例如遭遇乾旱時來自根部之 ABA 可關閉氣孔（圖 18.10）；以及經由韌皮部自葉部輸出。有一些證據顯示 ABA 可能從韌皮部循環至根部，然後再從木質部返回到地上部。

(4) 效應：

a. 氣孔關閉：缺水下 ABA 增加使得氣孔關閉（圖 18.10）。

b. ABA 可抑制地上部生長（但其對根部生長的影響較小，或可能促進根生長）。此表示 ABA 抑制地上部生長是植物對水分逆境的一種反應。

c. ABA 可誘導種子合成貯存蛋白。

d. ABA 抵銷了 GAs 對禾穀類作物發芽中種子內的 α- 澱粉酶合成的作用。

e. ABA 影響種子休眠的相關誘導和維持。然而，ABA 似乎不是「真正的休眠」（true dormancy）或「休息」的控制因子，真正的休眠需要低溫或光照才能打破。

f. 植物受傷情況下 ABA 的增加會誘導基因轉錄，特別是對於蛋白酶抑制劑（proteinase inhibitors），因此推測其可能參與防禦昆蟲攻擊之反應。

6. 多胺

(1) 特性：多胺（polyamines）是一群脂肪族胺。其主要的化合物是腐胺（putrescine）、亞精胺（spermidine）（圖 18.11）和精胺（spermine）。其衍生

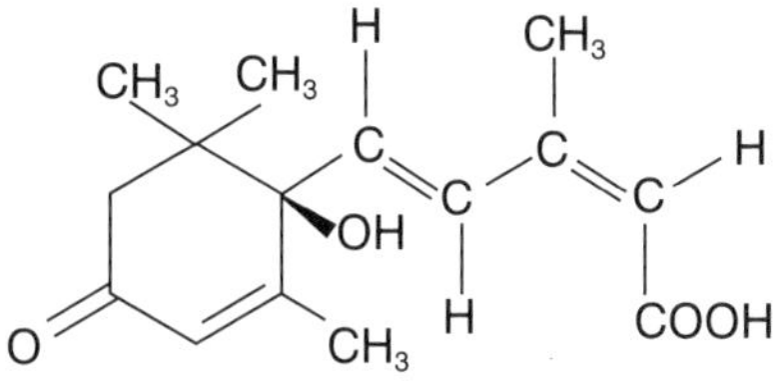

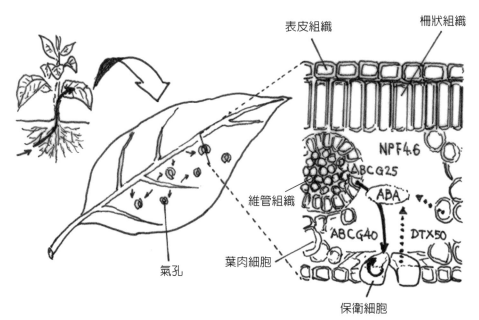

圖 18.9　離層酸（abscisic acid, ABA）。

圖 18.10　植物遭遇乾旱時來自根部之離層酸（ABA）可轉運進入葉部關閉氣孔，
　　　　　ABA 在葉片中可作為組織間之信號。葉片橫截面顯示維管組織（ABA
　　　　　生合成位置）和保衛細胞（ABA 作用位置）。在阿拉伯芥中，ABA 轉
　　　　　運蛋白 ABCG25、ABCG40、NRF4.6 和 DTX50 分別表現在葉脈細胞
　　　　　和／或保衛細胞中。

自胺基酸精胺酸（arginine）或鳥胺酸（ornithine）經過去羧基（decarboxylation）反應。從二胺（diamine）腐胺轉變爲三胺（triamine）亞精胺和四胺（quaternaryamine）精胺的過程涉及 S- 腺苷甲硫胺酸（S-adenosylmethionine）的去羧反應，而 S- 腺苷甲硫胺酸也是乙烯生合成途徑上的共同前驅物。因此，在乙烯和多胺的含量和作用之間存在一些複雜的相互作用。

研究者將多胺視爲植物荷爾蒙之理由如下：

a. 多胺廣泛存在於所有細胞中，並且可以以微摩爾（μM）濃度調節控制植物之生長和發育。

b. 植物中當多胺含量經由遺傳改變時，其發育即受到影響。例如，在胡蘿蔔或豇豆屬的組織培養中，當多胺含量降低時，僅有癒傷組織（callus）之生長；而當多胺含量提高時，則有胚狀體（embryoid）形成。在菸草植物中，過量生產亞精胺則導致子房位置產生花藥。此種控制發育之特性較胺基酸或維生素等養分更具植物荷爾蒙之特徵。

c. 多胺對植物具有廣泛的影響，並且似乎對植物的生長，特別是細胞分裂和正常的形態發生（morphologies）至關重要。

(2) 生合成位置：就目前而言，不可能如同其他荷爾蒙一樣對於其所發揮之效應做出一個簡單明瞭的列表。似乎多胺存在於所有細胞中，而其合成並無特定的位置。

7. 油菜素類固醇

(1) 特性：油菜素類固醇（又稱爲蕓薹素，brassinosteroids, BRs）包括 60 種以上的類固醇化合物，典型的是首先從蕓薹屬植物花粉中分離出的化合物油茶素內酯（brassinolide）（圖 18.12）。其以非常低的濃度影響植物生長和發育，並且從中調控生長發育過程。

(2) 效應

a. 細胞分裂：可能透過增加編碼細胞週期蛋白（cyclin）D3 基因的轉錄而影響細胞分裂，此蛋白可調控細胞週期中的一個步驟。

b. 細胞伸長：BRs 可促進編碼木葡聚醣酶（xyloglucanases）和胞壁擴張蛋白（expansins）基因的轉錄，並促進細胞壁鬆動使莖部能伸長。

c. 維管分化。

d. 參與生育：BRs 突變體降低生育力和延遲老化，此可能是 BRs 延遲生育的結果。

e. 抑制根部生長與發育。

f. 促進乙烯生合成及下垂生長（偏上性生長，epinasty）。

8. 茉莉酸鹽

(1) 特性：茉莉酸鹽（jasmonates）包括茉莉酸（jasmonic acid, JA）（圖 18.13）及其甲酯（methyl ester）化合物。其以茉莉花植物命名，其中甲酯是重要的香味成分。此外，還有一種相關的羥基化合物，其已經被命名爲塊莖酸（tuberonic acid），此酸與其甲酯和糖苷結合物可誘導馬鈴薯形成塊莖。茉莉酸是從亞麻酸（linolenic acid）合成的，而茉莉酸很可能是塊莖酸的前驅物。

$$H_2N-(CH_2)_3-NH-(CH_2)_4-NH_2$$

圖 18.11　亞精胺（spermidine）。

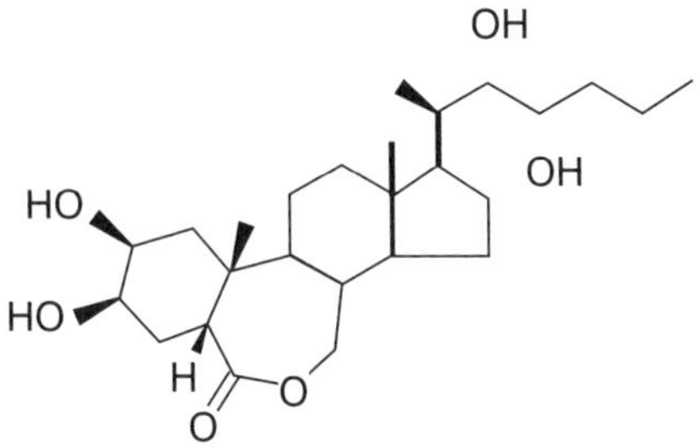

圖 18.12　油菜素內酯（brassinolide）。

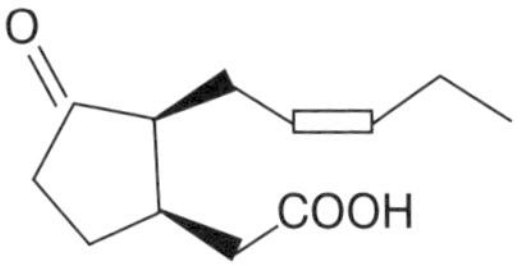

圖 18.13　茉莉酸（jasmonic acid）。

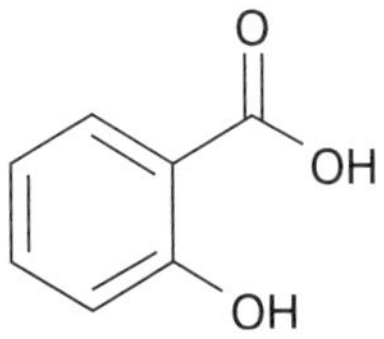

圖 18.14　水楊酸（salicylic acid）。

(2) 效應：
  a. 茉莉酸鹽在植物防禦中扮演重要角色，其可誘導蛋白酶抑製劑的合成以阻止昆蟲攝食。
  b. 茉莉酸鹽可抑制許多植物過程，例如生長和種子發芽。
  c. 茉莉酸鹽可促進衰老、脫落、塊莖形成、果實成熟、色素形成和捲鬚捲曲。
  d. JA 對阿拉伯芥的雄性生殖發育至關重要，但在其他物種中的作用仍有待確定。

9. 水楊酸

(1) 特性：長期以來就已知水楊酸鹽（salicylates）存在於柳樹皮中，但最近才認知其為潛在的調節性化合物。水楊酸（salicylic acid, SA）（圖 18.14）由胺基酸苯丙胺酸（phenylalanine）所合成。

(2) 效應：
  a. 水楊酸藉由誘導「致病相關蛋白」（pathogenesis-related proteins）的產生，在病原體抗性中扮演重要角色。SA 參與系統性獲得抗性反應（systemic acquired resistance response, SAR），過程中病原體對於較老葉片的致病性攻擊會導致較年輕葉片發展出抗性，但 SA 是否是擔任傳遞信號是有爭議的。
  b. SA 是引起白星海芋屬（*Arum*）植物的花產生熱的生熱物質（calorigenic substance）。
  c. SA 可增加花的壽命、抑制乙烯生合成和種子發芽、阻斷傷口反應，以及逆轉 ABA 的作用。

10. 信號胜肽

(1) 特性：在植物中具有調節性質的小型胜肽（small peptides）其被發現始於系統蛋白（systemin）的發現過程，植物在草食性昆蟲攻擊下，來自受攻擊葉片的 18 個胺基酸的胜肽會經由韌皮部轉運，增加遠方葉片中的茉莉酸和蛋白酶抑制劑的含量，以保護葉片免受攻擊。此後，研究者陸續從植物體內分離或經由遺傳研究，鑑定出十幾種胜肽荷爾蒙參與防禦、細胞分裂、生長發育以及繁殖的各種過程。

(2) 效應
  a. 活化防禦反應。
  b. 促進懸浮培養細胞之細胞增殖。
  c. 在地上部頂端分生組織發育過程中決定細胞命運。
  d. 在生長素和細胞分裂素存在下調節根的生長和葉片類型。
  e. 在豆科植物結瘤過程中針對細菌信號形成結節。

　　有關植物荷爾蒙之定義爭議迄今已經超過 40 年，從早期確定之五大類荷爾蒙，包括生長素、細胞分裂素、激勃素、乙烯及離層酸，之後又增加薑薑素列為第六大類。除此之外，陸續發現植物體內存在之調控生長發育之物質，包括多胺、茉莉酸、水楊酸及小型胜肽等均可視為植物荷爾蒙。未來是否尚有新分離鑑定出的物質可列入植物荷爾蒙之名單，端視其在植物體內部產生之後是否扮演調控生長發育之角色而定。

　　至於「植物生長調節劑」（plant growth regulators, PGRs）則是指人工合成具有調節植物生長反應之化合物，可經由外施 PGRs 而直接或間接改變植物體內之荷爾蒙濃度與平衡關係，或改變相關生理反應，而達到調節植物生長之效果。

植物生長調節劑的種類（圖18.15）

1. 生長素類型

例如人工合成之 2,4-D，以低濃度處理番茄花蕾即可促使果實提早膨大、增加產量和無籽果實，同時 2,4-D 亦是早期所使用的除草劑（herbicide），以高濃度施用下可有效殺除闊葉性雜草。

2. 細胞分裂素類型

天然植物體中的細胞分裂素如玉米素，由於生產成本太高，多用於研究試驗，所以並無商業化產品得以應用。一般栽培多使用人工合成的細胞分裂素，較常見的有 6-BA（6-benzylamino purine，俗稱 BA 或綠丹）和 PBA〔6-(benzylamino)-9-(2-tetrahydropyranyl)-9H-purine，商品名 Accel〕多用於促進作物（如康乃馨、玫瑰與蟹爪仙人掌）的萌芽和分枝。

3. 激勃素類型

迄今自然界已存在有 120 種以上的激勃素，其中最廣泛使用的是 GA_3，而臺灣國內較常見的激勃素類型為一種商品名為「百利靈」的藥劑，其成分為 GA_1、GA_2、GA_3 與 GA_4，有效含量 10% 的混合型藥劑（因激勃素單種化合物的純化分離成本高，故以混合劑型態出售）。

4. 離層酸類型

由於無論天然或人工合成的離層酸，其單價極高，故除了試驗研究用途外，通常不會實際施用於作物栽培過程。

5. 乙烯類型

普通名為 ethephon，國外商品名包括 ethrel、florel、CEPA，臺灣國內的商品名稱為「益收生長素」為濃度 39.5% 溶液；此藥劑於 pH 值小於 3.5 的酸性環境下可以穩定存在，處理後進入植體細胞內（pH 值多高於 4.0）則自行分解而釋放出乙烯與磷酸，便能發揮與內生乙烯相同的生理作用。

6. 生長阻礙劑

各類作物其合適的生長阻礙劑種類與濃度往往有所差異，且栽培環境的不同也會造成不同的效果，若能於使用前先處理少數植株以確定效果，可避免發生過度抑制而致植株嚴重畸形。

經常被使用的矮化劑有下列五種，包括：

(1) Ancymidol：簡稱 A-rest，國外商品名 A-rest，此藥劑國內並無引進。

(2) Chlormequat：簡稱 CCC，中名：克美素或矮壯素，國外商品名：CCC 或 cycocel，國內商品名：美立精，為濃度 69.5% 溶液。

(3) Daminozide：簡稱 B-9，中名：比久，國外商品名：B-nine、alar 或 SADH，國內商品名為亞拉生長素，由於有致癌可能，已遭禁用，故目前無市售產品。

(4) Paclobutrazol：簡稱 PP-333，中名巴克素或多效唑，國外商品名 bonzi、cultar 或 PP-333，國內商品名穩妥當，早期產品為 23% 水懸劑，現今市售包裝濃度為 10%

1. 生長素類型：
生長素類型 PGRs 於低濃度時可以促進植物的生育，高濃度則可能因誘導乙烯與離層酸的生成而抑制植物生長。扦插繁殖時經常會使用生長素類型之吲哚丁酸或奈乙酸促進插穗發根。

2. 細胞分裂素類型：
一般栽培多使用人工合成的細胞分裂素，較常見的有綠丹和 6-(benzylamino)-9-(2-tetrahydropyranyl)-9H-purine，多用於促進作物的萌芽和分枝。細胞分裂素能增強處理部位吸取養分，及具有促進植物提早開花或增加花芽數的效果。

3. 激勃素類型：
迄今自然界已存在有 120 種以上的激勃素，其中最廣泛使用的是 GA_3，而臺灣國內較覺的激勃素類型為一種商品名為「百利靈」的藥劑，其成分為 GA_1、GA_2、GA_3 與 GA_4。

4. 離層酸類型：
無論天然或人工合成的離層酸，其單價極高，故除了試驗研究用途外，通常不會實際施用於作物栽培過程。

5. 乙烯類型：
市售此類的植物生長調節劑除乙烯氣體外，只有一種便於栽培者使用，其普通名為 ethephon，國外商品名包括 ethrel、florel、CEPA，臺灣國內的商品名稱為「益收生長素」，濃度39.5%溶液。

6. 生長阻礙劑：
所謂生長阻礙劑是一般所謂抑制或阻止植物生長之「矮化劑」，其作用在不影響植株器官分化與形成的狀況下，可以抑制植物節間的伸長，也多能增加花朵數並使葉色加深，同時也能加強植物抵抗環境逆境的能力。

7. 其他：
多數種類的植物生長調節劑主要是促進或抑制植物荷爾蒙之生理作用；此外，有些植物生長調節劑的作用與植物荷爾蒙並無直接相關。

植物生長調節劑

圖 18.15　植物生長調節劑的種類。

水懸劑。

(5) Uniconazole：簡稱 Sumi-7 或 S-3307，中名烯效唑，國外商品名 sumagic，其化學結構類似於 PP-333，效果亦相似，但使用濃度更低於 PP-333。不過，此藥劑並未在國內上市。

　　除上述這幾種矮化劑外，前面提及的 ethephon 在國外亦被當作矮化劑來使用，多半用於球根花卉株高的控制。目前矮化劑應該是國內最廣泛使用的植物生長調節劑。

7. 其他

　　多數種類的植物生長調節劑主要是促進或抑制植物荷爾蒙之生理作用，此外有些植物生長調節劑的作用與植物荷爾蒙並無直接相關，例如 dikegulac 可以暫時停止枝條伸長，因而促進側枝發育，因此 dikegulac 常用作為一種化學摘心劑，主要作用於促進花卉作物分枝與抑制枝條生長，其商品名為 atrimmec 或 atinal，施用濃度依作物不同而異，介於 400～7,000 ppm 之間。

施用技術與注意事項

　　多數植物生長調節劑的施用是透過葉面噴施處理作物，植物經由葉面吸收藥劑後才對植株發生作用。多種內外因素皆會影響作物對藥劑的吸收效率，如植株的光合作用型態、健壯與否、施藥當天的天候狀況（陰晴、風力與日照強弱）等。且處理後數小時內是藥劑進入植物體內的主要時期，其中又以最初數十分鐘的吸收量最大，故施用時除仔細考慮植物生理狀況外，選擇太陽輻射較弱的早晨或傍晚會有較佳的效果，炎熱、高光度的中午可能會使葉片的氣孔因快速蒸散失水而關閉。

　　除上述外，因溶劑的快速蒸發、致使藥劑恢復固態，而導致吸收不良或藥害。其次，風速高於 3.0 公尺／秒的天候下則不適宜噴施藥劑（溫室作物則不在此限），下雨天或即將降雨的天氣也會因雨水之稀釋沖刷使藥劑之有效濃度減低，而失去處理之效用。因此，建議任何植物生長調節劑在實際大規模應用之前，皆須於相同的生產栽培環境下，先進行一次小規模的預備試驗，以確認所使用的植物生長調節劑種類與濃度，對植株所造成的反應是否為此操作的預期結果。植物生長調節劑屬於農藥，多數對人體有毒，故施用時應做的安全用藥須知與自我防護設備絕不可少，方可避免中毒的事件發生。

第 19 章
作物產量品質與生產技術

作物的產量可分為三種，包括：

1. 光合產量（photosynthetic yield）

光合產量係指作物在生育過程中，通過光合作用所累積的碳水化合物以及由碳水化物或結合礦物所衍生的各種有機物質的總量及所含總能量，包括整個生育過程中的呼吸消耗量和其他損耗量在內。光合產量＝光合作用面積 × 光合作用時間 × 光合作用強度。

2. 生物產量（生物學產量，biological yield）

生物產量係指收穫時作物有機體的總產量。理論上應包含地上部和地下部重量總和；一般除收地下部產品的作物外，均另加計地上部重量。

3. 經濟產量（economic yield）

經濟產量係指作物具有經濟價值部位的產品重量。即人類栽培該作物的主要目的物的總重量。

以上三種產量一般都以乾物重計算，但對某些收穫鮮體的作物，則以鮮重計算。如禾穀類、豆類、油料作物、棉、麻類等均以乾物重計算，而根莖類一般以鮮重計算。經濟產品因作物而異，也因栽培目的之不同而異，如玉米，可收穫籽粒作為糧食或飼料，也可以收穫莖葉作為青刈飼料。

三種產量的相互關係

1. 光合產量與生物產量的關係

(1) 生物產量以光合產量為基礎：生物產量 90% 以上來自植物合成的碳水化合物和由碳水化合物衍生之蛋白質、脂肪、維生素等有機物質。所以要生物產量高必須植物光合產量高。所以想要提高作物單位面積產量則必須提高光合作用。

(2) 光合產量不可能全部轉化為生物產量：植物產生之光合產量中有大部分在作物生育過程中被呼吸作用消耗，以及因為病蟲害與動物危害而損失。

2. 生物產量與經濟產量的關係

(1) 經濟產量以生物產量為基礎，作物必須在生長出相當數量的根、莖、葉後，才能產出相對應的種子和果實等。所以要提高經濟產量就必須提高生物產量。

(2) 作物產量不可能全部轉化為經濟產量，因為作物的光合產物可用於生長營養器官，也可生長生殖器官。種子作物的生物產量是營養器官和生殖器官的總和，所以子實產量的高低就取決於營養生長期與生殖生長期之供需控制。

(3) 生物產量和經濟產量的關係，經濟產量＝生物產量 × 收穫指數。所謂收穫指數（harvest index, HI）係指作物具有經濟價值的產量（經濟產量）與作物產量（生物產量）的比值，亦稱為效率係數（coefficient of effectiveness）或轉移係數（migration coefficient）。

作物經濟產量的構成要素

　　經濟產量因人類栽培目的和作物特性不同而異，基本上可分爲三類：第一類是收穫種子者，如禾穀類、豆菽類、油料、棉花等；第二類是收穫營養器官者，如根莖類（薯類）、甜菜、甘蔗、麻類、菸草等；第三類則是收穫植株全體者，如綠肥、青飼料等。茲將各類作物經濟產量的構成要素列表如下（表 19.1）。

　　除收穫全部植株的作物外，所有作物產量的構成要素都有兩個以上，而這些構成要素之間都存在著相互影響的關係。在不同條件下，通過不同產量構成要素的組合，可能得到相同的產量，亦即相同的產量，其構成要素的數量可能相差懸殊。以禾穀類作物爲例，相同的產量可能是因穗數多而每穗粒數少所致，也可能是穗數少而每穗粒數多所致；可能是粒數多而粒重輕，也可能是粒數少而粒重較重所致。

表 19.1　各類作物經濟產量的構成要素

產品類別	作物	經濟產量構成因素
種子	禾穀類	穗數、每穗子粒數、粒重。
	豆類	株數、每株莢果數、每莢果粒數、粒重。
	油料	株數、每株角果或萌果數、每果實粒數、粒重。
	棉花	株數、每株有效鈴數、單鈴數、衣分。
營養體	薯類	株數、每株薯塊數、每薯塊重量。
	甜菜	株數、每株根部重量。
	甘蔗	莖數、每莖重量。
	麻類	株數、每株韌皮纖維或纖維重量。
	茶、菸草	株數、每株採收葉片重量。
全部	綠肥飼料	株數、單株重。

影響作物產量的因素

作物產量最主要受到二個基本的因素控制（圖 19.1）。

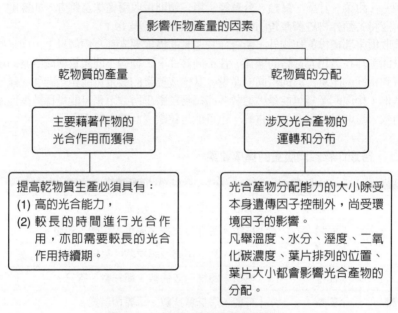

圖 19.1　影響作物產量的因素。

作物生長、分化與發育

　　作物從播種（種植）到收穫，如水稻從種子播種、發芽、葉展開、分枝（蘗）、株高增加、根伸入地下、莖急速伸長、出穗而開花、結果、再形成種子等一系列器官形成和生長，這一個體發育的全部過程稱之為作物的生長發育，簡稱生育或發育（development）。作物生產就是經由作物的發育而實現，作物生長發育良否直接影響作物的產量、品質和生產成本等。

1. 生長

　　生長（growth）即發育過程中量的變化，也就是作物發育過程中體積（長、寬、厚）或重量（鮮重、乾物重）的增加，這些量的不可逆增長都屬於生長。無論是高等植物或低等植物其典型的生長曲線均呈現 S 型曲線。以玉米株高生長為例，生長曲線可分為四個時期，植物在生長前有一段調整階段（0～25 天），稱為延緩期（lag phase）；25～50 天為指數生長期（exponential phase），在此一時期植物生長開始快速增加；第三階段約 50～60 天，為直線生長期（linear phase），此時期生長速率固定，且生長速率最大，又稱為最大生長速率期（phase of maximum growth rate）；最後生長緩慢，逐漸進入老化期（senescence phase）（60～90 天）。大豆生長曲線同樣亦表現類似生長階段（圖 19.2）。

　　為了分析植物生長量，植物生理學家發展出一套數學公式以進行生長分析（growth analysis）。生長分析是利用植物在某一階段生長時間所測得的乾重或葉面積等資料，來計算植物生長時一些生長的特性與產量的因素。

　　生長分析的項目很多，一般視作物種類、生長狀況及需求的目的而定。生長分析的主要項目與公式摘錄如下：

(1) 作物生長速率（crop growth rate, CGR）：單位時間內於單位土地面積上所增加的作物重量。

$$CGR = 1/P \times dW/dt = 1/P \times (W2 - W1)/(t2 - t1)$$

W1：第一次取樣時全株乾重　　　t1：第一次取樣時間
W2：第二次取樣時全株乾重　　　t2：第二次取樣時間　　　P：土地面積

(2) 相對生長速率（relative growth rate, RGR）：單位時間內每單位作物乾重所增加的重量。

$$RGR = 1/W \times dw/dt = (lnW2 - lnW1)/(t2 - t1)$$

(3) 淨同化速率（Unit leaf rate = net assimilation rate, ULR, NAR）：即單位時間內，每單位葉面積所增加的重量。

$$NAR = 1/LA \times dW/dt = (W2 - W1)/(t2 - t1) \times (lnLA2 - lnLA1)/(LA2 - LA1)$$

W1：第一次取樣時全株乾重　　　　　W2：第二次取樣時全株乾重

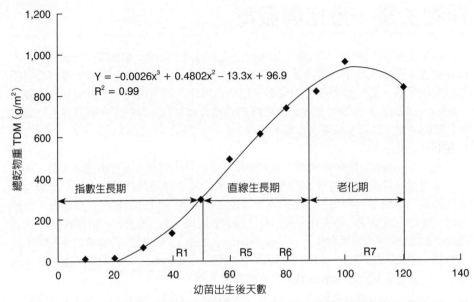

圖 19.2　典型大豆作物的季節性生長曲線，顯示總乾物質累積經過指數生長、線性生長和老化各生長階段的進程。

（資料來源：Carpenter and Board, 1997）

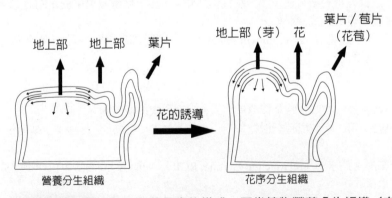

圖 19.3　正常植物地上部（芽）和花發育的模式。正常植物營養分生組織（左）在其兩側生成葉片，若經過花的誘導（floral induction）程序，地上部頂端營養分生組織可轉變成花序分生組織（右），於側翼產生花。

LA1：第一次取樣時葉面積　　　　LA2：第二次取樣時葉面積

t1：第一次取樣時間　　　　　　　t2：第二次取樣時間

(4) 葉面積比（leaf area ratio, LAR）：葉面積對整個植物乾重比率。

$$LAR = LA/W = (LA1 + LA2)/(W1 + W2)$$

W：植物總乾重　　　　　　　　　LA：葉面積

(5) 葉面積指數（leaf area index, LAI）：即單位土地面積上的葉面積。

$$LAI = LA/P$$

P：土地面積　　　　　　　　　　LA：在 P 上的葉面積

(6) 收穫指數（harvest index, HI）：即經濟產量（如子實部分）除總重量。

$$HI = 經濟產量 / 生物產量（總重量）$$

(7) 比葉重（specific leaf weigth, SLW）：即每單位葉面積之葉重。

$$SLW = LW \times LA$$

LW 及 LA 分別為葉重及葉面積。

(8) 光透過率（light transmission ratio, LTR）：植物群落（canopy）下層光強度除上層光強度，以百分率表示。

　　從上述這些生長分析項目也可看出作物產量（經濟部位收量）決定於總乾物質生產量以及乾物質分配至產量部位之比例。作物可經由葉面積增大、延緩老化、調整葉片角度、增加光線截收等方式，以增加光合作用及淨同化速率達到增加總乾物質生產量之效果，而總乾物質也可透過栽培方式如控制積儲（sink）大小，使光合產物有效集中於產量部位，或是經由育種方式選拔出有較高收穫指數之作物品種。例如在過去落花生之研究，其產量之增加主要是有較多的同化物質分配轉運至產量部位，而其總乾物質之生產並未改變。此外，古埃及時期之玉米叢生矮小多穗與現今栽培種玉米直立高大少穗相較之下，亦可了解收穫指數提升產量之效果。

2. 分化與發育

　　作物生長過程中不僅有生質量（biomass）的增加，而且在形態、結構和功能均發生改變。源自同一受精卵或遺傳上同質的細胞轉變為形態、機能及化學構成上異質的細胞，是屬於質的變化，稱為分化（differentation）。因此從器官層次而言，分化即是出現新的器官。

　　分化一般是在作物莖和根的尖端分生組織內進行，莖頂端分生組織先後依次分化形成葉和芽的原基（primordia），最後轉變形成花原基（floral primordia）

（圖 19.3），這些地上部器官分化均在分生組織外側某一特定部位進行，稱爲外源（exarch）分化。而作物根的分化則是從莖和根內部的分生組織中進行的，稱爲內源（endarch）分化。

　　有些無分化能力的作物薄壁組織，在特殊環境中也可能恢復分化，例如離體根、莖、葉等在適宜條件下也能形成一個新的植株。甘薯枝條扦插繁殖即利用此種分生能力。一般作物都具有不同程度的再生能力，幾乎每個營養器官，甚至一個體細胞，在適當條件下都能再生爲一個完整的植株，意即細胞全能性（totipotency）（圖19.4）。目前組織培養技術已能將去除細胞壁的原生質體培養成活。

　　作物某一器官分化之後生長，在生長的同時或長到一定階段時又分化出其他器官。如此分化與生長交替進行的連續過程，即爲個體發育（development）。綜觀作物的分化，從形態和生理上可分爲三個階段：即胚胎發生、營養器官發生和生殖器官發生。營養器官發生階段主要是分化根、莖、葉等營養器官，其分化比較簡單，主要以分化出來的根、莖、葉等營養器官之生長占優勢；而生殖器官發生階段雖然也還有營養器官在生長，但主要以生殖器官的分化占優勢，分化也較前一段顯著複雜。由營養器官發生階段轉變到生殖器官發生階段，各種作物皆有其對於特定光、溫度等環境條件（感溫性、生長積溫、感光性）之需求。禾穀類與豆類等以果實或種子爲主要收穫的農作物，能否適時順利進行生殖階段轉變，更直接影響收穫數量與品質。

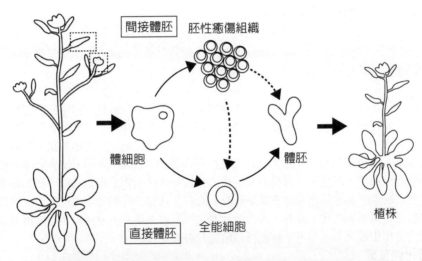

圖 19.4　全能細胞對於體細胞之胚胎發生學相當重要。體細胞具有全能性，可經
　　　　　由體細胞胚胎發生過程產生完整的植株。體胚可以發育自單一全能細胞
　　　　　（直接體胚）或發育自多個細胞〔即胚性癒傷組織（間接體胚）〕。

（資料來源：Williams and Maheswaran, 1986）

作物產量器官之形成與成熟

作物的產量部位器官一類為營養器官,係利用其根、莖、葉等。另一類為生殖器官,係利用其果實、種子和花。由於利用部位之不同,作物產量器官的形成與成熟特性亦不相同(圖 19.5)。

1. 以塊根/塊莖作為產量部位器官

經育苗種植後形成新株,之後莖葉生長旺盛,塊根及塊莖相繼形成並進入迅速膨大階段,之後莖葉生長逐漸緩和衰老黃化,地下部貯藏器官膨大亦相應逐漸中止。

2. 以莖和韌皮部作為產量部位器官

莖用作物於苗期形成發達的根系,莖葉也有一定的生長量,隨季節高溫進入旺盛生長期,莖部節間迅速伸長、增粗,同時形成強大根系和最大的葉面積,最後莖伸長速度轉緩以至停止。

分蘖和分枝是增加單位面積總莖數的一個途徑,但其利用與否及利用程度應視栽培目的和栽培條件而定。

莖用作物莖部成熟是指工藝上的成熟,以其經濟利用價值最高為收穫適期,而不是莖的生理成熟(老熟)。如甘蔗莖的成熟是以蔗莖的 C/N 比和蔗汁的蔗糖含量增大為內部特徵,而以葉色褪淡、綠葉減少、枯葉增多為外部特徵。麻莖的成熟標準則是韌皮纖維長度和數量均達高峰期,纖維細胞積累大量纖維素和半纖維素(合計占粗纖維組分的 70〜90%)以及木質素,使纖維品質提高。

3. 以葉部作為產量部位器官

以葉部作為產品器官的作物如菸草。出現花蕾以後莖葉生長處於旺長階段,開花後莖部停止伸長。單葉成熟過程包括:自光合產物大量輸出逐漸轉為大量貯存於自身葉內、葉部組織由疏鬆變為緻密、含水量下降、乾重增加、蛋白質量降低、糖分含量增加(糖、氮比增大)、菸鹼(尼古丁)含量及其與糖、氮比值達適宜水平、葉色變淡呈老熟等各項特徵,此時即達到菸葉採收的工藝成熟期。

4. 以生殖器官作為產量部位器官

產量部位屬此類器官的有禾穀類作物的穎果;豆類、油菜及棉花的種子(包括種子附屬物,如棉纖維)。在經歷一段營養生長期後,由於內外在條件影響,莖頂端分生組織即開始從營養器官始原體分化轉向為生殖器官始原體分化。經過一系列分化過程,逐漸形成花序或單生花的花器組成部分,當胚囊和花粉粒發育成熟即進入開花、授粉、受精和結實,最終形成新的穎果和種子,完成個體發育週期。

各種作物花序或單生花的構造、開花習性以及結實特性均不相同。掌握生殖器官形成和成熟特性及其與內外在條件的關係,研究器官品質形成規律,在培育健苗壯株、協調生殖生長和營養生長基礎上,促進花序或單生花的分化,減少退化和脫落(提高結實率)就能達到高產優質的作物生產目的。

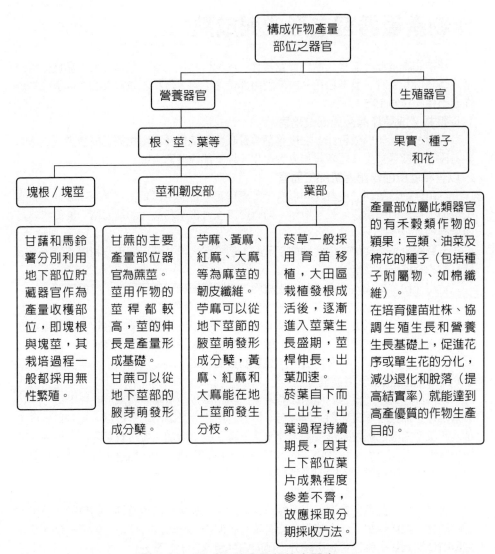

圖 19.5　構成作物產量部位之器官。

作物產品的品質

隨著農業作物生產的發展，商品生產也日益擴大，對農作物產品品質的要求也愈來愈高，也反映當前生活改善，成為現今農業發展的一個新目標。作物產品都是人類生活必需物質，依其對人類的用途可劃分為兩大類，包括：作為人類的食物，以及作為人類的衣著原料等。作為植物性食物的糧食，主要包括稻米、小麥、大麥、玉米、高粱、薯類及粟等，是人類的主食。例如全球部分國家人民的膳食中，由糧食中提供80% 的熱能和 60% 蛋白質，由糧食供給的 B 群維生素和有機物在膳食中也占有當大的比重。所以糧食的品質與人類身體健康關係極為密切。

人類所需的食用植物油脂的 90% 以上是由總稱為世界五大油料作物的油菜、棉籽、大豆、落花生及向日葵提供的。油脂是人體所需熱能的主要來源，1 克脂肪氧化可釋放出約 9,000 卡的能量，是一種高熱能食品。近年來研究初步證明，人體動脈硬化的發病率與動物油脂中膽固醇與高級脂肪酸含量較多有關。因此食用植物油脂顯得特別優越，人們愈來愈注重食用油脂品質的改進。人類衣著原料主要來源的棉麻產品之品質也得到積極改進。

目前評價作物產品品質，一般採用下列兩種指標：

1. 作物產品品質的生化指標

常用的生化指標有蛋白質、胺基酸、脂肪、澱粉、糖分、維生素、礦物質、有害的化學成分含量，及有害物質如化學農藥、有毒重金屬元素的含量等。具體衡量某個作物產品品質的生化指標，要以這一作物的營養品質為準，如糧食作物子粒品質主要是以蛋白質含量及胺基酸組成，特別是離胺酸（lysine）、色胺酸（tryptophan）等主要必需胺基酸在子粒中的含量。其次是澱粉含量，以及澱粉化學結構中直鏈澱粉與支鏈澱粉含量、比例及其分子量大小等來評價產品品質；油料作物產品品質應以總脂肪含量及必需脂肪酸組成作為營養品質的主要指標。脂肪酸中的豆油酸含量對評價油料作物產品營養品質有著重要的意義，作物產品中如植酸、單寧、芥酸、硫代葡糖糖苷、棉酚及胰蛋白酶抑制素等一類有害化學成分的含量多少，也當作評價作物產品營養品質的指標。

2. 作物產品品質的物理指標

如產品的形狀、大小、滋味、香氣、色澤、種皮厚薄、整齊度、纖維長度、纖維強度等。稻米還有心腹白及透明度等綜合指標。對有些作物而言，評價產品品質的物理指標如強度等物理指標，也是影響其品質的主要因素。值得提出的是，對作物產品品質的優良與否要進行綜合評價，才能得出較為準確的結論。有時候同一作物的產品，因用途不同，品質要求也不一樣。如甘薯要加工成澱粉時，以適時收穫的新鮮薯塊最好，因其澱粉含量較多；甘薯如要煮食，則要求含有較多的糖分。又如小麥產品，製麵包時，要求小麥的蛋白質含量高，製餅乾時則要求蛋白質含量低。

提高作物產量與品質的途徑

　　作物產量與品質改良的途徑，可分為先天改變遺傳背景的作物品質育種，與後天作物生產過程中栽培技術的改進（圖 19.6）：

1. 經由育種手段改善遺傳特性

　　提高作物產量品質最根本的方法是進行育種改善其遺傳組成。人類開始栽培作物以來即逐漸進行育種工作，早期依據孟德爾遺傳律，透過傳統雜交選拔高產質優之作物品種，隨著分子生物技術發展，逐漸以分子育種方式選拔特定基因進行轉殖。例如近代 Monsanto 農藥公司自土壤農桿菌 CP4 菌系中分離選出抗嘉磷塞（glyphosate）之目標酵素 EPSP 合成酶（5-enolpyruvylshikimate-3-phosphate synthase, EPSP synthase）之編碼基因，再將其轉殖入小麥中，使作物能抗嘉磷塞除草劑，而達到小麥田間控制雜草之效果。

　　臺灣國內經由遺傳育種方法增進作物生產之案例：

(1) 水稻品種改良：在臺灣早期栽培品種為在來種屬於秈型稻（Indica type），日治時代由於日本品種引進，與戰後經臺灣省農業試驗所及各地區農業改良場水稻育種研究改進，發展出許多優良的蓬萊稻屬於稉稻型（Japonica type），逐漸取代臺灣早期以在來種為主之栽培趨勢（圖 19.7）；但對秈稻品種改良仍不遺餘力，同時增加秈稉稻雜交育種研究，將秈與稉的不同優點導入臺灣栽培品種中。臺灣水稻品種改良因實際需要訂定目標如下：

a. 為配合水稻一貫機械作業（圖 19.8），著重於強稈不易倒伏之特性改良。

b. 為減少病蟲害危害及農藥使用，加強改良水稻對於各種病蟲害之抵抗性。

c. 因臺灣生活水準提高，消費大眾對稻米品質要求也相對提高，良質米生產受到重視，所以對稻米品質要求也相對提高，如稻米碾米性質、米粒外觀及食味測定研究亦列為研究重點。

(2) 主要雜糧作物品種改良：過去由各試驗場所育成之優良品種包括甘薯、落花生、大豆、玉米、蜀黍、紅豆、小麥品種等均經命名推廣。此等新品種，除具有豐產特性外，尚有其他優良農藝特性，諸如高營養成分、抗病蟲害、優良品質及適應性等。

a. 甘薯：育成之品種有台農系列已至台農 73 號等。台農 66 號之塊根含有胡蘿蔔素及蛋白質、食用品質佳，適合食用。由於台農 68 號之莖葉生長旺盛，其葉部可供為蔬菜用。此外，其塊根之澱粉含量高，而還原醣及纖維含量低，適合食品加工之用。台農 70 號為較晚熟品種，塊根澱粉含量低，胡蘿蔔素含量高為優秀食用品種。台農 73 號於 2007 年命名，商品名「紫玉」。

b. 玉米：台農 351 號為單雜交玉米品種（圖 19.9）；台南 15 號為三系雜交種；台南 16 號則為雙雜交種。就用途分之，台南 15 號屬於甜玉米，而台農 351 號及台南 16 號皆為飼料用玉米。此等玉米皆具有豐產特性。

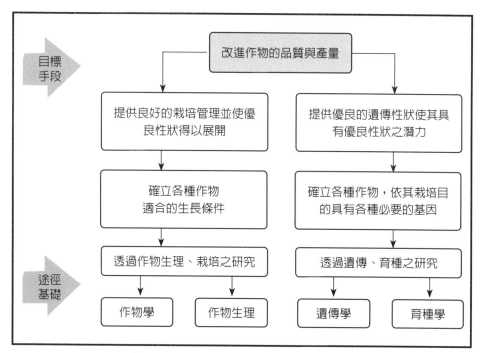

圖 19.6　提高作物產量與品質的途徑。

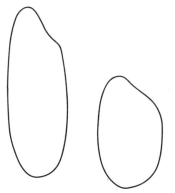

圖 19.7　秈稻（左）與粳稻（右）外觀差異。

　　c. 雜糧作物：

　　　(a)紅豆高雄 3 號於 1983 年育成，具有豐產、早期生育快、結莢位置高、抗倒伏、種子大粒等優良農藝性狀。

　　　(b)大豆高雄選 10 號中熟性，適合各地夏作及中南部地區春秋作栽培，含油量約 22.7～23.6%，蛋白質約 37.8～41.7%，適合製沙拉油、豆類食品與飼料等。

　　　(c)毛豆是大豆莢果在種仁充實達八分飽滿即採收之，例如高雄 5 號適合中南部春秋作栽培，果莢外型與風味均佳，惟對露菌病、銹病、炭疽病抗性不佳。

　　　(d)落花生臺南 12 號早熟，適合密植，高產，種子無休眠性，莢果易於土中發芽。

　　　(e)薏苡臺中 1 號適合春、秋兩作，適合播種及移植法，並可用水稻聯合收穫機收穫之，籽實脫殼即為薏仁。薏仁屬於健康食品，臺灣薏仁因黃麴毒素含量較低，深受喜愛但單價亦高。

　　　(f)高粱臺中 5 號則有豐產、株高矮、中熟、抗蚜蟲及一些病蟲害等特性，可供為釀酒及飼料之用。

　　　(g)小麥臺中選 2 號係在 1983 年育成之豐產、耐肥、強短桿、抗倒伏及抗病之新優良品種。

2. 改善栽培管理技術措施

　　經由栽培管理方式增進作物生產之案例：

　　各類農作物栽培法所需的整地作業、播種（或種植）方式乃至於栽培制度（如連作或輪作）均不盡相同，以下為過去若干實例。

(1) 施用根瘤菌接種（圖 19.10），促使豆科作物毛豆增加其氮素利用，提高作物產量。例如臺南區農改場報告毛豆根瘤菌推廣應用之目的，在於指導農民種植毛豆時接種毛豆根瘤菌，使被接種之毛豆發揮固氮作用的效果，以期減少氮素化學肥料的施用，而減少氮素肥料的投入，可降低肥料成本 1,000 元 / 公頃以上。

(2) 配合水稻宿根栽培再生稻，縮短栽培時間及節省整地等工作，惟病蟲害不易控制。再生稻係由前作水稻收割後遺留之稻樁（rice stubbles）葉腋未發育之芽（rudimentary buds）經適當的管理與培育，使其復抽穗結實而得第二次收穫之栽培法。再生稻因由宿根繁殖，故又稱「宿根稻」（ratoon rice）（圖 19.11），民間又稱之為「留頭稻」。與現今機械插秧及直播稻等利用種子繁殖之栽培方法截然不同。再生稻栽培法，因不必整地、播種、育苗及移植（插秧）作業，故能節省勞力及工資支出，降低生產成本。同時可以提早抽穗開花，減少季節風害，故為臺灣沿海地區第二期作部分農友樂於採用之栽培法，收穫後並可提早種植冬季裡作或綠肥作物增加農民收益，改善耕地地力。

(3) 依作物生長及收穫目的改進栽培方式，如使長形山藥地下部生長在長條縱向剖半的塑膠管中（圖 19.12）。過去長形山藥因塊莖深入土中長達一公尺以上，在採收挖掘時甚為耗工，且塊莖於挖掘時易受傷，影響商品價值及貯藏壽命。為解決此問題故建立塑膠管誘導栽培法，採用一般用於屋簷之排水塑膠管，每支長 4 公尺可分切製成 3 支栽培用管，在採收時極為方便。

圖 19.8　水稻機械化收穫作業（作者擔任興大農資院農業試驗場場長期間拍攝）。

(4) 應用不整地栽培，如玉米不整地栽培除省工之外也可減少雜草生長。稻田轉作玉米不整地機械播種就是利用除草劑或焚燒方法去除田間雜草、再生稻或其他遺留前作作物植株等，或在不妨礙機播作業情形下得保留這些殘株於地面作爲敷蓋之用，然後用播種機開溝同時將玉米種子播種於田間。

(5) 配合施用植物生長調節劑，如施用乙烯釋放劑（如臺灣國內銷售之益收生長素）（圖 19.13）矮化禾本科作物可減少倒伏。

(6) 落花生於低窪地區及排水不良地區採用作畦栽培，對灌溉及排水甚爲有利。一般以小粒種（如臺南選 9 號）採用 30×7.5 或 6 公分行株距，每畦種 2 行，畦寬 100 公分；大粒種（如臺南 11 號）採用 35×12 公分之行株距，每畦種 2 行，畦寬採用 100 公分之作畦栽培法最佳。以機械播種落花生，可一次完成作畦、開溝、下種、覆土及鎮壓等工作。利用機播，每公頃完播僅需 2 小時，可分別節省工資 2,374 元／公頃（春作）及 3,653 元／公頃（秋作）。此外，國產落花生收穫機械的研發成功，每小時作業 0.08～0.10 公頃，現今民間普遍使用落花生聯合收穫機（圖 19.14）。

(7) 稻田轉作雜糧省工栽培技術之研究，於轉作田中採用不整地栽培及以機械開溝作畦，栽培大豆、玉米及高粱，有利於灌溉及排水作業，降低生產成本，提高淨收益。稻米轉做玉米，採用灌溉、不整地、施用肥料及病蟲害防治等措施，將提高產量至 5.18 kg/ha，淨收益可達 46,651 元。就夏作大豆而言，採用整地栽培法，施用稻穀、灌溉、產量可達 2.972 kg/ha。

(8) 雲嘉南地區稻田耕作制度之改善，在雲林地區以採用「高粱—中或晚熟水稻—玉米」之耕作制度最佳，其淨收益最高可達每公頃 100,841 元，較二期作水稻增收達 142%。在臺南地區，則以「高粱—宿根高粱—玉米」之耕作方式最優，其淨收益較二期水稻高約 128%。

(9) 無性繁殖利用穴植管或 PE 膠袋繁殖茶樹扦插幼苗，待一年後再定植於茶園，以增加茶苗存活率（圖 19.15）。（詳見茶作學，2018）

　　在改善作物產量品質方面，除了前述遺傳育種與栽培管理之外，生產後之調製控管也不可忽略。以良質米爲例，栽培管理技術會影響稻米品質，如氮肥施用過量或延遲施用會提高蛋白質含量，而蛋白質含量高者其煮成之米飯硬度增加，黏性及彈性均降低，顏色較差。此外，如病蟲害防治不當，使劍葉等上部葉片罹患病蟲害時，也會減少光合作用之葉面積，導致澱粉充實不足，因而穀粒不飽滿，心腹白增加。抽穗不整齊之水稻導致成熟期常不一致時，將增加青米率及死白米率或胴割率，而影響稻米品質。

　　水稻成熟收穫時期之穀粒含水量亦會影響完整米率，若收穫太遲，稻穀水分含量過低時，容易受日夜溫差影響及收穫機械碰撞之物理損傷而產生胴裂。又如在乾燥過程中，乾燥熱風溫度太高及乾燥速率過快，或有不同水分含量之穀粒混合乾燥時，亦容易產生胴裂米，而胴裂米率高之稻穀在輾米時易降低完整米率，因而影響碾米品質及其商品價值。也因此乾燥及碾米操作時，宜針對水分含量不同之稻穀分批進行，以維持品質。

圖 19.9　玉米單交種台農 351 號係利用自交系於田間進行雜交（作者攝於農委會農業試驗所玉米田間）。

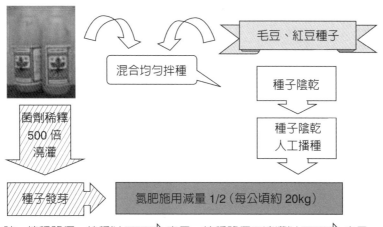

註：接種路徑一拌種以 ⟹ 表示；接種路徑二澆灌以 ⟹ 表示。

圖 19.10　豆科作物根瘤菌接種流程。

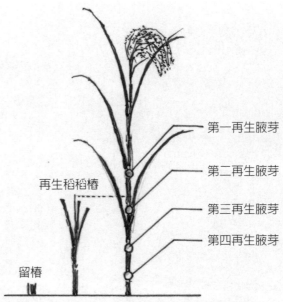

圖 19.11　再生稻有稱為宿根稻，於前期收穫後之再生稻稻樁高度（中）。一般而言，水稻再生芽之生長勢隨留樁高度而不同；即留樁高度愈高，其再生芽之生長勢愈強。再生芽萌發位置（節位）多發自前作穗以下第五節位之葉腋，因此其適當留樁高度約在 20 公分左右。

圖 19.12　長形山藥（上）係利用塑膠管栽培（右）。

$$\text{ClCH}_2\text{-CH}_2\text{-P} \begin{matrix} \text{O} \\ \| \\ \end{matrix} \begin{matrix} \text{OH} \\ \\ \text{OH} \end{matrix} \quad + \quad \text{H}_2\text{O} \quad \xrightarrow{\text{pH} > 3.5} \quad \text{HOCH}_2\text{-CH}_2\text{-P} \begin{matrix} \text{O} \\ \| \\ \end{matrix} \begin{matrix} \text{OH} \\ \\ \text{OH} \end{matrix} \quad + \quad \text{HCl}$$

乙烯
$$\text{CH}_2\text{=CH}_2 \quad + \quad \text{H}_3\text{PO}_4$$

圖 19.13 益收生長素（ethephon），為一乙烯釋放物質，化學名稱為 2-chloroethylphosphonic acid，國外商品名「Ethrel、Florel、CEPA」，國內商品名「益收生長素」，是一濃度 39.5% 之溶液。於 pH 值小於 3.5 的酸性環境下可穩定存在，處理後進入植體內（pH 值多半高於 4.0）則水解後釋放出乙烯與磷酸，便能造成與內生乙烯相同的生理作用。

圖 19.14 落花生聯合收穫機機械化作業。

（資料來源：臺南區農業改良場）

圖 19.15　茶苗繁殖時係利用扦插枝條繁殖約一年後再行定植茶苗。

提高作物生產力未來的方向

1. 提高光合效率與增加產量

增進光合作用的途徑很多，重要途徑包括：(1) 研究控制光合作用的機制，減少暗呼吸作用或光呼吸作用；(2) 研究控制光合產物運轉與分配的機制，增加產量而獲得最大的收穫指數；(3) 找出荷爾蒙控制開花、子粒充實及葉片老化的機制，以期利用荷爾蒙控制開花、子粒的充實及葉片的老化；(4) 改良作物植冠（canopy）結構、選拔理想的株型（plant type），或利用耕作方法以改善作物群落結構內光線截收；(5) 利用 CO_2 增加產量。

2. 發揮固氮作用

固氮作用可以說是僅次於光合作用最重要的生化過程。作物進行固氮作用不僅可以減少氮肥的需要，而且可以減少脫氮作用的損失。可以利用下列方式改進作物的固氮能力：(1) 擴大使用豆科綠肥、多季覆蓋作物及豆科飼料作物。有些豆科植物具有很大的固氮潛能，但都尚未充分發揮；例如一些苜蓿、紫花苜蓿其固氮能力往往超過大豆、花生二倍以上。(2) 豆科與非豆科作物的間作。(3) 利用遺傳工程方法改良作物和微生物之固氮能力。(4) 其他：改善根瘤菌寄主與環境的關係，包括作物的品種、土壤 pH 值、土壤溫度、土壤養分狀況等，均有利於固氮作用。

3. 利用遺傳工程改良作物

利用遺傳改良及育種手段是提高作物生產力最有效的方法之一，在過去成績最顯著為成功完成雜交玉米育種。

(1) 改善作物育種首先必須要有充足的遺傳材料資源，廣泛蒐集以及建立種原庫（germplasm）相當重要。

(2) 未來的育種目標，除了增加產量外，最重要的是改變作物的遺傳形質去適應廣泛的氣候變化或地區，特別是一些環境惡劣的地區，而使作物能在不毛之地、過酸、鹽地土壤中生產，以及適應劇變氣候。

(3) 利用遺傳資源繼續改善糧食作物的營養，以提高穀類作物中蛋白質的含量。例如玉米利用 opaque-2 recessive gene 可提高玉米子粒內蛋白質的含量。

(4) 遺傳工程的發展產生一些新的育種技術，包括組織培養、原生質融合、染色體的置換、疊氮化鈉誘變、tDNA 插入（圖 19.16）等，這些技術的發展不僅可以保存一些稀有及有用的遺傳材料，同時可以擴大基因重組的範圍，或是增加對生物性或環境上不良因素的抵抗能力。

(5) 新的作物考慮發展為糧食、飼料、能源與工業用途等資源，以及利用野生植物提供未曾被探索的遺傳資源，這些問題在未來農業生產力研究上將占有相當的角色。

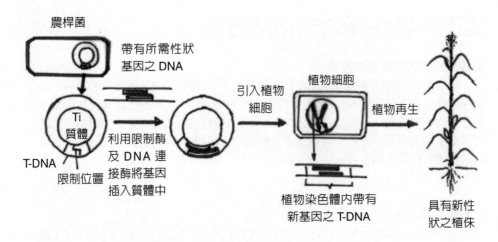

農桿菌

帶有所需性狀
基因之 DNA

Ti
質體

T-DNA

限制位置

利用限制酶
及 DNA 連
接酶將基因
插入質體中

引入植物
細胞

植物細胞

植物再生

植物染色體內帶有
新基因之 T-DNA

具有新性
狀之植株

圖 19.16　利用 tDNA 插入技術引發基因敲入（knock in）或剔除（knock out）之表現。

4. 增加養分吸收效率

(1) 可以利用一些耕作方法，土壤管理方法以減少脫氮作用及硝化作用。

(2) 利用與高等植物共生之微生物（眞菌、根菌），促進營養成分的吸收。

(3) 施行葉面施肥。

5. 增加生物性競爭能力

　　在未來的農業生產過程中必須要有系統有計畫地研究病、蟲、草害管理的方式，使用天敵、寄生物的生物防治法，培育出抗病、抗蟲的品種，及發展出一套有效且密集的病、蟲、草害預測防治的措施。

6. 增加對惡劣環境（逆境）的抵抗能力

　　不良環境因子，例如乾旱、低溫、高溫、鹽分、空氣汙染、重金屬離子等均爲全世界作物生產力的首要限制因子。除了培育抵抗不良環境的品種外，在栽培技術上改善環境最普遍的方法是灌漑。展望未來，地球仍有大部分地區因缺水而不能生產，旱害發生時有所聞，如何提高灌漑面積，改善灌漑方式在未來農業生產方向中仍甚爲重要。

7. 利用植物荷爾蒙控制作物的生長與發育

　　許多化學藥劑及人工合成的荷爾蒙，即生長調節劑（plant growth regulators），可以控制一些限制作物生產的生物過程。過去在果樹、蔬菜、園藝花卉作物之應用上

有相當成效。荷爾蒙具有下列主要的作用，包括：(1) 促進生根、繁殖，如萘乙酸、吲哚乙酸、乙烯；(2) 打破種子、芽體和塊根的休眠，如激勃素、乙烯；(3) 延長老化，如細胞分裂素、激勃素；(4) 促進或延遲開花，如吲哚乙酸、激勃素、離層酸、乙烯；(5) 控制植株器官大小、形狀，如激勃素、生長素；(6) 控制性別，如生長素、激勃素、乙烯；(7) 增加對不良環境的抵抗能力，如多胺、細胞分裂素；(8) 影響養分的吸收，如細胞分裂素；(9) 促進果實的成熟，如乙烯、激勃素、生長素；(10) 控制落葉、落果，如生長素、激勃素、細胞分裂素、乙烯、離層酸；(11) 改變植株成分等，如乙烯、激勃素。

作物生產的新技術

　　隨著科技進步，作物生產新技術的研究及運用也日新月異，展望未來，下列新技術將在作物生產上產生重大的作用：

1. 遙感技術

　　通過人造衛星與遙感技術（圖 19.17），對地球上的土地資源進一步詳測，進而擴大土地的合理利用，對作物病蟲害情況及作物生長發育情況的調查更加全面及時，對氣象災害也能及時了解。

2. 遺傳工程

　　在作物生產方面，可製造不致引起病原菌抗性適應的有機農藥。加強研究非豆科作物接種著生根瘤菌，進而可以進行固氮。藉由遺傳工程研究可以擴大不同物種間之基因交換，經雜交後篩選出新物種新作物。此外，體細胞雜交也為種間雜交打開了門路。

3. 組織培養

　　利用體細胞組織甚至單細胞培養成完整的作物個體，這項技術可加快優良細胞系的大量繁殖，增加繁殖倍數。試管內的組織培養能擴大細胞族群，增加篩選的機率，縮短篩選週期。尤其在作物對病原菌及除草劑的抗性鑑定篩選試驗，用組織培養的細胞代替作物植株，可大大增加族群數量，並縮短試驗時間，提高篩選效率。

4. 電腦的運用

　　運用電腦不但大幅提高科學研究工作之效率，而且能迅速了解作物產品的市場信息，快速而準確地預測未來消費趨勢，十分有利於作物生產的規劃安排。利用電腦技術可以快而準確地預測氣象，也可使新品種或新技術自創新至推廣應用的時間大為縮短。此外，整合相關資訊也可迅速地提供灌溉、施肥、防除病蟲害及其他栽培措施的最佳方案。未來在規劃農業 4.0 以及建立大數據資料庫方面，相信均有助於農業生產工作之升級。

5. 作物品種資源的開拓與利用

　　世界上有 35 萬個以上的植物「物種」（species），而目前被栽培利用的不足 300 個物種，所以野生植物的開發與利用，以及作為育種的原始材料，具有很大的潛力。目前已蒐集保存的主要作物品種資源，水稻約 65,000 種，小麥約 26,000 種，玉米約 13,000 種，大豆約 14,000 種。利用這些具有遺傳變異的品種資源，可以育成適應各種條件、符合不同利用要求、抵抗各種病蟲害與不良環境條件的新品種。

6. 土壤微生物的研究與利用

　　目前針對豆科作物根瘤菌的固氮作用研究，尚有發揮空間。除了為根瘤菌固氮作用創造良好的條件外，還要對特定作物品種選配出最有效果的菌系。此外，對於菌系的繁殖速度、固氮能力與土壤中其他菌類的競爭能力等，都有改進的空間。作物根圈存在之微生物如叢枝菌根菌（圖 19.18），也會影響作物對水分及肥料的有效吸收與利用。土壤中若能維持豐富之微生物相，可活化地力，甚至有利於分解土壤中殘存之

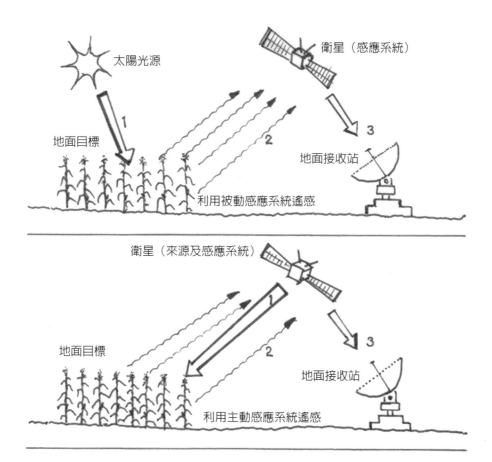

圖 19.17 　上圖：被動式遙感，以可見光遙感為代表，被動式接受地上物發射或反射的電磁波；下圖：主動式遙感，以微波遙感為代表，主動發無線電磁波並接受反射的信號。

（資料來源：維基百科）

農藥與有毒物質，以達到永續農業之目的。

7. 減少化肥中氮素的損失增加作物的有效利用

目前氮肥有效利用率大約只有 25～50%，其餘均流失或揮發。施用「硝化作用抑制劑」（nitrification inhibitor）硫化尿素，或超大粒的尿素，可以大大減少氮素損失。作物葉片施肥，也是發展中的新技術。

8. 病蟲害綜合防治措施

在綜（整）合害物管理（integrated pest management, IPM）方面，可同時採用包括生物性、物理性、化學性以及栽培管理等方式，如利用天敵、抗性作物品種、耕作栽培措施與使用農藥等，有效地防治作物病、蟲害，以減少單純依靠化學農藥防治所造成的環境汙染與爲害人畜健康，並且也可以防止因長期連續施用農藥引起的病蟲抗藥性。目前已發現 430 種害蟲，100 種病原菌出現對農藥具有抗性。

9. 利用植物生長調節劑

利用植物生長調節劑（plant growth regulators）是增加作物生產潛力的新技術，具有防止作物提早老化，使莖稈矮化抗倒伏、促進早熟、改進品質、增強光合生產率及增加產量等多種作用。例如使用矮壯素（CCC）和三碘安息香酸（TIBA）促使作物稈強，利用亞硫酸氫鈉減少光呼吸作用，以及施用三十烷醇（triacontanol）增加作物產量。

10. 保護設施

塑膠布、溫網室的利用技術，使作物生產發生了很大的變化。敷蓋可提高地溫、防治雜草、保持水分與促進成熟，使棉花、花生等喜溫作物的產量成倍增加。設施栽培使作物產量與品質均大爲提高。由於科技進步，臺灣國內各地區農業機械化已有相當成效，目前實施農業生產自動化以加速農業發展，促進農業升級。技術的應用，必須從效益出發，因地因時制宜。

11. 植物工廠

所謂植物工廠是指植物在一定的生產管理下，維持周年性生產之系統。狹義而言，則指植物在完全人工控制環境下，進行周年性生產之系統。此系統之優點包括提升農業的生產性、不受限於氣候環境、提供良好的工作環境並可節省人力、配合電腦系統自動化生產、無農藥殘毒、提高生產作物之品質，以及無連作障礙。植物工廠依使用的光源，可分爲太陽光利用型及完全人工光照型植物工廠二種（圖 19.19）：

(1) 太陽光利用型植物工廠：因爲利用太陽光源，而太陽光不易掌控，故具有原本農業生產的本質，即無法正確地預測及控制天候及作物生產量，甚至必須配合栽培者的技術及經驗。

(2) 完全人工光照型植物工廠：此種工廠完全採用人工光源（燈光），其他如溫度、溼度、二氧化碳濃度、培養液條件等，凡足以影響植物生長的主要環境條件、均採用人工的控制系統。

植物工廠於 1950～60 年代在歐洲誕生，1970 年代在美國開發了完全人工控制型植物工廠，一時研究風氣旺盛，進入 1980 年代初研究風氣稍式微，取代的是大型太陽光利用型植物工場的出現。另一方面在北歐、加拿大等寒冷地的完全人工控制型植

物工廠，相當受到注目。1980 年代中日本開始大量的研究，1990 年代日本已處於領先的地位。目前臺灣也在發展植物工廠，並結合人工光源發光二極體（light-emitting diode, LED）提供植物生長所需光照並達到節省能源之效果。

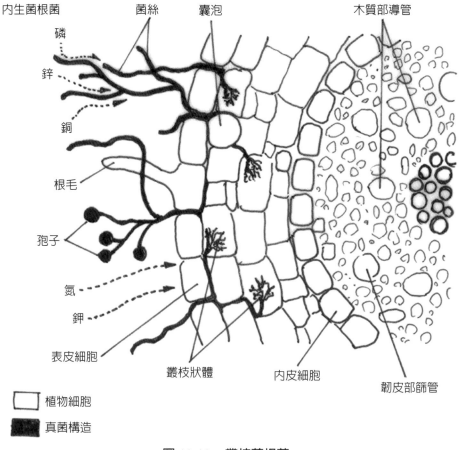

圖 19.18　叢枝菌根菌。

（資料來源：https://bioexampreparation.blogspot.com/2017/10/mycorrhiza-types-of-mycorrhiza.html）

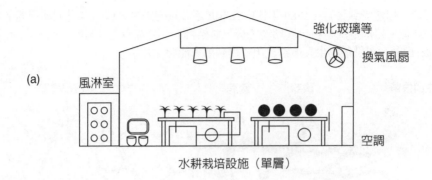

(a)

強化玻璃等

換氣風扇

風淋室

空調

水耕栽培設施（單層）

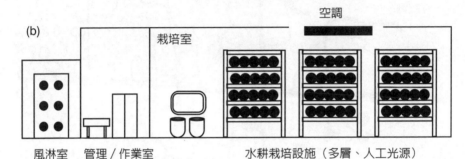

空調

(b)

栽培室

風淋室　　管理／作業室

水耕栽培設施（多層、人工光源）

圖 19.19　植物工廠依使用的光源，可分為太陽光利用型及完全人工光照型植物工廠二種。

（資料來源：材料世界網）

參考文獻與書籍

1. 王慶裕。2017。《作物生產概論》。新學林出版社。臺北。臺灣。
2. 王慶裕。2018a。《茶作學》。新學林出版社。臺北。臺灣。
3. 王慶裕。2018b。《製茶學》。新學林出版社。臺北。臺灣。
4. 王慶裕。2019。《除草劑概論》。新學林出版社。臺北。臺灣。
5. 王慶裕。2020。《除草劑生理學》。五南出版社。臺北。臺灣。
6. 王慶裕。2021。《除草劑抗性生理學》。新學林出版社。臺北。臺灣。
7. 朱鈞。1983。《作物學通論》。PP.411。臺灣商務印書館。臺北。臺灣。
8. 朱德民。1988。《作物生產概論》。PP.639。中興大學教務處出版組。臺中。臺灣。
9. 李仁耀、張呈徽、林啟淵。2013。主要國家糧食自給率內涵比較分析。（http://www.tari.gov.tw/df_ufiles/eng/no183-1.pdf）
10. 周孟嫻。2015。提升我國糧食自給率之潛力農產品發展策略。糧食安全與稻米科技。《農業生技產業季刊》42：13-20。
11. 「食在很重要」網站，觀樹教育基金會。（http://www.kskk.org.tw/food/）2017.02.21
12. 陳泳翰。2011。《商業周刊》第1216期。（http://archive.businessweekly.com.tw/Article/Index?StrId=42793）
13. 湯文通。1961。《作物栽培原理》。PP.356。臺大農學院。臺北。臺灣。
14. 潘士釗、劉賢祥。1973。《作物栽培學》。
15. 蘇宗振。2009。氣候變遷下台灣糧食生產因應對策。（http://www.coa.gov.tw/ws.php?id=18969&RWD_mode=N&print=Y）2017.02.09
16. 劉天成。2000。我國精準農業的發展方向與策略。農政與農情。（http://www.coa.gov.tw/ws.php?id=2288）2017.02.12
17. 盧英權。1968。《作物學通論》。PP.397。國立編譯館。臺北。臺灣。
18. 農業生產力4.0。2017。行政院全球資訊網。（http://www.ey.gov.tw/pda_en/Dictionary_Content.aspx?n=A240F8389D824425&sms=D8F3EB15472D7847&s=9BBCF719BCB9A466）2017.02.12
19. Crop physiology. 1994. Oxford : Butterworth-Heinemann. [ISBN 075060560X (pbk.)] (#005397027)
20. Davies, P. J. 1995. *Plant Hormones: Physiology, Biochemistry and Molecular Biology.* Kluwer Academic Publishers, Dordrecht, The Netherlands; Norwell, MA, USA.
21. FAO Statistical Pocketbook. 2015. http://www.fao.org/3/a-i4691e.pdf
22. Gardner et al. 1985. *Physiology of Crop Plants.* Iowa State University, Ross, Ames, USA.
23. Levitt, J. 1980. *Responses of Plants to Environmental Stresses.* Academic Press, N.Y. PP. 219.
24. Liehardt, W., & Harwood, R. 1980. Organic Farming. *Technology Public Policy, and the Changing Structure of American Agriculture* (Vol II-Background Papers). In Office

of Technology Assessment, Congress of the United States (Vol. 21).

25. Pessarakli, M. 1995. *Handbook of Plant and Crop Physiology.* Univ. of Arizona, Maecel Dekker, Inc.

26. Waldren, Richard P. (ed) 2008. *Introductory Crop Science* 6th ed. Pearson custom publishing, 501 Boylston street, Suite 900, Boston, MA 02116.

27. Williams, E. G., & Maheswaran, G. 1986. *Somatic Embryogenesis: Factors Influencing Coordinated Behaviour of Cells as an Embryogenic Group. Ann. Bot.* 57: 443-462.

註：多數引用自網路之資料來源網址直接註記於文章中。

國家圖書館出版品預行編目(CIP)資料

圖解作物生產／王慶裕著. -- 初版. -- 臺北
市：五南圖書出版股份有限公司, 2023.11
面；　公分
ISBN 978-626-366-476-0(平裝)

1.CST: 農作物

434   112013228

5N56

圖解作物生產

作　　者 ─ 王慶裕

發 行 人 ─ 楊榮川

總 經 理 ─ 楊士清

總 編 輯 ─ 楊秀麗

副總編輯 ─ 李貴年

責任編輯 ─ 何富珊

封面設計 ─ 陳亭瑋

出 版 者 ─ 五南圖書出版股份有限公司

地　　址：106台北市大安區和平東路二段339號4樓

電　　話：(02)2705-5066　　傳　　真：(02)2706-6100

網　　址：https://www.wunan.com.tw

電子郵件：wunan@wunan.com.tw

劃撥帳號：01068953

戶　　名：五南圖書出版股份有限公司

法律顧問　林勝安律師

出版日期　2023年11月初版一刷

定　　價　新臺幣520元

※版權所有·欲利用本書內容，必須徵求本公司同意※

五 南
WU-NAN

全新官方臉書

五南讀書趣

WUNAN
Books
since1966

Facebook 按讚

1 秒變文青

★ 專業實用有趣
★ 搶先書籍開箱
★ 獨家優惠好康

五南讀書趣 Wunan Books

不定期舉辦抽獎
贈書活動喔！！

經典永恆・名著常在

五十週年的獻禮 —— 經典名著文庫

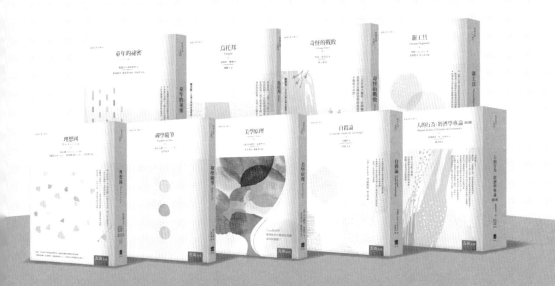

五南，五十年了，半個世紀，人生旅程的一大半，走過來了。

思索著，邁向百年的未來歷程，能為知識界、文化學術界作些什麼？

在速食文化的生態下，有什麼值得讓人雋永品味的？

歷代經典・當今名著，經過時間的洗禮，千錘百鍊，流傳至今，光芒耀人；

不僅使我們能領悟前人的智慧，同時也增深加廣我們思考的深度與視野。

我們決心投入巨資，有計畫的系統梳選，成立「經典名著文庫」，

希望收入古今中外思想性的、充滿睿智與獨見的經典、名著。

這是一項理想性的、永續性的巨大出版工程。

不在意讀者的眾寡，只考慮它的學術價值，力求完整展現先哲思想的軌跡；

為知識界開啟一片智慧之窗，營造一座百花綻放的世界文明公園，

任君遨遊、取菁吸蜜、嘉惠學子！